ISBN 3-05-500262-8
ISSN 0065-1338

ISSN 0065-1338

AKADEMIE DER WISSENSCHAFTEN DER DDR

ACTA HYDROPHYSICA

Begründet von HANS ERTEL

Im Auftrage des Forschungsbereichs Geo- und Kosmoswissenschaften
herausgegeben durch

S. DYCK, P. MAUERSBERGER, K. VOIGT

Band XXVII, Heft 3/4

mit 92 Abbildungen und 17 Tabellen

AKADEMIE-VERLAG · BERLIN
1982

Anschriften der Herausgeber:

Prof. Dr. S. DYCK

Technische Universität Dresden, Sektion Wasserwesen
Bereich Hydrologie und Meteorologie
DDR-8027 Dresden, Würzburger Straße 46

Prof. Dr. P. MAUERSBERGER

Akademie der Wissenschaften der DDR,
Institut für Geographie und Geoökologie, Bereich Hydrologie
DDR-1162 Berlin, Müggelseedamm 260

Prof. Dr. K. VOIGT

Akademie der Wissenschaften der DDR,
Institut für Meereskunde
DDR-2530 Rostock-Warnemünde, Seestraße 15

Redaktion:

Dipl.-Phil. K. HASERT

Akademie der Wissenschaften der DDR
DDR-1086 Berlin, Leipziger Straße 3–4

Manuskriptsendungen werden an einen der Herausgeber erbeten. Es können Originalarbeiten in deutscher, russischer und englischer Sprache eingereicht werden. Die Autoren werden gebeten, an den Anfang jeder Arbeit Zusammenfassungen in deutscher und englischer (Summary) sowie ggf. in russischer Sprache (Резюме) zu stellen. Von jedem Beitrag werden 50 Sonderdrucke kostenfrei geliefert. Die ACTA HYDROPHYSICA erscheinen mit 4 Heften pro Band im Format A 5.

Erschienen im Akademie-Verlag, DDR-1086 Berlin, Leipziger Straße 3–4

Lizenznummer: 202 · 100/541/83
P 159/82
Gesamtherstellung: VEB Druckerei „Thomas Müntzer“, 5820 Bad Langensalza
Bestellnummer: 7630608 (2050/XXVII/3/4) · LSV 1465
Printed in GDR
DDR 76,– M

AKADEMIE DER WISSENSCHAFTEN DER DDR

ACTA HYDROPHYSICA

Begründet von HANS ERTEL

Im Auftrage des Forschungsbereichs Geo- und Kosmoswissenschaften
herausgegeben durch

S. DYCK, P. MAUERSBERGER, K. VOIGT

Band XXVII

AKADEMIE-VERLAG · BERLIN
1982

Inhalt des Bandes XXVII

Seite

Inhaltsverzeichnis

Seite

Acta Hydrophysica, Berlin	Bd. XVII	H. 3/4	(1982)	S. 153–166

Methodik zur Modellierung der Migration chemischer Elemente in wäßrigen Medien

Von V. I. Beljaev[1])

Zusammenfassung: Es wird ein Verfahren zur Modellierung der Migration chemischer Elemente in aquatischen Ökosystemen betrachtet, die von im Wasser vorhandenen Schwebeteilchen, darunter lebenden Organismen, absorbiert oder ausgeschieden werden können. Der Stofftransport im Medium durch Bewegung der Suspensionen erfordert eine Theorie der Diffusion einer nichtkonservativen Beimengung. Es werden die Hauptprinzipien dieser Theorie und ihrer Anwendung auf die Berechnung des Stoffentzuges aus der gelösten Phase durch Ausfallen der Schwebeteilchen sowie durch Transport des Elementes durch Organismen, in denen es stark angereichert wird, dargelegt.

Summary: For aquatic ecosystems a technique of modelling the migration of chemical elements is considered which are able to be absorbed or precipitated by suspended particles – among them living organisms – present in the water. The mass transfer in the medium by way of the movement of suspended matter requires developing a theory of the diffusion of a non-conservative impurity. The basic principles of this theory are dealt with, together with its application in computing the withdrawal of matter from the solution owing to falling-out of the particles as well as to transfer of the element by organisms in which it is strongly accumulated.

Резюме: Рассматривается способ моделирования миграции в водных экосистемах химических элементов, способных поглощаться или выделяться взвешенными в воде частицами, в том числе живыми организмами. Перенос вещества в среде за счет перемещения взвешенных частиц требует развития теории диффузии неконсервативной примеси. Излагаются основные принципы этой теории и ее приложений к расчету удаления вещества из растворенной фазы за счет выпадения частиц взвеси, а также за счет переноса организмами элемента, по отношению к которому они обладают большим коэффициентом накопления.

---

[1]) Prof. V. I. Beljaev, Morskij Gidrofizičeskij Institut Akademii Nauk Ukr. SSR, Sevastopol', ul. Lenina 28, SSSR.

1. Einleitung

Die Mehrzahl der chemischen Elemente in natürlichen Gewässern befindet sich im Zustand der Bewegung, wobei sie an physikalischen, chemischen und biologischen Prozessen teilnehmen. Die Migration der Elemente im wäßrigen Medium kann anhand von Modellen dieser Prozesse beschrieben werden: für die geordnete und turbulente Wasserbewegung, die Bewegung der Schwebeteilchen und die Wanderung der Organismen, die passiv sein kann, indem sie mitgeschwemmt werden, und aktiv durch selbsttätige Fortbewegung. Die entsprechenden Transportmodelle werden auf der Grundlage der Gleichungen der Hydrothermodynamik von Flüssigkeiten, der statistischen Hydromechanik sowie unter Berücksichtigung dieser oder jener Vorstellungen über die Bewegung lebender Organismen aufgestellt. An den Phasengrenzen spielt die molekulare Stoffdiffusion eine wichtige Rolle.

Die Absorption oder Absonderung der gelösten Stoffe durch ein im Wasser schwebendes Teilchen hängt von der Stoffkonzentration in seiner Umgebung ab. Im trubulenten Medium schwanken die Konzentrationswerte, und dieser Umstand führt zu Unterschieden im Gehalt der Partikeln an dem von ihnen absorbierten Stoff. In noch größerem Umfange können dazu die Unterschiede in den Trajektorien der sich im inhomogenen Konzentrationsfeld des gelösten Stoffes chaotisch bewegenden Teilchen führen. Abb. 1 zeigt die

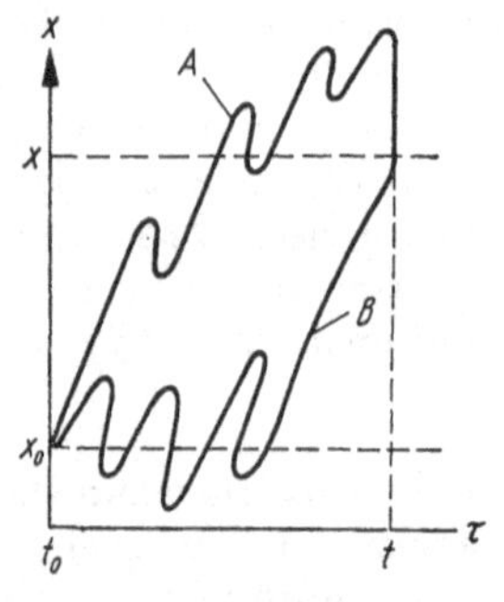

Abb. 1. Schema des Teilchentransports vom Punkt x_0 zum Punkt x auf verschiedenen Trajektorien im inhomogenen Konzentrationsfeld

Bewegung zweier Partikeln vom Punkt x_0 aus, wo sie sich zur Anfangszeit t_0 befanden, nach x, an dem sie zum Zeitpunkt t beobachtet werden. Wenn die Konzentration im Medium von x nach x_0 abnimmt, so hält sich das entlang der Trajektorie A wandernde Teilchen im Vergleich zum sich entlang der Trajektorie B bewegenden länger bei erhöhter Stoffkonzentration im Medium auf, und die von ihm absorbierte Stoffmenge ist größer.

Die Geschwindigkeit der Stoffabsorption durch das Teilchen aus der Lösung ist außerdem von der zuvor schon absorbierten Stoffmenge abhängig. Diesen Prozeß kann man durch folgende Gleichung beschreiben:

$$\frac{du}{d\tau} = g[u, c(\chi, \tau)] , \tag{1}$$

worin u die Stoffmenge in einer Partikel, c die Stoffkonzentration im Medium und χ die Teilchenkoordinate sind.

Die Funktionen c und χ sind Zufallsfunktionen; Gl. (1) ist also eine stochastische Gleichung. Aus ihr läßt sich im Prinzip die Verteilungsfunktion der Teilchen nach dem Gehalt des von ihnen absorbierten Stoffes u finden. Auf der Grundlage dieser Funktion können in den Grenzen des zu untersuchenden Gebietes die Größen der Stoffströme auf den sich in jedem Punkt des Raumes x befindenden Partikeln summiert und somit der Ausdruck für die durch die Teilchen verursachte Konzentrationsquelle in der den Transport der Konzentration $c(x, t)$ im Medium beschreibenden Gleichung gefunden werden. Diese Gleichung ist danach zusammen mit (1) und mit den die Teilchenbewegung im turbulenten Medium beschreibenden Beziehungen, aus denen die Koordinaten χ der Partikeln gefunden werden, zu betrachten.

Somit wird der Stofftransport in einem Medium, das zur Absorption oder Freisetzung dieses Stoffes befähigte Suspensionen enthält, im allgemeinen Falle durch ein System stochastischer Gleichungen beschrieben, die man als Gleichungen für die Diffusion nichtkonservativer Partikeln auffassen kann. Im Unterschied zu traditionellen Modellen für die Beschreibung der Diffusion nichtkonservativer Teilchen, in denen zum Beispiel deren Zerfall oder ihre Entstehung berücksichtigt wird, ziehen wir in unserem Schema das individuelle Verhalten der Teilchen in Betracht. Auf diese Weise wird berücksichtigt, daß sich in jedem Punkt des Raumes Partikeln befinden können, deren Eigenschaften verschieden sind und sich mit unterschiedlichen Geschwindigkeiten verändern.

Zugleich basiert das vorgeschlagene Schema des Stofftransports durch nichtkonservative Teilchen einer Aufschwemmung völlig auf schon vorhandenen Modellen für die Flüssigkeitsströmung, die Bewegung von suspendierten Teilchen und den Stofftransport im turbulenten Medium. Die Gleichungen für die determinierte und stochastische Beschreibung aller dieser Prozesse gelten als gegeben.

2. Statistische Beschreibung der Koordinaten der sich bewegenden Teilchen

Zur Lösung der stochastischen Gl. (1) ist die Zufallsfunktion χ, die Koordinate des Schwebeteilchens, zu bestimmen. Hier und im weiteren beschränken wir das Schema für die Diffusion nichtkonventioneller Teilchen auf den eindimensionalen Fall. Außerdem wenden wir als gegebene Beziehungen vereinfachte Ausdrücke an, die idealisierten Situationen entsprechen, um in den angeführten Beispielen numerische Lösungsmethoden zu vermeiden.

Wir betrachten das Verfahren zum Auffinden der Wahrscheinlichkeitsverteilung der Größe χ für den Fall, daß das Vorhandensein einer Beimengung die Strömung der Flüssigkeit, in der sie transportiert wird, nicht beeinflußt. Dabei werden die statistischen Charakteristiken der Funktion χ vollständig durch die vorzugebenden statistischen Parameter des Geschwindigkeitsfeldes bestimmt. Der Einfachheit halber wird im weiteren die mittlere Fließgeschwindigkeit gleich Null gesetzt, d. h., es wird nur ihre turbulente Komponente berücksichtigt.

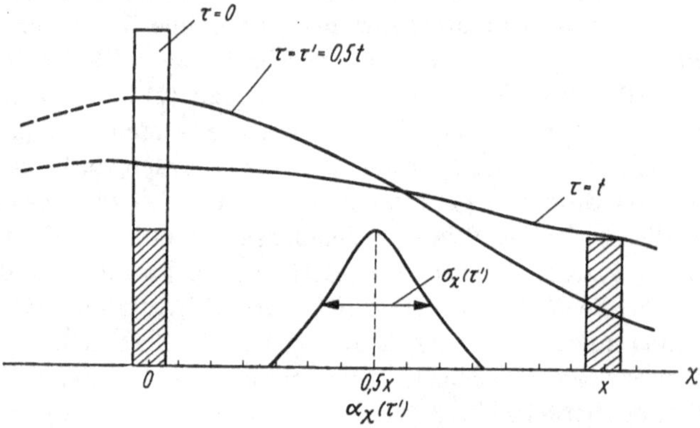

Abb. 2. Räumliche Verteilung der Partikeln, die sich im Moment t_0 am Punkt x_0 befanden und im Moment t am Punkt x beobachtet werden

Eine gewisse Anzahl von Teilchen befinde sich bei $\tau = t_0$ im Punkt $\chi = x_0$. Für $\tau > t_0$ verteilt sich die Partikelkonzentration räumlich durch Transport von dieser momentanen Punktquelle aus (Abb. 2). Die Koordinate eines einzelnen Teilchens wird bei $\tau \geqq t_0$ durch folgende Formel bestimmt:

$$\chi = x_0 + \int_{t_0}^{\tau} v(\tau')\, d\tau' . \tag{2}$$

Wir nehmen an, daß das Teilchen vollständig von der Flüssigkeit mitgerissen wird und v in (2) die Geschwindigkeit der Flüssigkeit in dem Punkt ist, in dem sich das Teilchen befindet. Weiterhin ist eine Partikelgruppe zu betrachten, die im Punkt $\chi = x$ im Moment $\tau = t$ beobachtet wird. Durch Einsetzen von $\tau = t$ in (2) unter Berücksichtigung dessen, daß $\chi(t) = x$ ist, und statistische Mittelung erhalten wir

$$\bar{v}_{tx} = \frac{x - x_0}{t - t_0} . \tag{3}$$

Dabei wird nur über jene Geschwindigkeitsrealisierungen gemittelt, die das Teilchen im Moment $\tau = t$ in den Punkt $\chi = x$ bringen. (Der Mittelwert der Geschwindigkeit über alle Realisierungen ist gleich Null, weil wir nur die turbulente Bewegung berücksichtigen.) Es wird vorausgesetzt, daß das statistische Mittel $\bar{v}_{tx}$ der Geschwindigkeiten in der betrachteten Teilchengruppe bei $\tau' \leqq t$ nicht von τ' abhängt. Dann erhalten wir nach statistischer Mittelung gemäß (2) bei $\tau < t$ für die Partikelgruppe

$$\alpha_\chi = x_0 + \frac{x - x_0}{t - t_0} (\tau - t_0) , \tag{4}$$

worin $\alpha_\chi = \bar{\chi}$ ist. Nach dieser Beziehung bewegt sich die mittlere Koordinate der zur Zeit t im Punkt x zu beobachtenden Teilchen gleichmäßig mit deren mittlerer Bewegungsgeschwindigkeit.

Es soll nun die Dispersion der Koordinaten der Teilchengruppe, σ_χ, gefunden werden. Dazu wird vorausgesetzt, daß das quadratische Mittel der Partikelgeschwindigkeit, $\overline{v_{tx}^2}$, bei $\tau' < t$ ebenso wie $\bar{v}_{tx}$ von τ' unabhängig sind. Bei $\tau = t$ folgt aus (2):

$$\overline{v_{tx}^2} = \frac{(x - x_0)^2}{I_{tx}(t, t, t_0)} \tag{5}$$

mit

$$I_{tx}(t_1, t_2, t_0) = \int_{t_0}^{t_1} \int_{t_0}^{t_2} R_{tx}(\tau', \tau'') \, d\tau' \, d\tau'' , \tag{6}$$

worin R_{tx} die LAGRANGEsche Korrelationsfunktion der Geschwindigkeit für die Teilchengruppe ist. In Anbetracht des quadratischen Charakters der Abhängigkeit (5) wird das statistische Mittel in ihr über die Gesamtheit der Geschwindigkeitsrealisierungen gebildet, die die Partikeln zur Zeit t vom Punkt x_0 aus in die Entfernung $\pm\xi$ bringen ($\xi = x - x_0$). Wegen der Symmetrie der Bewegung setzen wir an, daß der Mittelwert von v über diese Realisierungen gleich Null ist, im Unterschied zu den bei der Herleitung der Formel (4) gemachten Annahmen.

Bei $\tau < t$ gewinnen wir aus (2) unter Berücksichtigung von (5) für die Dispersion der Teilchenkoordinaten

$$\sigma_\chi^2 = \bar{\chi}^2 - \alpha_\chi^2 = (x - x_0)^2 \left(\frac{I_{tx}(\tau, \tau, t_0)}{I_{tx}(t, t, t_0)} - \frac{(\tau - t_0)^2}{(t - t_0)^2} \right) . \tag{7}$$

Die Dispersion der Teilchengruppe ist zeitabhängig. Bei $\tau = t_0$ und $\tau = t$ ist sie gleich Null, was der Bedingung für ihr Auffinden in den Punkten x_0 bzw. x entspricht. Für den stark korrelierten Prozeß $R_{tx}(\tau', \tau'') = 1$ haben wir ebenfalls $\sigma_\chi^2 = 0$. Dabei bewegen sich alle strahlförmig transportierten Teilchen gemeinsam und divergieren nicht räumlich. Die Dispersion wächst mit zunehmendem Abstand zwischen den Punkten x_0 und x, was ebenfalls erklärbar ist, denn je größer die Entfernung bis zum Punkt x ist, desto mehr können die Partikeln bei $\tau < t$ auseinanderlaufen. Wird zum Beispiel für I_{tx} die bekannte Näherungsformel

$$I_{tx} \simeq 2L(\tau - t_0) \tag{8}$$

gesetzt, worin L der LAGRANGEsche Turbulenzmaßstab ist, so gilt

$$\sigma_\chi^2 \simeq (x - x_0)^2 \left(\frac{\tau - t_0}{t - t_0} - \frac{(\tau - t_0)^2}{(t - t_0)^2}\right). \tag{9}$$

Dieser Ausdruck beschreibt eine Parabel, die durch die Punkte $\tau = t_0$ und $\tau = t$ verläuft und im Punkt $\tau = \frac{1}{2}(t - t_0)$ ihren Scheitelpunkt hat, während sich die mittlere Teilchenkoordinate im Punkt $\frac{1}{2}(x + x_0)$ befindet, d. h. in der Mitte zwischen den Punkten x_0 und x.

Die Beziehungen (4) und (7) bestimmen den Mittelwert und die Dispersion der Koordinaten der zur Zeit t im Punkt x beobachteten Teilchen. In vielen natürlichen Medien unterliegt das Geschwindigkeitsfeld der normalen Wahrscheinlichkeitsverteilung. In diesem Falle ist die Verteilung für χ ebenfalls normal, und die Beziehungen (4) und (7) bestimmen sie vollständig. Die Funktion R_{tx} ist dabei vorzugeben.

In (1) setzen wir die Funktion $g(u, c)$ sowie die determinierten und stochastischen Gesetzmäßigkeiten der Änderung der Konzentration $c(x, t)$ als bekannt voraus. Kennen wir die Wahrscheinlichkeitsverteilung für χ, so können wir nach (1) aus dem Stoffgehalt die Verteilung der Teilchen finden, die sich in einem beliebigen Moment t im Punkt x befinden. Danach können wir in der Gleichung für den Stofftransport im Medium die Form der Glieder bestimmen, die die Absorption (oder Absonderung) des Stoffes durch die Teilchen sowie den Stofftransport aufgrund der Partikelbewegung wiedergeben.

3. Gleichungen für den Stofftransport im Medium unter Beteiligung nichtkonservativer Teilchen

Wie schon erwähnt, werden alle Ausgangsfunktionen bei der Herleitung der Gleichungen für den Transport von Beimengungen im Medium als gegeben angenommen. Wir beschränken uns hier auf die einfachsten Ausdrücke für diese Funktionen. Die in Gl. (1) eingehende Funktion $g(u, c)$ wird in eine Potenzreihe nach den Variablen u und c zerlegt:

$$g(u, c) = g(0, 0) + u\frac{\partial}{\partial u}g(0, 0) + c\frac{\partial}{\partial c}g(0, 0) + \dots \tag{10}$$

Vom allgemeinen Charakter der Abhängigkeit der Größe g von u und c ausgehend, läßt sich schließen:

$$g(0, 0) = 0\,, \quad \frac{\partial}{\partial u}g(0, 0) < 0\,, \quad \frac{\partial}{\partial c}g(0, 0) > 0\,.$$

Wir führen die Bezeichnungen

$$\frac{\partial}{\partial c}g(0, 0) = \gamma_1 \quad \text{und} \quad \frac{\partial}{\partial u}g(0, 0) = -\gamma_2$$

ein und beschränken uns auf eine lineare Näherung in der Formel (10):

$$g(u, c) = \gamma_1 c - \gamma_2 u\,. \tag{11}$$

Dieser Ausdruck wird im weiteren als Näherung für die Stoffadsorption an Teilchen der Aufschwemmung oder für die Stoffabsorption durch Planktonorganismen bei der Photosynthese usw. verwendet.

Es sei $\varphi_1(u, x, t, x_0, t_0)$ die Dichte der Verteilungsfunktion der Partikeln nach dem Stoffgehalt u, die sich zur Zeit t_0 im Punkt x_0 befinden und im Moment t im Punkt x beobachtet werden. Dabei gilt

$$n(x, t) = \int_0^{u_{\max}} \int_0^t \int_{-\infty}^{\infty} \varphi_1(u, x, t, x_0, t_0)\, du\, dt_0\, dx_0\,, \tag{12}$$

worin $n(x, t)$ die Gesamtkonzentration der Teilchen ist. Die Gleichung für die statistische mittlere Stoffkonzentration in der gelösten Phase hat folgendes Aussehen:

$$\frac{\partial \bar{c}}{\partial t} + v\frac{\partial \bar{c}}{\partial x} + \frac{\partial Q}{\partial x} = \int_0^{u_{\max}} \int_0^t \int_{-\infty}^{\infty} \varphi(u, x, t, x_0, t_0)\, g(u, c)\, du\, dx_0\, dt_0\,; \tag{13}$$

Q bezeichnet den Konzentrationsstrom durch turbulenten Transport. Insbesondere wird $Q = -D(\partial\bar{c}/\partial x)$ angenommen, wobei D der Koeffizient der turbulenten Diffusion ist.

Es werde mit c_1 der Stoffgehalt in den Teilchen bezeichnet, die sich in einer Einheit des Wasservolumens befinden. Er wird durch den Ausdruck

$$c_1 = \int_0^{u_{\max}} \int_0^t \int_{-\infty}^{\infty} u\varphi(u, x, t, x_0, t_0)\, du\, dx_0\, dt_0 \tag{14}$$

bestimmt. Die Gesamtkonzentration des Stoffes im wäßrigen Medium ist gleich

$$\bar{c}_0 = \bar{c}(1 - w) + c_1 , \tag{15}$$

worin w das Gesamtvolumen der Teilchen in einer Einheit des Wasservolumens ist.

Nach Einsetzen des Ausdrucks (11) für g in (13) erhalten wir

$$\frac{\partial \bar{c}}{\partial t} + v \frac{\partial \bar{c}}{\partial x} = D \frac{\partial^2 \bar{c}}{\partial x^2} - \gamma_1 n \bar{c} + \gamma_2 \int_0^t \int_{-\infty}^{\infty} \bar{u} G(x, t, x_0, t_0) \, dx_0 \, dt_0 , \tag{16}$$

worin $G(x, t, x_0, t_0)$ die Konzentration der sich im Moment t_0 im Punkt x_0 befindenden und zur Zeit t im Punkt x beobachteten Teilchen ist. Wenn der Partikeltransport nach den Diffusionsgesetzen im turbulenten Strom erfolgt, so ist G die GREENsche Funktion des entsprechenden Diffusionsproblems.

Für die Berechnung der Konzentration $\bar{c}$ mit Hilfe der Gl. (16) ist es erforderlich, den Wert von $\bar{u}$, dem mittleren Stoffgehalt in den im Moment t am Punkt x und zur Zeit t_0 am Punkt x_0' befindlichen Teilchen, zu bestimmen. Nach (1) und (11) wird die Änderung von u durch

$$\frac{du}{d\tau} = \gamma_1 c(\chi, \tau) - \gamma_2 u \tag{17}$$

beschrieben. Nach Integration dieser Gleichung in den Grenzen von t_0 bis t und statistischer Mittelung erhalten wir

$$\bar{u} = e^{-\gamma_2(t-t_0)} \left[\gamma_1 \int_{t_0}^{t} \overline{c[\chi(\tau), \tau] \, e^{\gamma_2(\tau - t_0)}} \, d\tau + u_0\right] , \tag{18}$$

worin $u_0 = u(t_0)$ ist. Es wird die Näherungssubstitution

$$\overline{c(\chi, \tau)} \simeq \bar{c}(\chi, \tau) \tag{19}$$

ausgeführt.

Es ist zu erwähnen, daß im Ausdruck $\overline{c(\chi, \tau)}$ die Mittelung über eine Zufallsfunktion, die von einem Zufallsargument abhängt, erfolgte. Mit anderen Worten, an die Stelle von x wurde in der Funktion $c(x, \tau)$ die Zufallsfunktion χ gesetzt, und danach erfolgte das Mitteln. Im Ausdruck $\bar{c}(\chi, \tau)$ wurde zuerst die Funktion $c(x, \tau)$ gemittelt und danach die Substitution von x durch χ vorgenommen. Somit erhält man $\bar{c}(\chi, \tau)$ unter Anwendung eines Zufallsargumentes in einer nichtzufälligen Funktion. Der Sinn der durchgeführten Substitution besteht in folgendem. Die Achse Ox wird in Abschnitte endlicher Länge zerlegt (Abb. 3). Die zur Zeit t am Punkt x beobachteten Teilchen gingen auf Grund von Makrowirbeln aus einem Abschnitt in den nächsten über, wäh-

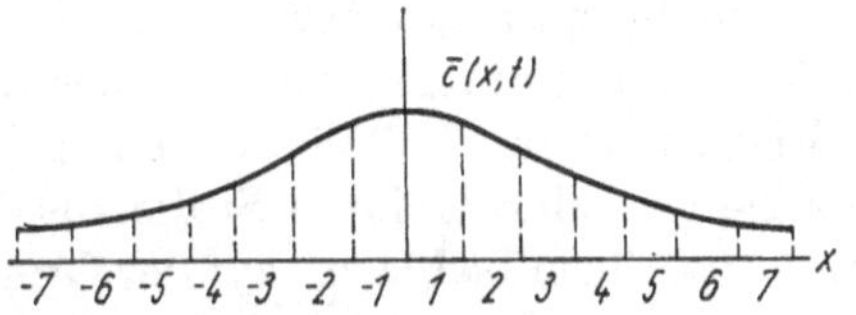

Abb. 3. Schema für die Wechselwirkung der Partikeln mit der mittleren Stoffkonzentration $\bar{c}(x, t)$

rend sie sich im Inneren eines jeden Abschnitts durch Mikrowirbel bewegen. Die Bewegungen im Inneren eines Abschnitts führen dazu, daß die Teilchen gemäß Gl. (17) mit einem gewissen, in den Grenzen dieses Abschnitts gemittelten Wert $c(x, t)$, den wir im weiteren mit dem entsprechenden gemittelten Wert $\bar{c}(x, t)$ identifizieren, wechselwirken.

Unter Berücksichtigung des Ausdrucks (19) erhalten wir

$$\overline{c(\chi, \tau)} \simeq \overline{\bar{c}(\chi, \tau)} = \int_{-\infty}^{\infty} \bar{c}(\chi, \tau)\, f(\chi, \alpha_\chi, \sigma_\chi)\, d\chi\,, \tag{20}$$

worin

$$f(\chi, \alpha_\chi, \sigma_\chi) = \frac{1}{\sigma_\chi \sqrt{2\pi}}\, e^{-(\chi-\alpha_\chi)^2/2\sigma_\chi^2} \tag{21}$$

die räumliche Normalverteilungsdichte der Teilchen ist, die zur Zeit t_0 von x_0 ausgehen und im Moment t bei x eintreffen. Die Werte α_χ und σ_χ sind durch (4) und (7) bestimmt.

Die Gln. (16), (18) und (20) gestatten bei entsprechenden Anfangs- und Randbedingungen, die Aufgabe über die Beteiligung der Teilchen in der Aufschwemmung am Transport einer Beimengung in turbulenter Strömung zu formulieren. In einer Reihe von Fällen spielen diese Prozesse in ökologischen Systemen eine wichtige Rolle (s. [1]). Es muß erwähnt werden, daß wir bei der Herleitung der betrachteten Gleichungen, beginnend mit (13), das statistische Mittel mit dem Integralmittel über die Menge von Teilchen, die sich in der Umgebung des betrachteten Punktes befinden, identifizierten.

4. Analyse der Mechanismen der Beseitigung gelöster Stoffe aus dem Strom durch Adsorption an Schwebeteilchen

Bei der Bewegung von Wässern mit unterschiedlichen Eigenschaften ist eine Zunahme der Konzentration von Schwebeteilchen zu beobachten, die verschiedene chemische Verbindungen aus der gelösten Phase zu adsorbieren und sie durch Ausfällung in Bodenablagerungen zu überführen vermögen.

Dieser Prozeß führt zum Beispiel zu einer starken Änderung der Konzentration der gelösten Verbindungen einiger chemischer Elemente beim Übergang von Fluß- zu Meerwasser in Flußmündungen (s. [2]). Wir analysieren nun die Prozesse, die die Entnahme gelöster Stoffe aus der Strömung infolge ihrer Adsorption durch Partikeln bedingen, auf der Grundlage des oben dargelegten Schemas für das Verhalten nichtkonservativer Teilchen im turbulenten Medium. Der Einfachheit halber werden am Beispiel vereinfachter Schemata lediglich qualitative Schlußfolgerungen angestrebt.

Es werde der Eintritt einer Flußströmung ins Meer betrachtet. In dem Maße, wie das Flußwasser vordringt, vermischt es sich mit dem Meerwasser, und es bilden sich Schwebeteilchen, die gelöste chemische Verbindungen zu adsorbieren vermögen. Die Koordinatenachse Ox soll längs der Strömung verlaufen, ihr Anfang wird in die Flußmündung gelegt (Abb. 4a). Der Abschnitt Δx, auf dem sich die Suspensionen bilden, wird im Vergleich zu der Strecke, auf der die Adsorption des gelösten Stoffes vonstatten geht, als klein betrachtet. In der Entfernung x wird zur Zeit t die Dichte φ_1 der Verteilung nach dem Stoffgehalt für die Teilchen beobachtet, die sich zur Zeit t_0 am Punkt $x = 0$ bildeten. Die Werte der Funktion φ_1 ergeben sich aus dem Zusammenwirken zweier Faktoren: der Schwankungen der Stoffkonzentration im Medium und der Zufallsbewegungen der Teilchen im Feld der veränderlichen Konzentration. Um die Rolle dieser Faktoren abzuschätzen, werden ihre Effekte einzeln betrachtet.

Zunächst wird vorausgesetzt, daß sich die Partikeln im Feld der Konzentration $c(x, t)$ bewegen, die der Normalverteilung mit konstanten Parametern — dem Mittelwert α_c und der Dispersion σ_c der Funktion $c(x, t)$ — unterliegt. Weiterhin wird angenommen, daß die Anzahl der Teilchen in einer Einheit des Wasservolumens, d. h. die Konzentration der Aufschwemmung $n(x, t)$, durch folgende Gleichung beschrieben werden kann:

$$\frac{\partial n}{\partial \tau} + v \frac{\partial n}{\partial x} = \frac{\partial}{\partial x}\left(D \frac{\partial n}{\partial x}\right) - F(n), \tag{22}$$

worin $F(n)$ die Sedimentation der Teilchen am Boden des Wasserspeichers charakterisiert. Es wird vereinfachend festgelegt: $F(n) = \lambda n$, $\lambda = \text{const}$, $v = V = \text{const}$ und $D = \text{const}$. Die Lösung der Aufgabe (22) für den betrachteten Fall hat folgende Form:

$$n(x, t) = P\, e^{-Vx/2D} \int_0^t G(x, \tau)\, e^{-\beta\tau}\, d\tau\,, \tag{23}$$

worin

$$G(x, \tau) = \frac{1}{2\sqrt{\pi D \tau}}\, e^{-x^2/4D\tau} \tag{24}$$

und P die Intensität der Aufschwemmungsquelle bei $x = 0$ und $\beta = \lambda + V^2/4D$ sind. Bei großen t stellt sich ein stationärer Wert der Teilchenkonzentration ein:

$$n(x) = \frac{1}{2\pi D} e^{-Vx/2D} K_0(\varkappa, x), \qquad \varkappa = \frac{V^2}{4D^2} + \frac{\lambda}{D}; \tag{25}$$

K_0 ist die MACDONALDsche Funktion.

Aus (17) erhält man bei $\bar{c}(\chi, \tau) = \alpha_c$ und $u_0 = 0$

$$u = \gamma_1 \int_{t_0}^{t} c(\chi, \tau)\, e^{-\gamma_2(t-\tau)}\, d\tau. \tag{26}$$

Daraus folgt:

$$\alpha_u = \frac{\gamma_1 \alpha_c}{\gamma_2}\left(1 - e^{-\gamma_2(t-t_0)}\right), \tag{27}$$

$$\overline{u^2} = \gamma_1^2\, e^{-2\gamma_2 t} \int_{t_0}^{t}\int_{t_0}^{t} e^{\gamma_2(\tau_1+\tau_2)}\, \overline{c(\tau_1)\, c(\tau_2)}\, d\tau_1\, d\tau_2, \tag{28}$$

$$\sigma_u^2 = \overline{u^2} - \alpha_u^2. \tag{29}$$

Für das zweite Moment $\overline{c(\tau_1)\, c(\tau_2)}$ der Konzentration des gelösten Stoffes wird folgender Ausdruck angenommen:

$$\overline{c(\tau_1)\, c(\tau_2)} = \sigma_c^2\, e^{-a|\tau_1-\tau_2|} + \alpha_c^2. \tag{30}$$

Aus (28) gewinnen wir unter Berücksichtigung von (30)

$$\overline{u^2} = \gamma_1^2\, e^{-2\gamma_2 t} \int_{t_0}^{t}\int_{t_0}^{t} e^{\gamma_2(\tau_1+\tau_2)} \left(\sigma_c^2\, e^{-a|\tau_1-\tau_2|} + \alpha_c^2\right) d\tau_1\, d\tau_2. \tag{31}$$

Die Beziehungen (27), (28) und (29) bestimmen die Normalverteilung nach dem Gehalt an Beimengungen für die Gesamtheit der zur Zeit t_0 aus dem Koordinatenanfang abgewanderten Teilchen. Auf der Grundlage dieser Verteilung, die wir mit $f(u, \alpha_u, \sigma_u)$ bezeichnen, finden wir die Partikelverteilung nach dem Gehalt an Beimengungen am Punkt x zur Zeit t:

$$\varphi(u, x, t) = P\, e^{-Vx/2D} \int_{0}^{t} f(u, \alpha_u, \sigma_u)\, G(x, t, t_0)\, e^{-\beta(t-t_0)}\, dt_0. \tag{32}$$

Dieser Ausdruck bestimmt die Anzahl der Teilchen, die sich im Moment t in einer Volumeneinheit am Punkt x befinden und bei denen der Gehalt an Beimengungen im Intervall $[u, u + du]$ liegt. In Abb. 4a ist ein Beispiel für die Berechnung der Funktion $\varphi(u, x, t)$ nach Formel (32) angeführt, die auf die nach (23) berechnete Teilchenzahl normiert wurde.

Ein anderer Mechanismus für die Dispersion der Partikelverteilung nach dem Gehalt adsorbierten Stoffes basiert auf der Zufallsbewegung der Teil-

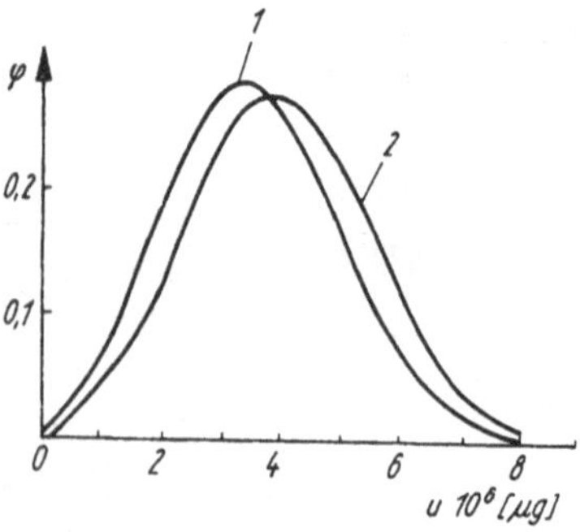

a

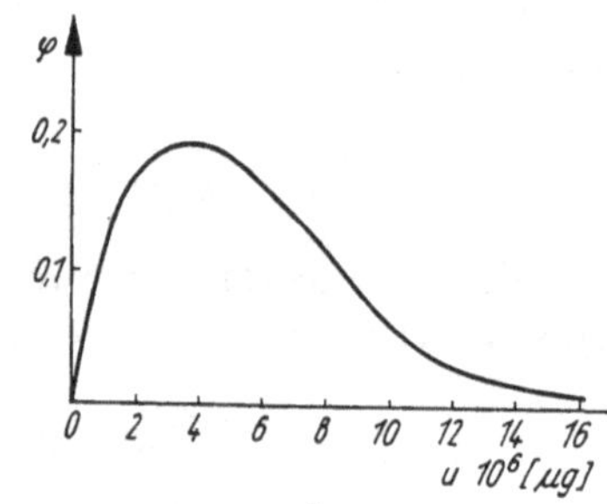

b

Abb. 4. Beispiele für die Berechnung der Verteilungsfunktion der Partikeln nach dem Stoffgehalt bei $\gamma_1 = 0{,}276 \cdot 10^{-6}\ \mathrm{h}^{-1}\ \mathrm{l}$, $\gamma_2 = 0{,}66\ \mathrm{h}^{-1}$, $a = 0{,}36\ \mathrm{h}^{-1}$ und $D = 0{,}36\ \mathrm{km}^2\ \mathrm{h}^{-1}$; **a** für Partikeln, die in einer Strömung mit schwankender Beimengungskonzentration transportiert werden: $V = 1\ \mathrm{km\ h}^{-1}$, $\lambda = 0{,}1\ \mathrm{h}^{-1}$, $\alpha_c = 10\ \mu\mathrm{g\ l}^{-1}$, $\sigma_c = 4{,}5\ \mu\mathrm{g\ l}^{-1}$; *1* bei $x = 3$ km, *2* bei $x = 6$ km; **b** für Partikeln, die nur turbulent im inhomogenen Konzentrationsfeld transportiert werden: $V = 0$, $\lambda = 0$, $b = 5\ \mu\mathrm{g\ l}^{-1}\ \mathrm{km}^{-1}$, $x = 2$ km, $t = 1$ h

chen im veränderlichen Konzentrationsfeld dieses Stoffes im Medium. Am interessantesten ist es, diesen Mechanismus unter der Voraussetzung zu betrachten, daß die Partikelkonzentration im Medium konstant ist. Eine Diffusion der Teilchen im traditionellen Sinne erfolgt dabei nicht; es wird aber eine scheinbare Diffusion ihrer „Qualität" beobachtet. Der Einfachheit halber wird das Feld als stationär mit konstantem Gradienten entlang der Achse Ox angenommen:

$$c(x, t) = bx \quad \text{mit} \quad b = \text{const} . \tag{33}$$

Somit sei die stochastische Komponente des Konzentrationsfeldes vernachlässigbar klein. Die mittlere Strömungsgeschwindigkeit V des Mediums wird gleich Null gesetzt. Im Punkt $x = 0$ wird eine undurchlässige Wand angenommen. Die Beziehung (26) benutzend und berücksichtigend, daß $c(\chi, \tau) = b\chi$ ist, erhalten wir

$$\alpha_u = \gamma_1 b\, e^{-\gamma_2 t} \int_0^t \alpha_\chi\, e^{\gamma_2 \tau}\, d\tau , \tag{34}$$

$$\overline{u^2} = \gamma_1^2 b^2\, e^{-2\gamma_2 t} \int_0^t \int_0^t e^{\gamma_2(\tau_1 + \tau_2)}\, \overline{\chi(\tau_1)\, \chi(\tau_2)}\, d\tau_1\, d\tau_2 \tag{35}$$

mit

$$\overline{\chi(\tau_1)\, \chi(\tau_2)} = x_0 [\alpha_\chi(\tau_1) + \alpha_\chi(\tau_2)] - x_0^2 + \overline{v_{tx}^2} I(\tau_1, \tau_2, 0) . \tag{36}$$

In diesen Gleichungen werden α_χ und $\overline{v_{tx}^2}$ durch die Formeln (4), (5) und (6) bestimmt. Die Dispersion σ_u wird dann nach (29) gefunden. Somit bestimmen die Ausdrücke (34) und (35) die Normalverteilung der Teilchen nach dem Gehalt an Beimengungen in ihnen für den betrachteten Fall. Die Funktion $\varphi(u, x, t)$ kann dann nach der Formel (32) bei $V = 0$, $\beta = 0$ und bei

$$G(x, t, x_0) = \frac{1}{2\sqrt{\pi D t}} \left[e^{-(x-x_0)^2/4Dt} + e^{-(x+x_0)^2/4Dt}\right] \tag{37}$$

berechnet werden. Ein Beispiel solch einer Verteilung ist in Abb. 4b dargestellt. Dabei wurde folgender Ausdruck verwendet:

$$R_{tx}(\tau', \tau'') = e^{-a|\tau'-\tau''|} . \tag{38}$$

Die in Abb. 4a und 4b angeführten Beispielrechnungen für die Partikelverteilung nach dem Gehalt an Beimengungen zeigen die Rolle zweier Faktoren bei der Entstehung dieser Verteilungen: der Schwankungen der Beimengungskonzentration im homogenen Medium und der Schwankungen der Teilchenbewegung im inhomogenen Medium. Im allgemeinen Falle wirken diese zwei Faktoren zusammen.

Wenn als sich chaotisch im Medium bewegende Teilchen lebende Organismen auftreten, die befähigt sind, aus dem Medium absorbierte Substanzen zu akkumulieren, weist das dargelegte Schema auf die Möglichkeit hin, daß der Stoffgehalt in den Organismen eine Dispersion zeigt. Auf diese Weise kann ein Teil der Individuen beträchtliche Stoffmengen aufnehmen, obwohl der mittlere Gehalt dieses Stoffes in der Population als Ganzes unbedeutend ist. Das zu bedenken ist besonders wichtig, wenn zum Beispiel der akkumulierte Stoff giftig ist. Gehen die Organismen durch einen in ihnen angereicherten Stoff zugrunde, muß in dem Schema unbedingt das Absterben der Organismen berücksichtigt werden.

Es sei $c(x, t)$ die Konzentration des giftigen Stoffes im Medium und $\varphi_1(u, x, t)$ die Verteilungsdichte der Organismen nach dem akkumulierten Giftstoff. Man kann voraussetzen, daß die Absterbewahrscheinlichkeit der Organismen je Zeiteinheit von ihrem Gehalt an Giftstoff abhängt. Sie werde mit $\varrho(u)$ bezeichnet. In diesem Falle ergibt sich die Anzahl der je Zeit- und Volumeneinheit zugrunde gehenden Organismen zu

$$U(x, t) = \varrho(u)\, \varphi_1(u, x, t)\, n(x, t) . \tag{39}$$

Diesen Ausdruck kann man beim Aufstellen der Gleichung für die Konzentration der Organismen unter Berücksichtigung ihres Verhaltens im Medium $n(x, t)$ anwenden.

Das beschriebene Schema kann zugleich für die Beurteilung der Möglichkeit angewandt werden, daß Phytoplankton bei seinen Bewegungen im trüben, intensiv Licht absorbierenden Medium Licht erhält. In diesem Falle tritt die turbulente Durchmischung als Faktor auf, der die gleichmäßigere

Gewinnung von Licht durch die Zellen des Phytoplanktons fördert. Es sind Fälle bekannt, bei denen in sehr trüben Medien eine hohe Produktivität des Phytoplanktons beobachtet wird. Das dargelegte Schema erklärt qualitativ die Existenz eines Mechanismus, der zu diesem Prozeß beiträgt.

5. Schlußbemerkung

Die dargelegten allgemeinen Überlegungen erlauben, mathematische Modelle für Prozesse in wäßrigen Medien zu formulieren, die mit dem Stoffaustausch zwischen der dispersen Phase und dem dispergierenden Medium im Zusammenhang stehen. In der Mehrzahl der Fälle erfordert die Realisierung der Modelle die Anwendung numerischer Methoden, was bei in konkreten Wasserspeichern vorkommenden Situationen zweckmäßig ist. Die an abstrakten Beispielen dargestellten Abschätzungen weisen auf die Möglichkeit einer signifikanten Dispersion in der Verteilung der Partikeln nach dem Gehalt des absorbierten Stoffes hin.

Literatur

[1] Beljaev, V. I., Teorija složnych geosistem, Naukova Dumka, Kiev 1978, 156 S.

[2] Ovsjanyj, E. I., u. L. V. Eremeeva, Raspredelenie mikroėlementov v severozapadnoj časti Černogo morja i rečnoj stok. In: Kompleksnye gidrofizičeskie i gidrochimičeskie issledovanija Černogo morja, Izd. MGI AN USSR, Sevastopol' 1980, 119–130.

Acta Hydrophysica, Berlin	Bd. XXVII	H. 3/4	(1982)	S. 167–185

Прогнозирование состояния биоценоза на основе его адапционного сукцессионного цикла

Б. С. Флейшман[1])

Резюме: Приводятся общекибернетическое определение адапционного цикла и явное решение возникающих при этом экстремальных задач для стохастической динамической модели сукцессии биоценоза. Дана детерминистская интерпретация стационарного решения, из которого следует известный оптимизационный постулат стремления к единице коэффициента размножения особи. Найдено стационарное математическое ожидание численности многовозрастной мигрирующей популяции. Формальное совпадение выражений средней численности биоценоза с математическим ожиданием численности многовозрастной мигрирующей популяции позволяет использовать развитую теорию для биоценоза и для последней. Учет адапционных свойств биоценозов в их моделях повышает прогностические возможности моделей. Работа носит полуобзорный характер.

Zusammenfassung: Es werden eine allgemein-kybernetische Definition des Adaptationszyklus und eine explizite Lösung für einige dabei auftretende Extremalprobleme eines stochastischen dynamischen Modells der Sukzession in einer Biozönose dargeboten. Eine deterministische Interpretation der stationären Lösung wird gegeben, aus der das bekannte Optimierungspostulat folgt, wonach der Vermehrungskoeffizient $N(t + 1)/N(t)$ gegen 1 strebt. Es wird die stationäre mathematische Erwartung für die Größe einer aus mehreren Altersgruppen bestehenden migrierenden Population gefunden. Die formale Koinzidenz der Ausdrücke für die mittlere Größe der Biozönose mit dem mathematischen Erwartungswert für die Größe einer aus mehreren Altersgruppen bestehenden migrierenden Population gestattet es, eine bereits entwickelte Theorie für die Biozönose und für die Population zu verwenden. Die Berechnung der Adaptationsmechanismen für Biozönosen in den Modellen erhöht die Möglichkeit für Vorhersagen mit diesen Modellen. Der Beitrag hat teilweise den Charakter eines Überblicks.

Summary: The paper presents a general cybernetic definition of the adaptation cycle and an explicit solution of some connected extremal problems for a stochastic

[1]) Др. Б. С. Флейшман, Академия наук СССР, Институт океанологии им. П. П. Ширшова, 117218 Москва B-218, ул. Красикова 23, СССР.

dynamical model of a biocenosis succession. A deterministic interpretation of the stationary solution is given, from which there results the well-known optimization postulate of the species propagation coefficient tending to one. The stationary mathematical expectancy of the quantity of the poly-aged migrating population is found. The formal coincidence of the expressions for the quantity of the biocenosis and for the mathematical expectancy of the poly-aged migrating population permits to use an already developed theory for both of them. The accounting of the adaptation properties of the biosystems increases the forecasting possibilities of these models. The paper has partly the character of a review.

1. Введение

Общая теория водных экосистем должна составить некоторую ,,комбинацию между кибернетической и термодинамической теориями" (см. [2]). Такая комбинация пока не может быть органической, так как эти теории основаны на противоположных концепциях (см. [11]). Поэтому строить теорию водных экосистем можно либо на термодинамической вещественно-энергетической основе, включая биологическую компоненту по аналогии с физической и химической (см. [2]), либо на кибернетической структурно-поведенческой основе (см. [5], [7]), концентрируя внимание на биологической компоненте (биоценоз). Нереальность построения достаточно конструктивной ,,общей модели" водной экосистемы в настоящее время вполне осознана (см. [2]). Вместе с тем, сколь бы ни были детализированы модели экосистем, без учета адаптации биоты к изменяющимся воздействиям среды, по ним нельзя делать сколько-нибудь долговременный прогноз (см. [4], [15], [16]). Настоящая работа посвящена развитию теории адаптации биоты к изменяющимся воздействиям среды.

2. Общесистемное определение адапционного цикла (см. [8])

Функционирование открытой системы A в среде B можно рассматривать как серию обменов между ними некоторого количества U расходуемых ресурсов на некоторое количество V потребляемых ресурсов. Будем называть это (U, V)-обменом. Вещественно-энергетические (U, V)-обмены подчиняются законам физики и химии, другие (U, V)-обмены, в частности информационные, — законам кибернетики. Очевидно, что с ростом величины U ростет и величина V. Последняя зависит также от структуры и поведения системы A и среды B, то есть $V = V(U, A, B)$.

В конфликтной или неопределенной ситуации (U, V)-обмен можно рассматривать формально как игру системы A со средой B (в последнем случае просто для надежности выводов) с целевым функционалом (функцией выигрыша) $V = V(U, A, B)$. Как правило, последняя не имеет седловой точки, и поэтому

$$\max_{A\in\mathfrak{A}} \min_{B\in\mathfrak{B}} V(U, A, B) = V(U, A_0, B_{00}) \neq V(U, A_{00}, B_0) = \\ = \min_{B\in\mathfrak{B}} \max_{A\in\mathfrak{A}} V(U, A, B)\,, \tag{1}$$

где оптимизация ведется в широких классах систем $\mathfrak{A}$ и сред $\mathfrak{B}$ и оптимальная система и среда в первом и во втором случаях имеют вид

$$A_0,\ B_{00} = B_0(A_0) \text{ и } A_{00} = A_0(B_0),\ B_0$$

соответственно. При этом $B_0(A)$ и $A_0(B)$ являются промежуточными экстремумами, определяемыми соотношениями

$$\left.\begin{aligned} &\min_{B\in\mathfrak{B}} V(U, A, B) = V[U, A, B_0(A)]\,, \\ &\max_{A\in\mathfrak{A}} V(U, A, B) = V[U, A_0(B), B]\,. \end{aligned}\right\} \tag{2}$$

Знак равенства в соотношении (1) имеет место для так называемых смешанных (рандомизированных) стратегий. Однако, рандомизация сложных систем с большим характерным временем их изменения (например, крупных биоценозов) нереалистична. Последовательность взятия экстремумов в соотношении (1) интерпретируется (см. [6]) последовательной *во-времени* активности в первом случае сначала среды, а потом системы, а во втором — сначала системы, а потом среды. Другими словами max min интерпретируется принципом поведения „стимул — реакция", связанным с гомеостазисом, а min max — с более эффективным принципом поведения „реакция — стимул", связанным с преадаптацией. Выбор между гипотезами о принципах поведения оригинала системы A^* производится согласно объективной телеологии (см. [12]) по степени близости к нему соответствующих оптимальных систем A_0 и A_{00}.

Выделим класс сред $\mathfrak{B}_W \subset \mathfrak{B}$ с фиксированным давлением на систему A, характеризуемым некоторым параметром W (этот параметр будем называть давлением). Тогда первый промежуточный экстремум, взятый не по всему множеству $\mathfrak{B}$, а по его подмножеству $\mathfrak{B}_W$, будет зависить от параметра W:

$$\min_{B \in \mathfrak{B}_W} V(U, A, B) = V[U, A, B_0(A, W)]\,, \tag{3}$$

а оптимальная система A_0, определяемая соотношением (1), также будет от него зависить: $A_0 = A(W)$. Про нее мы скажем, что она *адаптирована* к фиксированному давлению среды, равному W.

Рассмотрим различные давления среды на систему W_1 и $W_2 \neq W_1$. Пусть среда оказывает на систему давление W_1, а система адаптирована к давлению W_2. Тогда, согласно соотношению (3) целевой функционал системы имеет вид

$$m(W_1, W_2) = V\{U, A(W_2), B_0[A(W_2), W_1]\} \tag{4}$$

и по аналогии со статистической терминологией называется *оперативной характеристикой* (ОХ) взаимодействия системы со средой. Из смысла введенных параметров следует, что при фиксации W_2 функция $m(W_1, W_2)$ убывает с ростом W_1, а при совпадении аргументов функция $m(W_1, W_1) \geqq m(W_1, W_2)$ при произвольном значении W_2. Поэтому для $W_1 \leqq W_2$ должна иметь место следующая цепочка неравенств:

$$m(W_1, W_1) \geqq m(W_1, W_2) \geqq m(W_2, W_2) \geqq m(W_2, W_1)\,, \tag{5}$$

соответствующих следующему мысленному эксперименту.

Пусть система адаптирована к давлению среды W_1 и при этом ее ОХ равна $m(W_1, W_1)$. Далее среда обрушивает на систему более сильное давление W_2, при котором ОХ оказывается равной величине $m(W_2, W_1)$ меньшей первоначальной. После адаптации системы к новому давлению происходит первый подъем ее ОХ, равный $m(W_2, W_2)$. Пусть теперь с системы снят губительный пресс давления W_2 и давление уменьшено до первоначального значения W_1. Сразу же после этого произойдет пассивный (без адаптации системы) подъем ОХ до величины $m(W_1, W_2)$. Это не исчерпывает возможностей системы, так как после новой адаптации к старому значению W_1 произойдет второй адапционный подъем ОХ и она вернется к первоначальному значению $m(W_1, W_1)$. Указанная последовательность воздействий среды B и адаптаций к ним системы A названа нами *адапционным циклом* (см. [6], [8]). Это общесистемное понятие может быть использовано для исследования адаптации биоценоза к изменяющимся воздействиям среды.

3. Стохастическая модель сукцессии биоценоза (см. [6])

Рассматривается биоценоз, состоящий из a компонент — популяций или их группировок (например, трофических). Особи α-й компоненты в свою очередь могут группироваться в устойчивые образования из n_α особей (стаи, скопления и т. д.). Такое образование будем называть α-особью. Их численность в биотопе R объема V в момент времени t обозначим $N_\alpha(t)$. Плотностью α-особи (плотностью биомассы α-й компоненты) называется выражение $\varrho_\alpha(t) = N_\alpha(t)/V$ $\left(B_\alpha(t) = \varrho_\alpha(t)\,\beta_\alpha\right)$, где $\beta_\alpha = n_\alpha \beta'_\alpha$ средняя биомасса α-особи, β'_α—средняя биомасса особи α-й компоненты.

Теоретически можно расчленить биотоп R объема V на N элементов e_u $(u = \overline{1, N})$ объема $\Delta V = V/N$, занимаемых лишь одной α-особью или пустых. Пусть $V_\alpha = \Delta N_\alpha(t)$ объем, занятый α-особями, а $V_{a+1} = \Delta V N_{a+1}(t)$ пустой объем, имеющий $N_{a+1}(t)$ элементов $\left(\sum\limits_{\alpha=1}^{a+1} N_\alpha(t) = N\right)$.

В предположении отсутствия агрегированности α-особей (равновозможности их любого расположения в N элементах) *абсолютные* вероятности $p_\alpha(t)$ и $p_{a+1}(t)$ присутствия α-особи в любом элементе или его пустоты в момент t равны соответственно

$$p_\alpha(t) = N_\alpha(t)/N \; (\alpha = \overline{1, a}), \;\; p_{a+1}(t) = N_{a+1}(t)/N. \tag{6}$$

Отсюда имеем пропорциональность вероятностей плотностям

$$p_\alpha(t) = \varrho_\alpha(t)\;\Delta V\,.$$

Будем описывать состояние биоценоза в момент времени t вероятностной вектор-строкой $\overrightarrow{p(t)} = \left(p_\alpha(t)\right)$. Для исследования динамики биоценоза необходимо ввести *условные* вероятности $\lambda_\alpha(t)$ возникновения и $\mu_\alpha(t)$ гибели его α-особей в момент t и соответствующие вектора $\overrightarrow{\lambda(t)} = (\lambda_\alpha(t))$ и $\overrightarrow{\mu(t)} = (\mu_\alpha(t))$. Они имеют следующую частотную интерпретацию. Обозначим через $M_\alpha(t)$ $(L_\alpha(t))$ число элементов в момент $t - \Delta t$, занятых α-особями (пустых), а в момент t пустых (занятых α-особями). Тогда при тех же допущениях, что и для абсолютных вероятностей по определению условных вероятностей, имеем

$$\lambda_\alpha(t) = L_\alpha(t)/N_{a+1}(t - \Delta t) \text{ и } \mu_\alpha(t) = M_\alpha(t)/N_\alpha(t - \Delta t) \quad (\alpha = \overline{1, a})\,. \tag{7}$$

В рассматриваемой модели ,,рождения и гибели'' считается, что α-особи могут возникать лишь в пустых элементах.

Сукцессию биоценоза (см. [3]) можно описать динамической стохастической моделью с дискретным временем $t = 0, 1, 2, \ldots$ с временным шагом Δt, принятым за единицу, соответствующую характерному для биоценоза временному интервалу: дню, месяцу, году и т. п. В такой модели состояние биоценоза $\vec{p}(t+1)$ можно представить в виде

$$\vec{p}(t+1) = \vec{p}(t)\, P_t\,, \tag{8}$$

где $P_t = \|p_{\alpha\beta}(t)\|(\alpha, \beta = \overline{1, a+1})$ стохастическая матрица $\left(\sum_{\beta=1}^{a+1} p_{\alpha\beta}(t) = 1,\ \alpha = \overline{1, a+1}\right)$, зависящая, вообще говоря, в силу запаздывания реакций биоценоза от k его состояний $\vec{p}(t-k)$, $\vec{p}(t-k+1)$, ... , $\vec{p}(k-1)$, предшествующих $\vec{p}(t)$,

$$\left.\begin{aligned} &p_{\alpha\beta}(t) = p_{\alpha\beta}\big(t, \vec{p}(t-k), \ldots, \vec{p}(t-1)\big) \\ \text{или}\quad & \\ &P_t = P_t\big(\vec{p}(t-k), \ldots, \vec{p}(t-1)\big)\,. \end{aligned}\right\} \tag{9}$$

Климаксу биоценоза (см. [3]) соответствует предельное состояние $\vec{p} = \lim\limits_{t\to\infty} \vec{p}(t)$, которое существует, если существует предел

$$P(\underbrace{., \ldots, .}_{k}) = \|p_{\alpha\beta}(\underbrace{., \ldots, .}_{k})\| = \lim_{t\to\infty} P_t(\underbrace{., \ldots, .}_{k})\,,$$

соответствующий стационарным воздействиям среды и взаимодействиям компонент биоценоза при климаксе.

Предельное стационарное состояние $\vec{p}$ может быть найдено из уравнения

$$\vec{p} = \vec{p} P(\underbrace{\vec{p}, \ldots, \vec{p}}_{k})\,, \tag{10}$$

которое, вообще говоря, может иметь несколько решений. Решение уравнения (10) удобно проводить в два этапа. Сначала решается линейное однородное уравнение $\vec{p} = \vec{p}\,\|p_{\alpha\beta}\|$, которое всегда имеет решение из-за того, что стохастическая матрица имеет собственный вероятностный вектор с максимальным по модулю собственным значением, равным единице (см. [1]). В результате получим выражение $\vec{p}$ стационарного решения через $p_{\alpha\beta}$

$$\vec{p} = F(p_{\alpha\beta})\,. \tag{11}$$

Затем, используя выражение (9) $p_{\alpha\beta}$ через $\vec{p}$, решаем трансцендентное уравнение

$$\vec{p} = F[p_{\alpha\beta}(\underbrace{\vec{p}, \ldots, \vec{p}}_{k})]$$

относительно $\vec{p}$.

Основная идея развиваемых далее методов состоит в том, что все богатство биологических процессов и взаимодействий, подчиняющихся кроме биологических и физико-химическим законам, рассматривается лишь на предельно высоком уровне их влияния на вероятности возникновения и гибели α-особей.

Поэтому основные для энергетических и термодинамических рассмотрений балансовые соотношения, основанные на законах сохранения, здесь явно не фигурируют.

В соответствии со сказанным и с учетом смысла вероятностей возникновения $\vec{\lambda} = (\lambda_\alpha)$ и гибели $\vec{\mu} = (\mu_\alpha)$ α-особи зададим вероятности $p_{\alpha\beta}$ в виде

$$p_{\alpha\beta} = \begin{cases} 1 - \mu_\alpha , & \alpha = \beta \quad (\alpha = \overline{1, a}) , \\ \mu_\alpha , & \beta = a + 1 (\alpha = \overline{1, a}) , \\ \lambda_\beta , & \alpha = a + 1 (\beta = \overline{1, a}) , \\ 1 - \sum_{\beta=1}^{a} \lambda_\beta , & \alpha = \beta = a + 1 . \end{cases} \tag{12}$$

В этом случае легко получим стационарное решение (11) уравнения (10) в виде

$$p_\alpha = p_{a+1} \lambda_\alpha / \mu_\alpha , \quad p_{a+1} = (1 + \sum_{\alpha=1}^{a} \lambda_\alpha / \mu_\alpha)^{-1} . \tag{13}$$

Из соотношения (13) для средней вероятности биоты в биотопе биоценоза

$$\bar{p} = \frac{1}{a} \sum_{\alpha=1}^{a} p_\alpha$$

получим важное для дальнейшего соотношение

$$\frac{\bar{p}}{\bar{\lambda}(1 - a\bar{p})} = \frac{1}{\bar{\lambda} a} \sum_{\alpha=1}^{a} \frac{\lambda_\alpha}{\mu_\alpha} = \frac{1}{\bar{\lambda}} \overline{\left(\frac{\lambda}{\mu} \right)} = M(\vec{\lambda}, \vec{\mu}) = M , \tag{14}$$

где всюду

$$\bar{X} = \sum_{\alpha=1}^{a} X_\alpha / a .$$

Предельные соотношения (13) можно интерпретировать в терминах предельных численностей

$$N_\alpha = \lim_{t \to \infty} N_\alpha(t) , \quad M_\alpha = \lim_{t \to \infty} M_\alpha(t) \quad \text{и} \quad L_\alpha = \lim_{t \to \infty} L_\alpha(t) .$$

Легко показать, что из первого соотношения (13) с учетом определений (6) и (7) следует тождество

$$L_\alpha \equiv M_\alpha\,. \tag{15}$$

С другой стороны, очевидно следующее соотношение (конечно-разностное уравнение)

$$N_\alpha(t+1) = N_\alpha(t) + L_\alpha(t) - M_\alpha(t) = f_\alpha(t)\,N_\alpha(t)\,,$$

где коэффициенты размножения $f_\alpha(t)$ α-особей биоценоза имеют выражения

$$f_\alpha(t) = 1 + (L_\alpha(t) - M_\alpha(t))/N_\alpha(t) \to 1\,,\ t \to \infty \tag{16}$$

стремящиеся к единице вследствие тождества (15).

При исследовании детерминированных динамических моделей популяций ряд авторов (см., например, [4]) на основе принципа оптимальности в биологии требуют выполнения соотношения (16) в виде постулата. Таким образом из нашего условия стационарности состояния биоценоза (13) прямо следует то, что указанные авторы связывают с оптимальностью функционирования популяции. Мы же используем далее стационарное состояние лишь как исходное для последующей его оптимизации при адаптации биоценоза.

Пропорциональность вероятностей плотностям и численностям α-особей может вызвать сомнение в оправданности перехода от детерминированных к стохастическим динамическим моделям биоценозов. Важнейшим оправданием такого перехода является то, что он позволяет пользоваться стандартным вероятностным аппаратом, например, при расчете вероятностей λ_α и β_α. Такой расчет необходим при исследовании конкретных биоценозов со специфическими связями между собой и со средой. По крайней мере одна из таких зависимостей все еще оказывается достаточно общей. Поэтому мы только на ней и остановимся, тем более, что ее учет достаточен для решения основной оптимизационной задачи, приводимой далее.

Речь идет о нелинейной зависимости вероятности μ_α гибели α-особи под действием k причин от вероятностей $\mu_{\alpha\varkappa}$ $(\varkappa = \overline{1, k})$ ее гибели от каждой из них в отдельности (см. [6])

$$\mu_\alpha = \left\{1 + \left[\sum_{\varkappa=1}^{k} (\mu_{\alpha\varkappa}^{-1} - 1)^{-1}\right]^{-1}\right\}^{-1} \tag{17}$$

(,,закон трех минус единиц''). Это соотношение лишь при $\mu_{\alpha\varkappa} \to 0$ делается аддитивным:

$$\mu_\alpha \simeq \sum_{\varkappa=1}^{k} \mu_{\alpha\varkappa} .$$

В частности при $k = 2$ из (17) имеем

$$\mu_\alpha = \mu(x_\alpha, y_\alpha) = (x_\alpha + y_\alpha - 2x_\alpha y_\alpha)/(1 - x_\alpha y_\alpha) , \tag{18}$$

где x_α и y_α можно интерпретировать вероятностями гибели α-особи от внутрибиоценотических (естественных) и внебиоценотических причин соответственно. Нелинейность соотношения (18) оказывается существенной для рассматриваемых далее оптимизационных задач.

4. Адапционный сукцессионный цикл биоценоза (см. [6])

В качестве целевого функционала биоценоза можно вместе с Ю. Одумом [3] принять суммарную (или, что эквивалентно, среднюю) биомассу биоценоза, которую он при сукцессии, выходя на стационар (климакс), стремится максимизировать. Действительно, эмпирический анализ сукцессионных процессов в биоценозах непременно обнаруживает тенденцию S-образного роста их суммарной биомассы вплоть до предельного ее значения, лимитируемого стационарными условиями среды.

Формализация этого общего экологического представления в рамках рассматриваемой модели проводится следующим образом. Группируя (например, по трофическому признаку) популяции биоценоза в компоненты, можно добиться не слишком большой разницы в средних плотностях β_α биомасс α-особей. Если этого не удается сделать для всего рассматриваемого биоценоза, то приходится ограничиться рассмотрением лишь высших трофических уровней (консументов), для которых величины β_α разнятся не на порядки. Принятые допущения позволяют тенденцию роста средней биомассы биоты биоценоза распространить на среднюю плотность численности $\bar{\varrho}$, которая пропорциональна средней вероятности биоты в биотопе биоценоза $\bar{p}$. Таким образом, окончательно за целевой функционал биоценоза может быть принята монотонно возрастающая с ростом $\bar{p}$ функция $M = M(\vec{\lambda}, \vec{\mu})$, определяемая соотношением (14). При этом будем учитывать нелинейную зависимость (18) вектора $\vec{\mu} = \mu(\vec{x}, \vec{y})$ от векторов $\vec{x} = (x_\alpha)$ и $\vec{y} = (y_\alpha)$. Структура биоценоза в рассматриваемой модели определяется вектором $\vec{x}$ вероятностей смертностей α-особей от внутрибиоценотических причин, в частности естественной смерти, смерти от хищников в зависимости от трофической структуры биоценоза и т. п. Очевидно, что вектор $\vec{x}$ менее изменчив, чем вектор $\vec{\lambda} = (\lambda_\alpha)$ вероятностей возникновения α-особей. Поэтому вектор $\vec{x}$ будем считать *фиксированным* параметром задачи, а вектор $\vec{\lambda}$, определяющий поведение биоценоза — *переменным*. Переменным же будем считать и вектор $\vec{y} = (y_\alpha)$, определяющий губительное воздействие среды на биоценоз (поведение среды). Зафиксируем их средние значения $\bar{\lambda} = \text{const}$ и $\bar{y} = \text{const}$. Первое будем рассматривать как показатель интенсивности лимитирующего воздействия среды, приводящего к конкуренции α-особей из-за полезных для них ресурсов; второе — как показатель интенсивности губительных воздействий среды на α-особи (давление среды $\bar{y} = W$).

Заранее нет оснований для определения степени индифферентности среды по отношению к биоценозу. Поэтому для гарантированности заключений следует ориентироваться на предельно ,,плохие" для биоценоза воздействия среды, то есть минимизировать величину M по $\vec{y}$ и максимизировать ее по $\vec{\lambda}$ при ограничениях

$$\vec{y} \in W_{\bar{y}} = \{\vec{y}/\bar{y} = \text{const}\}, \quad \vec{\lambda} \in W_{\bar{\lambda}} = \{\vec{\lambda}/\bar{\lambda} = \text{const}\}.$$

В работах [6], [8], [12] подробно прокомментирована биологическая интерпретация вариантов взятия max min и min max от величины M целевого функционала, как проверка гипотез о принципах поведения биоценоза ,,стимул — реакция" и ,,реакция — стимул". Там же обоснована большая правдоподобность первой гипотезы, что соответствует интуитивным экологическим представлениям.

Введем обозначения $M[\vec{\lambda}, \vec{\mu}(\vec{x}, \vec{y})] = M_{\vec{x}}(\vec{\lambda}, \vec{y})$, сохранив обозначения для общесистемного целевого функционала

$$m(1 - \bar{y}, 1 - \bar{y}) = M_{\vec{x}}(\vec{\lambda}_{\bar{y}}, \vec{y}_{\bar{y}, \vec{\lambda}_{\bar{y}}}) = \max_{\vec{\lambda} \in W_{\bar{\lambda}}} M_{\vec{x}}(\vec{\lambda}, \vec{y}_{\bar{y}, \vec{\lambda}}) = \max_{\vec{\lambda} \in W_{\bar{\lambda}}} \min_{\vec{y} \in W_{\bar{y}}} M_{\vec{x}}(\vec{\lambda}, \vec{y}), \tag{19}$$

но в зависимости от аргументов $\bar{z} = 1 - \bar{y}$, дополняющих давление среды $\bar{y}$ до единицы. Здесь $\vec{y}_{\bar{y}, \vec{\lambda}}$ — экстремальное значение $\vec{y}$ при фиксации $\bar{y}$ и $\vec{\lambda}$, а $\vec{\lambda}_{\bar{y}}$ — экстремальное значение $\vec{\lambda}$ при фиксации $\bar{y}$ и $\bar{\lambda}$.

Далее используется функция $m(1 - \bar{y}_1, 1 - \bar{y}_2) = M_{\vec{x}}(\vec{\lambda}_{\bar{y}_2}, \vec{y}_{\bar{y}_1, \vec{\lambda}_{\bar{y}_2}})$, получающаяся подстановкой в $M_{\vec{x}}(\vec{\lambda}, \vec{y}_{\bar{y}1, \vec{\lambda}})$ вместо экстремального значения $\vec{\lambda} = \vec{\lambda}_{\bar{y}_1}$ экстремального значения $\vec{\lambda} = \vec{\lambda}_{\bar{y}_2}$ $(\bar{y}_2 \neq \bar{y}_1)$.

Используя метод множителей Лагранжа, можно найти явное выражение (см. [6])

$$m(\bar{z}_1, \bar{z}_2) = 1 + v(\bar{z}_2) + \gamma(\bar{z}_1, \bar{z}_2) \sqrt{v'(\bar{z}_1)\, v'(\bar{z}_2)}\, (\bar{z}_1 - \bar{z}_2)\,, \tag{20}$$

где функция $v(\bar{z})$ является решением уравнения

$$\bar{z} = \overline{\left[\left(\frac{1-x}{1-2x}\right)^{-1} + v^{-1}\right]^{-1}}\,. \tag{21}$$

Функция $\gamma(\bar{z}_1, \bar{z}_2)$ имеет вид

$$\gamma = \gamma(\bar{z}_1, \bar{z}_2) = \sqrt{\frac{v'(\bar{z}_2)}{v'(\bar{z}_1)}} \Big/ \sqrt{\frac{v_0'(\bar{z}_2)}{v_0'(\bar{z}_1)}}$$

и

$$v_0(\bar{z}) = \left[(\bar{z})^{-1} - \left(\left(\overline{\frac{1-x}{1-2x}}\right)\right)^{-1}\right]^{-1}. \tag{22}$$

Для больших значений a при „линейной" структуре биоценоза, когда

$$\frac{1-2x_\alpha}{1-x_\alpha} = C + \varDelta\frac{\alpha-1}{a-1} \quad (\alpha = \overline{1, a})\,, \tag{23}$$

где

$$C = \frac{1-2x_1}{1-x_1} \text{ и } \varDelta = \frac{x_1 - x_a}{(1-x_1)(1-x_a)},$$

уравнение (21) имеет решение

$$(\bar{z}) = v_\varDelta(\bar{z}) = \left[g_\varDelta^{-1}(\bar{z}) - g_\varDelta^{-1}\left(\left(\overline{\frac{1-x}{1-2x}}\right)\right)\right]^{-1}, \tag{24}$$

где

$$g_\varDelta(\bar{z}) = (e^{\varDelta\bar{z}} - 1)/\varDelta\,.$$

Далее используется следующая функция:

$$\delta = \delta(\bar{z}_1, \bar{z}_2) = [v(\bar{z}_1) - v(\bar{z}_2)]/\sqrt{v'(\bar{z}_1)\, v'(\bar{z}_2)}\, (\bar{z}_1 - \bar{z}_2)\,. \tag{25}$$

В линейном случае, когда $v(\bar{z}) = v_\varDelta(\bar{z})$, соответствующие выражения $\gamma = \gamma_\varDelta$ и $\delta = \delta_\varDelta$ имеют вид

$$\gamma_\varDelta = \frac{(1+\varDelta/C) - e^{\varDelta\bar{z}_1}}{(1+\varDelta/C) - e^{\varDelta\bar{z}_2}} \cdot \frac{\ln(1+\varDelta/C) - \varDelta\bar{z}_2}{\ln(1+\varDelta/C) - \varDelta\bar{z}_1}\, e^{-\varDelta(\bar{z}_1 - \bar{z}_2)/2} \tag{26}$$

и

$$\delta_\Delta = \{\sinh[\Delta(\bar z_1 - \bar z_2)/2]\}/\Delta(\bar z_1 - \bar z_2)/2\,. \tag{27}$$

В общем случае экстремальные значения условных $\vec{y}_{\bar y_1,\lambda} = (y^0_\alpha)$, $\vec{y}_{\bar y_1,\vec\lambda\bar y_2} = (y^*_\alpha)$, $\vec\lambda_2(\lambda^0_\alpha)$ и абсолютных $\vec p = (p^0_\alpha)$ вероятностей имеют вид

$$\left.\begin{aligned}
y^0_\alpha &= \bar y_1 - (X_\alpha - \overline{X}) + (\overline{X} + \bar y_1)\left[\frac{(1+X_\alpha)\sqrt{\lambda_\alpha}}{(1+X)\sqrt{\bar\lambda}} - 1\right],\\
y^*_\alpha &= \bar y_1 - (X_\alpha - \overline{X}) + \frac{\overline{X}+\bar y_1}{\overline{X}+\bar y_2}\left[\frac{(1+X_\alpha)^2}{1+X_\alpha+v(\bar z_2)} - (\overline{X}+\bar y_2)\right],\\
\lambda^0_\alpha &= \bar\lambda\left(\frac{1+X_\alpha}{1+X_\alpha+v(\bar z_2)}\right)^2\Bigg/\left(\frac{1+X}{1+X+v(\bar z_2)}\right)^2,\\
p^0_\alpha &= \bar p\lambda^0_\alpha/\bar\lambda\,,
\end{aligned}\right\} \tag{28}$$

где

$$X_\alpha = \frac{x_\alpha}{1-2x_\alpha} \qquad (\alpha = \overline{1, a})\,.$$

В естественной среде при отсутствии сильных антропогенных воздействий большие значения $\bar y \gg \bar x$ маловероятны. Поэтому они происходят редко, то есть разделены большими интервалами времени, за которые биоценоз приходит в достаточно близкое к стационарному состояние. Это оправдывает рассмотрение целевого функционала лишь для стационарных состояний (13). Норму или угнетенное состояние биоценоза нельзя связать с каким-нибудь конкретным значением давления среды $\bar y$. Любые такие воздействия при условии их достаточно долговременной стабильности позволяют биоценозу адаптироваться к ним и могут считаться для него нормальными, а биоценоз — находящимся в норме. Такое адапционное поведение биоценоза можно назвать аккумуляцией им давления среды. Это соответствует следующему математическому свойству функции (18):

$$\mu(x_\alpha, y_\alpha) = \mu[\mu(x_\alpha, y_\alpha), 0]\,.$$

Явное аналитическое выражение целевого функционала $m(\bar z_1, \bar z_2)$ определяемое соотношением (20) используется при построении адапционного цикла (5) для биоценоза, экологически соответствующего последовательности его *импульсных* сукцессий в терминологии работы [3].

Учитывая лишь существенное давление среды $\bar{y} \gg \bar{x}$, в обозначениях формулы (19) адапционный цикл биоценоза характеризуется соотношениями (5), в которых нужно положить $W_1 = 1$ и $W_2 = \bar{z} = 1 - \bar{y}$:

$$m(1, 1) \geqq m(1, \bar{z}) \geqq m(\bar{z}, \bar{z}) \geqq m(\bar{z}, 1) ,$$

Относительные разности этой последовательности просто выражаются через параметры γ и δ, что служит базой для конкретных численных расчетов

$$\Delta_{a2} = 1 - \Delta_{a1} - \Delta_{п} ,$$

$$\Delta_{a1} = \frac{m(\bar{z}, \bar{z}) - m(\bar{z}, 1)}{m(1, 1) - m(\bar{z}, 1)} = 1 - \delta\gamma, \quad \Delta_{п} = \frac{m(1, \bar{z}) - m(\bar{z}, \bar{z})}{m(1, 1) - m(\bar{z}, 1)} = \gamma^2 .$$

Они называются *вторым* и *первым адаптивным* подъемами и *пассивным* подъемом соответственно. Помимо качественных выводов в работе [6] приводятся примеры прогностических численных оценок состояния биоценоза в зависимости от конкретных значений давления среды $\bar{y}$. Для облегчения таких расчетов приводится номограмма зависимости параметров Δ_{a1} и $\Delta_{п}$ от γ и δ. Там же описан способ ,,линеаризации'' эмпирических значений $(1 - 2x_\alpha^*)/(1 - x_\alpha^*)$ для эмпирического определения исходных для расчета констант C^* и Δ^*.

5. Стохастическая модель многовозрастной мигрирующей популяции

Рассмотрим динамическую модель одной многовозрастной мигрирующей популяции ($a = 1$) в биотопе R с ,,укрупненными'' по сравнению с прежними элементами ($\Delta V_1 \gg \Delta V$) и интервалом времени $\Delta t_1 \gg \Delta t$, принятым за единицу. Пусть в каждом u-м элементе ($u = \overline{1, N}$), вне зависимости от того занят он или нет, за единичный интервал времени от s до $s + 1$ возникает случайное число $\nu_u(s) \geqq 0$ особей, называемых особями s-кагорты, общей численностью $\sum_{u=1}^{N} \nu_u(s) = \nu(s)$.

Далее, на протяжении всей своей жизни до любого момента $t \geqq s$ каждая особь s-кагорты, находясь в u-м элементе за единичный интервал времени, может выжить (погибнуть) с вероятностью $1 - \mu_u(s)$ $(\mu_u(s))$, оставаясь в u-м элементе (перемещаясь в v-й элемент $v \neq u$) с вероятностью $p_u^u(s)$ $\left(p_u^v(s),\ v \neq u\right)$. Таким образом, численности $\nu_u(s) \geqq 0$ определяют места возникновения частей s-кагорты, а вероятности $p_u^v(s)$ — их миграцию. Последние образуют стохастическую $(N \times N)$-матрицу

$$P(s) = ||p_u^v(s)|| \qquad \left(\sum_{v=1}^{N} p_u^v(s) = 1)\right).$$

При этом возможно как дробление, так и слияние этих частей. Лишь при вырождении вероятностей $p_u^v(s)$ в нули и единицы, раз возникнув, эти части затем монотонно редея перемещаются как единое целое, то естъ образуют подобие α-особей (слияния нарушают периоды монотонного редения).

Обозначим через $\nu(s, t)$ случайную численность особей s-кагорты в u-м элементе в момент $t \geqq s$ (полагаем $\nu(s, s) = \nu(s)$). Можно показать, что вектор-строки, составленные из математических ожиданий (м. о.) соответствующих численностей в соседние моменты времени связаны линейным соотношением

$$E\overrightarrow{\nu(s, t + 1)} = E\overrightarrow{\nu(s, t)}\, A(s)$$

или

$$E\overrightarrow{\nu(s, t)} = E\overrightarrow{\nu(s)}\, A^{t-s}(s)\,, \tag{29}$$

где

$$A(s) = ||[1 - \mu_u(s)]\, p_u^v(s)|| = D[\overrightarrow{1 - \mu(s)}]\, P(s) \tag{30}$$

$(N \times N)$-матрица, $E\overrightarrow{\nu(s, t)} = [E\nu_u(s, t)]$ и $E\overrightarrow{\nu(s)} = [E\nu_u(s)]$, N-мерные вектор-строки, а $D[\overrightarrow{1 - \mu(s)}]$ диагональная $(N \times N)$-матрица с диагональными элементами, образующими N-мерный вектор $\overrightarrow{1 - \mu(s)} = [1 - \mu_u(s)]$.

Рассмотрим численность $\nu_u(t) = \sum_{s=0}^{t} \nu_u(s, t)$ популяции в u-м элементе в момент $t \geqq s$. Тогда м. о. вектор-строки $\overrightarrow{\nu(t)} = [\nu_u(t)]$ с учетом соотношения (29) имеет вид

$$E\overrightarrow{\nu(t)} = \sum_{s=0}^{t} E\overrightarrow{\nu(s)}\, A^{t-s}(s)\,. \tag{31}$$

Пусть нас интересует м. о. численности $E\nu_X(t)$ популяции в момент $t \geqq s$ в произвольном множестве $X \subseteq R$ элементов биотопа с индикатриссой

$$\chi_X(u) = \begin{cases} 1, & u \in X\,; \\ 0, & u \notin X\,. \end{cases}$$

Тогда из соотношения (31) имеем

$$E\nu_X(t) = E\overrightarrow{\nu(t)}\, \overrightarrow{\chi_X} = \sum_{s=0}^{t} E\overrightarrow{\nu(s)}\, A^{t-s}(s)\, \overrightarrow{\chi_X}\,, \tag{32}$$

где $\vec{\chi}_X = [\chi_X(u)]$ вектор-столбец, состоящий из нулей и единиц индикатриссы $\chi_X(u)$.

Если $X = R$, то $\vec{\chi}_X = \vec{\chi}_R = \vec{1} = (1)$, при этом $A(s)\ \vec{1} = \overrightarrow{1 - \mu(s)}$. Поэтому из соотношения (32) имеем

$$E\nu_R(t) = \sum_{s=0}^{t} \overrightarrow{E\nu(s)}\ \overrightarrow{[1 - \mu(s)]^{t-s}} = \sum_{s=0}^{t} \sum_{u=1}^{N} E\nu_u(s)\,[1 - \mu_u(s)]^{t-s}\,. \tag{33}$$

В частности для $N = 1$ имеем из соотношения (33)

$$E\nu_R(t) = \sum_{s=0}^{t} E\nu_1(s)\,[1 - \mu_1(s)]^{t-s}\,. \tag{34}$$

Формула (34) является частным случаем выведенной другим способом формулы (17) работы [13], если распределение времени τ жизни особей считать геометрическим с параметром $\mu_1(s)$.

Найдем стационарное м. о. вектор-строки численностей популяции $\overrightarrow{E\nu_X(\infty)} = \lim\limits_{t\to\infty} E\nu_X(t)$ в элементах произвольного множества $X \subseteq R$ в предположении *периодических* изменений внешних условий среды с периодом $h > 0$, например, сезонных, когда $h\ \Delta t = 1$ год, или связанных с солнечной активностью, когда $h\ \Delta t = 11$ лет, и т. п. Другими словами, пусть $\overrightarrow{E\nu(s)}$ и $A(s)$ периодические функции с периодом h, то есть для целых неотрицательных чисел l, h, σ и $s = lh + \sigma$ $(0 \leqq \sigma \leqq h - 1)$, имеем

$$\overrightarrow{E\nu(lh + \sigma)} = \overrightarrow{E\nu(\sigma)} \text{ и } A(lh + \sigma) = A(\sigma)\,.$$

Положим $t = kh$, тогда из $0 \leqq s \leqq t$ следует, что $0 \leqq l \leqq t - 1$ и выражение (31) легко приводится к виду

$$\overrightarrow{E\nu(th)} = \sum_{\sigma=0}^{h-1} \overrightarrow{E\nu(\sigma)}\, A^{h-\sigma}(\sigma) \sum_{l=0}^{k-1} [A^h(\sigma)]^{k-1-l}\,. \tag{35}$$

Суммируя все столбцы детерминанта $|\lambda E - A(\sigma)|$ с первым, убеждаемся, что у матрицы $A(\sigma)$ существует собственное значение $\lambda = \lambda[\overrightarrow{\mu(\sigma)}]$, лежащее в пределах

$$1 - \max_u \mu_u(\sigma) \leqq \lambda \leqq 1 - \min_u \mu_u(\sigma)\,.$$

Но при $\overrightarrow{\mu(\sigma)} = \vec{0}$ имеем $A(\sigma) = P(\sigma)$, а $\lambda(\vec{0}) = 1$ является максимальным по модулю собственным значением стохастической матрицы $P(\sigma)$ (см. [1]). Отсюда в силу непрерывной зависимости $\lambda[\overrightarrow{\mu(\sigma)}]$ от $\overrightarrow{\mu(\sigma)}$ можно утверждать, что при достаточной близости

$\overrightarrow{\mu(\sigma)} > \vec{0}$ к $\vec{0}$ имеем $\lambda[\overrightarrow{\mu(\sigma)}] < 1$ и $\lambda[\overrightarrow{\mu(\sigma)}]$ также является максимальным по модулю собственным значением матрицы $A(\sigma)$. Отсюда следует возможность предельного перехода при $k \to \infty$ в выражении (35), то есть сходимость матричного ряда

$$\overrightarrow{E\nu(\infty)} = \sum_{\sigma=0}^{h-1} \overrightarrow{E\nu(\sigma)}\, A^{h-\sigma}(\sigma) \sum_{l=0}^{\infty} A^{lh}(\sigma) = \sum_{\sigma=0}^{h-1} \overrightarrow{E\nu(\sigma)}\, A^{h-\sigma}(\sigma)\, [E - A^{h}(\sigma)]^{-1}, \quad (36)$$

определяющего стационарное значение $\overrightarrow{E\nu(\infty)}$. Найдем выражение

$$E\nu_X(\infty) = \overrightarrow{E\nu(\infty)}\, \overrightarrow{\chi_X}$$

стационарного значения м. о. численности $E\nu_X(\infty)$ популяции в произвольном множестве элементов $X \subseteq R$.

Заметим, что

$$A(\sigma)\, \overrightarrow{\chi_X} = \overrightarrow{p^X(\sigma)\,[1 - \mu(\sigma)]} = p_u^X(\sigma)\,[1 - \mu_u(\sigma)],$$

где

$$p_u^X(\sigma) = \sum_{v \in X} p_u^v(\sigma)$$

вероятность попадания при миграции за один временной шаг части s-кагорты, находящейся в u-м элементе во множество элементов X. Поэтому из соотношения (36) имеем

$$E\nu_X(\infty) = \overrightarrow{E\nu(\infty)}\, \overrightarrow{\chi_X} = \sum_{\sigma=0}^{h-1} \overrightarrow{E\nu(\sigma)}\, A^{h-\sigma}(\sigma) \sum_{l=0}^{\infty} \overrightarrow{p^X(\sigma)\,[1 - \mu(\sigma)]^{lh}} =$$

$$= \sum_{\sigma=0}^{h-1} \overrightarrow{E\nu(\sigma)}\, \overrightarrow{\{p^X(\sigma)\,[1 - \mu(\sigma)]\}^{h-\sigma} \left(1 - \{p^X(\sigma)\,[1 - \mu(\sigma)]\}^{h}\right)^{-1}}. \quad (37)$$

Пусть в каждом u-м элементе биотопа численность $\nu_u(\sigma)$ имеет биномиальное распределение с параметрами n и $\lambda_u(\sigma)$, тогда $\overrightarrow{E\nu(\sigma)} = n\overrightarrow{\lambda(\sigma)}$ и из соотношения (37) имеем окончательно с учетом лишь множества $G(\sigma)$ элементов биотопа, для которых $\lambda_u(\sigma) > 0$,

$$E\nu_X(\infty) = n \sum_{\sigma=0}^{h-1} \sum_{u \in G(\sigma)} \lambda_u(\sigma)\, \{p_u^X(\sigma)\,[1 - \mu_u(\sigma)]\}^{h-\sigma} \left(1 - \{p_u^X(\sigma)\,[1 - \mu_u(\sigma)]\}^{h}\right)^{-1}. \quad (38)$$

Рассмотрим множество $U_X(\sigma) = \{u / p_u^X(\sigma) = 1\}$ элементов биотопа. Можно показать, что если множество $U_X(\sigma)$ односвязно в некоторой метрике, распределения $p_u^v(\sigma)$ $(v = \overline{1, N})$ близки к не очень „растянутым" равномерным и $\mu_u(\sigma)$ малы $(\mu < \mu_u(\sigma) < \mu^* \ll 1$, $\mu, \mu^* = 0(h^{-1}))$, то

$$E\nu_X(\infty) = \frac{n}{h} \sum_{\sigma=0}^{h-1} \sum_{u \in G(\sigma) \cap U_X(\sigma)} \lambda_u(\sigma)/\mu_u(\sigma) + 0\left(\ln \frac{1}{h\mu}\right). \quad (39)$$

В частности при $X = R$ имеем $U_X(\sigma) = R$ и соотношение (39) переходит в соотношение

$$E\nu_R(\infty) = \frac{n}{h} \sum_{\sigma=0}^{h-1} \sum_{u \in G(\sigma)} \lambda_u(\sigma)/\mu_u(\sigma) + 0(1) \tag{40}$$

без каких-либо ограничений на распределение $p_u^v(\sigma)$.

Решение оптимизационных задач в общем случае без каких-либо допущений о асимптотическом поведении рассматриваемых параметров затруднительно. Однако, в случаях, приводящих к выражениям (39) и (40), оно получается автоматически. Поразительным образом эти выражения и по форме и по смыслу входящих в них параметров λ и μ совпадают с соотношением (14). Все они также монотонно возрастают с ростом средней численности соответствующих биосистем. Разница лишь в зависимостях параметров λ и μ в первом случае от номера α компоненты, а во втором — от номеро́в u элементов и σ моментов внутри периода h. Если ввести для $\mu_u(\sigma) = \mu[x_u(\sigma)\, y_u(\sigma)]$ ту же универсальную зависимость (18) от $x_u(\sigma)$ и $y_u(\sigma)$, что и $\mu_\alpha = \mu(x_\alpha, y_\alpha)$ от x_α и y_α и аналогичные ограничения

$$\frac{1}{hN} \sum_{\sigma=0}^{h-1} \sum_{u=1}^{N} \lambda_u(\sigma) = \bar{\lambda} = \text{const} \;\text{ и }\; \frac{1}{hN} \sum_{\sigma=0}^{h-1} \sum_{u=1}^{N} y_u(\sigma) = \bar{y} = \text{const}\,,$$

то все результаты, касающиеся адапционного цикла α-компонентного биоценоза, переносятся на адапционный цикл многовозрастной мигрирующей популяции.

При этом, как уже упоминалось, добиться малости величин $\mu_u(\sigma)$ можно при достаточно малом интервале Δt. Так, если среднее время жизни особи в нормальных условиях равно 2-м годам и $h = 1$ год, то достаточно положить Δt одной неделе $=$ 2 года/96. Тогда вероятность $x_u(\sigma)$ естественной смерти особи окажется равной $1/96 \sim 0{,}01$ и $\mu_u(\sigma) \leqq x_u(\sigma) \sim 0{,}01$.

Заметим, что в отличие от долговременных структурных адаптаций в модели живучести для популяций животных (см. [5], [9], [10]) и биоценоза (см. [6]), рассмотренная адаптация многовозрастной популяции касается относительно кратковременной оптимизации ее поведения, например, сезонного регулирования рождаемости, связанным с оптимальным выбором нерестилищ у рыб. Лишь для рассмотренной модели можно предположить активное использование памяти о сравнительно недавно прошедших периодически повторяющихся событий внешней среды и периодической подстройки к ним популяции. В этом случае каждый адапционный цикл проходит по схеме ,,стимул — реакция''. Однако, при многократном повторении таких циклов, ,,реакция'', основанная на памяти о ,,стимулах'' предыдущих циклов, упреждает ,,стимул'' очередного цикла и здесь мы снова получаем схему ,,реакция — стимул''.

В биологической литературе в терминах упреждения следствиями причин рассмотренная модель считается характерной для всех биологических объектов по сравнению с косными.

Машинные имитации динамики многовозрастной мигрирующей популяции (см., например, [14]) основываются на моделях типа клеточных автоматов Дж. фон Неймана. Было бы наивным рассчитывать на их портретную адекватность действительности. В лучшем случае они доставляют модель некоторого типичного образования из класса аналогичных оригиналов. Однако они имеют одно несомненное преимущество перед оригиналами в качестве ,,псевдоэкспериментальной'' базы для проверки *аналитической* теории класса оригиналов. Полученные в этой работе соотношения предназначены именно для такой проверки.

Литература

[1] Гантмахер, Ф. Р., Теория матриц, ,,Наука'', Москва 1967.

[2] Мауерсбергер, П., Употребление термодинамики необратимых процессов в теории водных экосистем. Acta hydrophys. **25** (1980), 111—128.

[3] Одум, Ю., Основы экологии, ,,Мир'', Москва 1975.

[4] Семевский, Ф. Н., и С. М. Семенов, Схема моделирования экзогенной сукцессии. — В кн.: Проблемы экологического мониторинга и моделирования экосистем, Гидрометеоиздат, Ленинград 1978.

[5] Флейшман, Б. С., Элементы теории потенциальной эффективности сложных систем. Советское радио, Москва 1971.

[6] Флейшман, Б. С., Стохастические модели сообществ. — В кн.: Океанология, Биология океана, Т. 2: Биологическая продуктивность океана, ,,Наука'', Москва 1977, 276—288.

[7] Флейшман, Б. С., Системные методы в экологии. — В кн.: Статистические методы анализа почв, растительности и их связи, Уфа 1978.

[8] Флейшман, Б. С., Стохастические модели биоценозов (оптимизационные модели). — В кн.: Итоги науки и техники, Серия Общая экология, Биоценология, Гидробиология, Т. 5: Моделирование экосистем, Москва 1980, 5—57.

[9] Fleishman, B. S., The State of Theory of Potential Efficiency of Complex System. Cybernetica 1970, 199—211.

[10] Fleischman, B. S., Die potentielle Effektivität komplizierter Systeme. Ideen d. exakten Wiss. 1971, 687—693.

[11] Fleishman, B. S., Philosophy of Systemology. Cybernetica 1976, 261—272.

[12] Fleishman, B. S., Control over the Biosystems and Their Objective Teleology. IFAC-Symp. on Control Mechanisms in Bio- and Ecosystems, Leipzig (Sept. 1977), Vol. 5, 76—80.

[13] Fleishman, B. S., Information Theory of Collective Behavior, Applied for Fish Schools. ISEM J. **2** (1980), 33—41.

[14] Kashkin, N. I., et al., A Two-dimensional Dynamic Model of the Western Pacific Population of Saira (*Cololabis saira* (Brevoort)). 14th Pacific Congress, Com. F, Sect. F III, Moscow 1979, 59—60.

[15] Radtke, E., and M. Straškraba, Self-Optimization in a Phytoplankton Model. Ecol. Modelling 1980, 247—268.

[16] Straškraba, M., Cybernetic Categories of Ecosystem Dynamics. ISEM J. **2** (1980), 81—96.

Acta Hydrophysica, Berlin	Bd. XXVII	H. 3/4	(1982)	S. 187–194

Выводы из термодинамической теории водных экосистем о биологических процессах в водоеме

П. Мауерсбергер[1])

Резюме: Цель этого обзорного доклада состоит в том, чтобы изложить предположения и некоторые результаты термодинамической теории водных экосистем о гидробиологических процессах, главным образом о зависимости первичной продуктивности и дыхания от температуры, интенсивности радиации, биомассы и концентраций растворенных в воде питательных веществ (фозфатов, нитратов и т. д.).

Zusammenfassung: Ziel dieser kurzen Darstellung ist die Zusammenfassung der Grundannahmen und einiger Ergebnisse der thermodynamischen Theorie aquatischer Ökosysteme, insbesondere der Abhängigkeit der Primärproduktionsrate und der Respirationsrate von der Temperatur, der Lichtintensität, der Biomasse und von den Konzentrationen der im Wasser gelösten anorganischen Nährstoffe (Phosphat, Nitrat usw.).

Summary: The aim of this paper is to sum up the fundamental assumptions and some results of the thermodynamic theory of aquatic ecosystems, especially the dependence of the primary production rate and the respiration rate on temperature, light intensity, biomass, and on the concentrations of the nutrients dissolved in the water (e.g. phosphate, nitrate).

1. Введение

Разработка и применение термодинамической теории водных экосистем дают возможность прийти к интересным выводам о самых разнообразных свойствах этих систем. Существуют выводы как об общих свойствах так и о специфических процессах. Общие результаты рассматриваемой теории (о существовании и устойчи-

[1]) Prof. Dr. rer. nat. habil. PETER MAUERSBERGER, Akademie der Wissenschaften der DDR, Institut für Geographie und Geoökologie, Bereich Hydrologie, DDR-1162 Berlin, Müggelseedamm 260.

вости стационарных неравновесных состояний, о роле флуктуаций в процессе развития системы, о явлении возникновения упорядоченности и т. д.) кратко были обсуждены в 1978 г. на семинаре Рабочей группы 8.4 КАПГ в Институте биологии внутренних вод АН СССР (см. [2]). Некоторые выводы о специфических процессах в водных экосистемах являются целью настоящего сообщения.

2. Сущность термодинамической теории

Как известно, к настоящему времени предложено большое число различных эмпирических или полуэмпирических уравнений и формул для описания специфических процессов в водной экосистеме. Возникает вопрос: Как решить, какие из этих уравнений использовать для создания моделей водных экосистем? Конечно, требуется привести в соответствие теорию с результатами проведенных, как в водоеме, так и в лаборатории наблюдений. Но, как показал опыт, таким подходом однозначные выводы не получаются. В природе, полное многообразие явлений не постоянно обнаруживается. Поэтому невозможно получить наблюдением все информации, которые нужны для создания эмпирической модели. Кроме того, эмпирический подход требует слишком большого числа данных. Все говорит о необходимости новых, более конструктивных подходов к решению этой проблемы.

Предложился разработка достаточно обоснованной теории на базе основных биологических, химических и физических законов. В первую очередь следует учитывать, что система уравнений представляемой модели водной экосистемы не противоречит предъявленным термодинамикой требованиям. Между термодинамической теорией водных экосистем и другми методами моделирования существуют следующие главные различия:

- Основой метода служит нелинейная термодинамика необратимых процессов, из чего следует, что соблюдается Второй закон термодинамики в теории водних экосистем.
- Сущность теории состоит в том, что существующая для исследования физико-химических процессов теория модифицируется включением биологических явлений.
- Все лежающие в основе теории гипотезы и предположения формулируются с самого начала разработки теории.

3. Предположения термодинамической теории

Предлагаемая методика́ основывается на следующих предположениях:

1. Выдвигается макроскопическая (феноменологическая) теория, которая не описывает строение клеток и биохимические процессы внутри организма. Рис. 1 показывает структуру экосистемы.
2. Исследуются экосистемы, обменивающиеся энергией и массой с окружающей средой, методом современной термодинамики нелинейных, необратимых процессов в открытых системах. Данные системы находятся далеко от термодинамического равновесия. Обобщение этой теории состоит во включении биологических процессов.
3. Система основных уравнений включает:
   — закон сохранения массы (уравнение неразрывности),
   — уравнение движения (Навье — Стокса),
   — уравнение баланса энергии,
   — уравнения баланса масс для химических и биологических компонентов водной экосистемы,
   — уравнение Гиббса, строго говоря обобщение этого уравнения,
   — начальные и граничные условия.
4. Биомасса каждого вида гидробионтов определяется массовом соотношением, принимая во внимание рост и размножение индивидов только в таком „суммарном роде“.
5. Биомасса каждого вида гидробионтов имеет определенный химический состав, так что возможно определить молярную массу и химический потенциал этого вида.
6. Внутри конечных интервалов температуры и радиации все виды первичных продуцентов фиксируют световую энергию, которая потребляется первичной продукцией и жизнедеятельностью.
7. Предположены тип зависимости энзиматических процессов от температуры и тип зависимости фиксации световой энергии первичными продуцентами от интенсивности радиации.
8. Направление и характер трофических отношений зависят между прочим от разности энерго-содержаний биомасс компонентов.

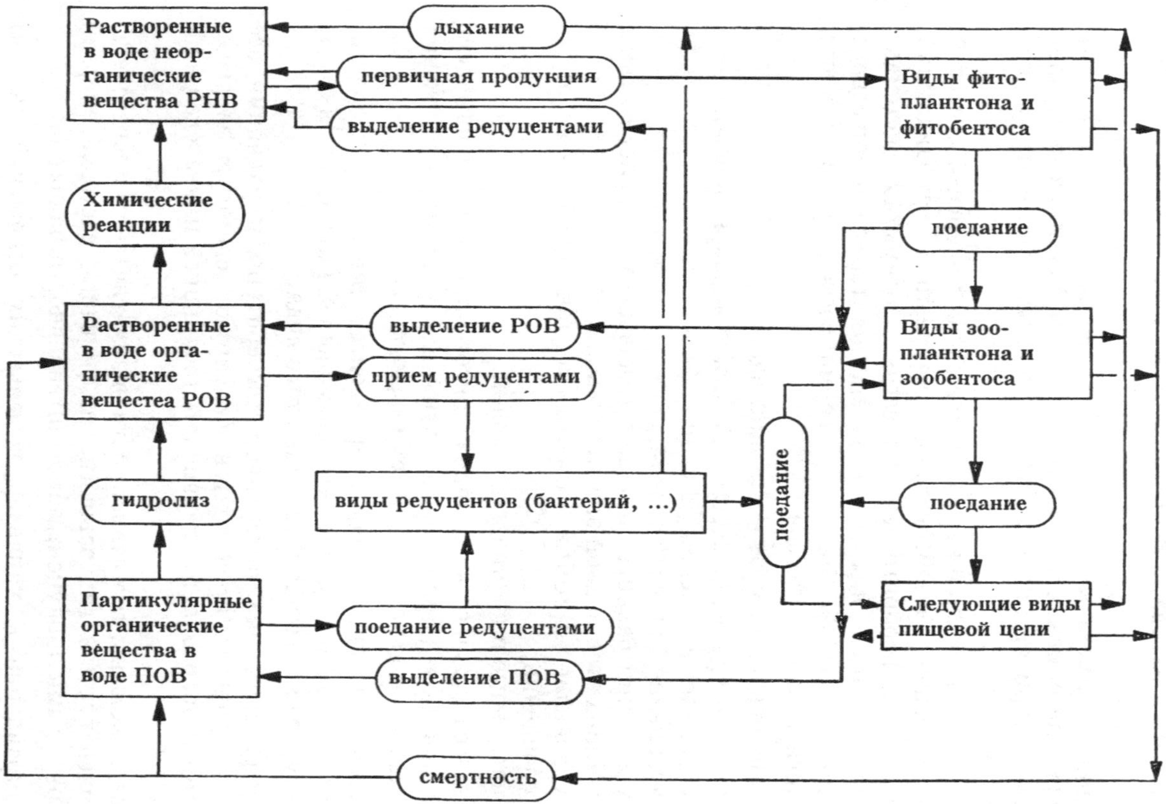

Рис. 1. Структура водной экосистемы лежающий в основе термодинамической теории. Существует любое, но конечное число видов гидробионтов и химических компонентов системы.

9. Определены на базе теории разбавленных растворов (М. Планк) энтропия, свободная энтальпия и свободная энергия не только абиотических веществ, но и гидробионтов (см. [3]).
10. С помощью оптимального принципа (см. [4]) определен тип функциональной зависимости между скоростью и сродством биологических процессов, как первичной продуктивности, диссимиляции, смертности, выедания и т. д. Этот принцип связан с принципом Гла н сдорффа—Пригожина (см. [1]).

4. Избранные выводы теории о биологических процессах в водоеме

Если бы мы попытались представить выводы теории о биологических процессах в водной экосистеме по меньшей мере качественными анализами, то получили бы следующие формулы и кривые:

Зависимость между скоростью P_k и сродством $A_{P,k}$ первичной продукции выражается при помощи формулы

$$\frac{P_k}{P_k^{\max}} = 1 - \exp\left(- c_k \Phi_k(T, I)\, A_{P,k}/(R_0 T)\right) = 1 - (B_k/B_k^{\max})^{c_k \Phi_k(T, I)}, \quad (1)$$

где T, I — температура и интенсивность радиации, $A_{P,k}$ — сродство первичной продуктивности k-го вида, R_0 — универсальная постоянная газов, B_k — массовое соотношение биомассы k-го вида, $B_k^{\max}$ — максимальная плотность популяции, которая зависит от стандартного сродства, концентрации питательных веществ и т. д., $\Phi_k(T, I)$ — функция описывающая зависимость энзиматических процессов от T и I c_k — коэффициент.

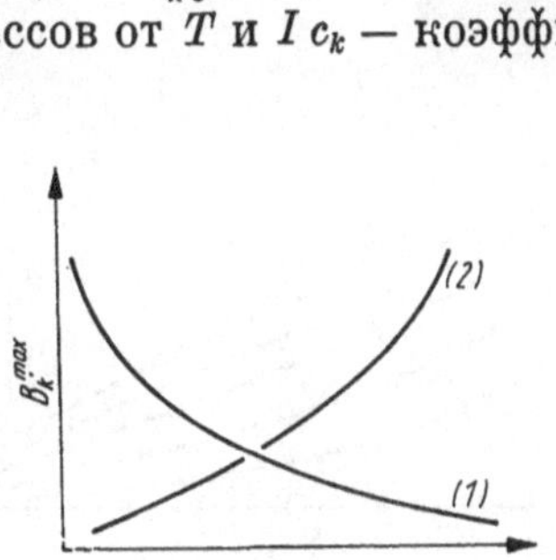

Рис. 2. Зависимость максимального массового соотношения $B_k^{\max}$ биомассы k-го вида от содержания в воде кислорода (*1*) и от концентрации растворенного в воде неорганического питательного вещества (*2*)

Рис. 2 показывает зависимость максимального соотношения $B_k^{\max}$ биомассы k-го вида от содержания в воде кислорода и от концентрации неорганического питательного вещества, например фосфата или нитрата. Из уравнении (1) следует, что зависимость относительной первичной продуктивности от концентраций кислорода и растворенных в воде неорганических питательных веществ имеет вид представленный на рис. 3. Стрела показывает влияние

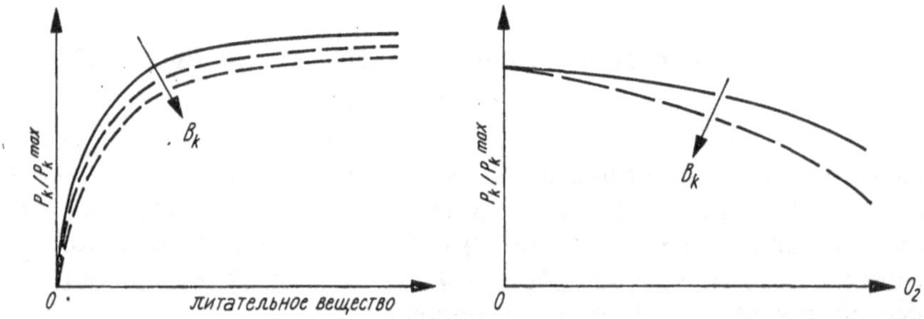

Рис. 3. Относительная первичная продуктивность как функция концентрации в воде кислорода или неорганического иитательного вещества. Влияние возрастающей биомассы вида показывается стрелой.

возрастающей биомассы вида. На валовую первичную продуктивность также влияет биомасса вида (рис. 4). Детальная форма этой зависимости изменяется под влиянием температуры и радиации.

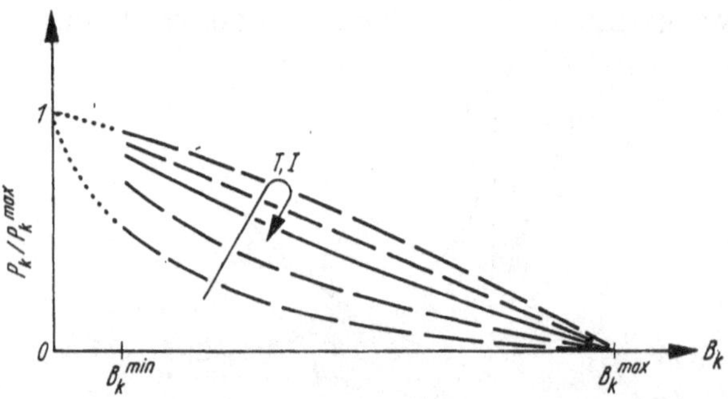

Рис. 4. Зависимость скорости валовой первичной продуктивности от биомассы вида, вернее от массового соотношения биомассы. Стрела показывает влияние возрастающей температуры и/или радиации.

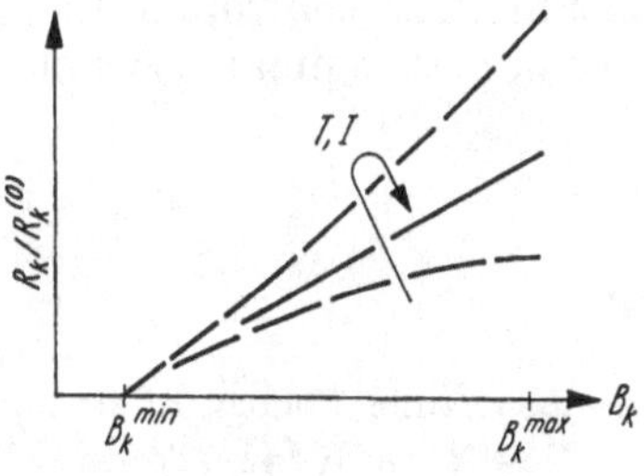

Рис. 5

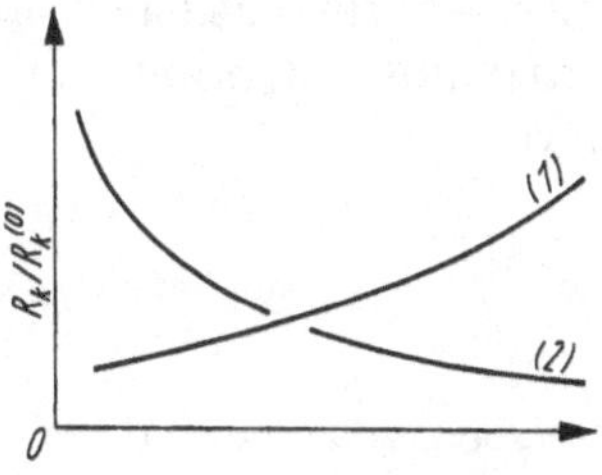

Рис. 6

Рис. 5. Относительное дыхание R_k вида k как функция массового соотношения биомассы этого вида, B_k. Стрела показывает влияние возрастающей температуры и/или интенсивности радиации.

Рис. 6. Относительное дыхание зависит от концентрации в воде кислорода (*1*) и от концентрации в воде продукта дыхания (*2*), например CO_2.

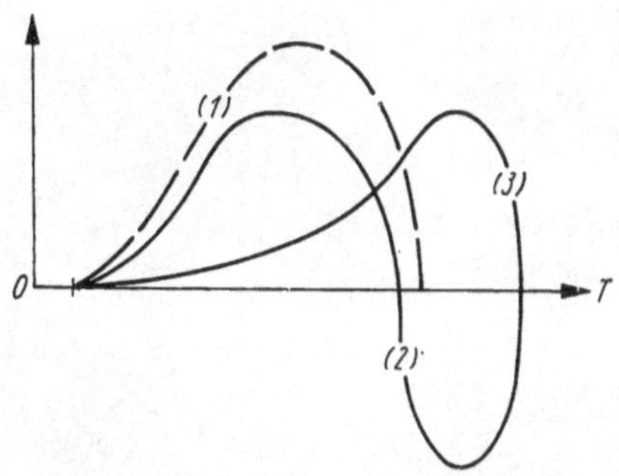

Рис. 7. Зависимость валовой первичной продуктивности (*1*), чистой первичной продуктивности (*2*) и дыхания (*3*) от температуры. Этот вывод сделан из уравнений (1) и (2), значит из термодинамической теории водных экосистем. Совпадают теория и наблюдения.

Относитсльное дыхание (диссимиляция) R_k вида k удовлетворяет уравнению

$$\frac{R_k}{R_k^{(0)}} = \exp\left(a_k A_{R,k}/(R_0 T)\right) - 1 = \left(\frac{B_k}{B_k^{\min}}\right)^{a_k} - 1\,, \tag{2}$$

где

$$a_k = \psi_k(T)\,[1 + c_k \Phi_k(T, I)]\,c_k$$

и $A_{R,k}$ — сродство дыхания k-го вида, $B_k^{\min}$ — минимальное соотношение биомассы k-го вида, $\psi_k(T)$ — функция описывающая зависимость жизнедеятельности от температуры.

Рис. 5—7 показывают влияния различных факторов на скорость дыхания, а также на валовую и чистую первичную продуктивность.

Литература

[1] Glansdorff, F., and I. Prigogine, Thermodynamic Theory of Structure, Stability and Fluctuations, Wiley, London/New York/Sydney/Toronto 1971.

[2] Мауерсбергер, П., Употребление термодинамики необратимых процессов в теории водных экосистем. Acta hydrophys. **25** (1980), 111—128.

[3] Mauersberger, P., Entropie und freie Enthalpie im aquatischen Ökosystem. Acta hydrophys. **26** (1981), 67—90.

[4] Mauersberger, P., Zur Bestimmung der nichtlinearen Beziehungen zwischen Raten und Affinitäten bei Produktions- und Abbauprozessen im aquatischen Ökosystem. Acta hydrophys. **27** (1982), 125—130.

Acta Hydrophysica, Berlin	Bd. XXVII	H. 3/4	(1982)	S. 195–208

The Role of External Geophysical and Anthropogeneous Factors in the Formation of the Under-Ice Temperature Regime of Reservoirs

By N. V. Butorin[1])

Summary: The under-ice period in the annual cycle of temperature changes in a lake or reservoir corresponds to the lapse of time during which the water body is covered by a *continuous* ice sheet. The ice cover creates special conditions for the under-ice temperature regime, influencing essentially the ecology of a water body. The processes of freezing and ice-cover breaking in the Rybinsk reservoir in different years occur in various ways and at different times. In accordance with this, the time of the beginning and end of the ice-cover period as well as its duration are different, too. Studies of temperature changes during the ice-cover period have shown that the shallow Rybinsk reservoir is characterized by a rise in water temperature owing to heat exchange with the bottom during both the beginning of the period and its end. The process of under-ice heating is marked out for its complexity and multiformity in separate parts of the water body. Its peculiarities are conditioned by both geophysical and anthropogeneous factors.

Zusammenfassung: Die Vereisungsperiode entspricht im Jahreszyklus der Temperaturänderungen eines Sees oder Staubeckens dem Zeitraum, in dem der Wasserspeicher mit einer *zusammenhängenden* Eisschicht bedeckt ist. Die Eisdecke schafft besondere Bedingungen für das Temperaturregime des darunter befindlichen Wassers und beeinflußt damit die Ökologie des Wasserkörpers erheblich. Die Prozesse des Zufrierens und Auftauens gehen im Rybinsker Stausee in den einzelnen Jahren in unterschiedlicher Weise und zu verschiedenen Zeiten vor sich. Damit verschieben sich auch der Beginn und das Ende sowie die Dauer der Eisperiode. Untersuchungen der Temperaturänderungen während der Vereisungsperiode haben gezeigt, daß der flache Rybinsker Stausee sowohl zu Beginn der Vereisung als auch an ihrem Ende einen Anstieg der Wassertemperatur infolge Wärmeaustauschs mit dem Boden aufweist. Die Erwärmung erfolgt in den einzelnen Teilen des Wasserkörpers in sehr komplexer und vielgestaltiger Weise. Ihre Besonderheiten sind einerseits durch geophysikalische, andererseits durch anthropogene Einwirkungen bedingt.

---

[1]) Prof. Dr. N. V. Butorin, Akademiya nauk SSSR, Institut biologii vnutrennykh vod, 152 742 p/o Borok, Nekouzkiy rayon, Jaroslavskaya oblast, SSSR.

Резюме: Подледный период в годовом цикле температурных изменений в озере или водохранилище соответствует промежутку времени, когда водоем покрыт сплошным ледовым покровом. Ледовый покров создает особые условия подледного температурного режима существенно влияющие на экологию водоема. Процессы замерзания и вскрытия Рыбинского водохранилища в отдельные годы совершаются различно и в разные сроки. В соответствии с этим и сроки наступления и окончания подледного периода, а также его продолжительность различны. Изучение температурных изменений на протяжении подледного периода показало, что для мелководного Рыбинского водохранилища характерно повышение температуры воды за счет теплообмена с дном, как в начале изучаемого периода, так и в конце его. Процесс подледного прогрева отличается сложностью и разнообразием на отдельных участках водоема. Особенности его обусловливаются как геофизическими, так и антропогенными факторами.

The intensive hydrotechnical construction in many countries has lead to creation of a great number of reservoirs. In the world at present more than 13 thousand reservoirs each having a volume over 1 mln. m^3 already exist or are being constructed (cf. [4]). Some of them are comparable with the largest lakes by their size. The creation of reservoirs demands studying the changes which are communicated to the environment and first of all to the regime of rivers and lakes whose flow they regulate. The most vivid and rapid changes are manifested in the temperature regime. The study of peculiarities of the temperature regime of reservoirs and of the factors conditioning it is of great general limnological importance.

The water being the environment of aquatic organisms is an inalienable part of the water body's ecosystem, and its properties determine, to a significant degree, the functioning and stability of the latter, regulating the development and existence of aquatic organisms, their abundance and distribution. One of the most important water characteristics is temperature.

Although the main physical properties of the waters in reservoirs are practically identical, the temperature regime in each of them has peculiarities of its own, which are associated with the water-body type, its geographical position, altitude above sea level, morphometry of the water body, conditions of insolation and wind regime, influx and chemistry of water and, finally, with the influence of economic activities.

A lot of material has been accumulated about the temperature regime of reservoirs and most of its aspects are dealt with quite sufficiently in the contemporary limnological literature. Up to now, however, more or less complete knowledge of the temperature conditions during the ice period is lacking. Taking this into consideration, we have attempted to summarize the long-time data on the Rybinsk reservoir and, on the instance of the actual water body, to reveal some general features of the under-ice temperature regime for similar storage works of the temperate latitudes, and to establish the factors which determine it.

The Rybinsk reservoir has a surface area of 4550 km² at the normal head level (Fig. 1). It is a shallow water body. The depths from 0 to 2 m occupy

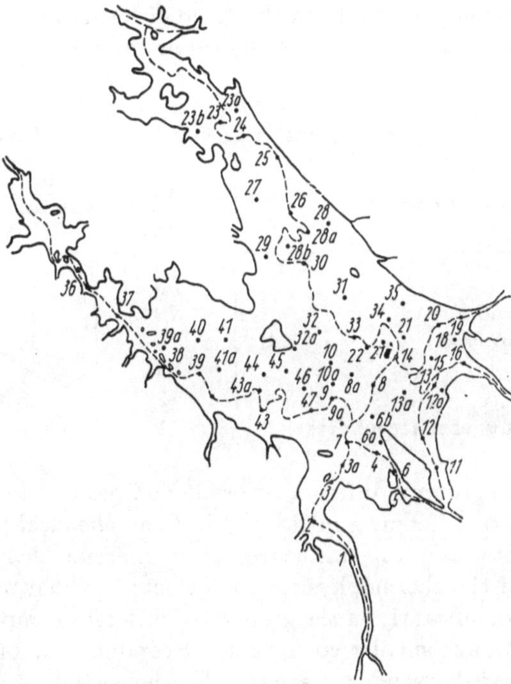

Fig. 1. Scheme of the Rybinsk reservoir; numbers: temperature measuring stations

about 21% of the reservoir's area, the mean and maximum depths are 5.6 m or 30.4 m, respectively. The relief of its bed has sharp fractures, especially in the places of former rivers and brooks. The roughnesses of the bottom relief differ by their shape and size.

A characteristic morphometric feature of the reservoir is the presence of a vast temporarily flooded or dried zone, formed as a result of yearly fluctuations of the level. The dry zone is a new and qualitatively peculiar landscape element, characteristic primarily of plain reservoirs. It is distinguished by the peculiarities of the regime characteristics, the ground complex; a specific flora and fauna are formed in it. On an average for a many-year period it constitutes 41% of the water-body area at normal filling.

Together with the morphometry of the water body a great role in the heat balance is played by the bottom sediments. Accumulating the heat during the warm season, they deliver it to the water mass during winter and thus influence the temperature regime. In spite of the long existence of the reservoir its ground complex is still in the stage of formation. The dynamics of the areas of various bottom types are shown in Table 1.

Table 1
The bottom areas in the Rybinsk reservoir [%] (after Zakonnov [6])

Type of ground	Years		
	1955	1965	1978
Soil	55	15	5
Sand and silty sand	20	37	42
Sandy grey and grey silt	8	35	40
Transitory silt	4	5	5
Peaty silt	13	8	8
Peat and sediments of macrophytes	1	1	1

The presence of grounds different by origin and peculiarities of their distribution gives rise to differences in the physical and chemical properties of the bottom sediments, and this influences their thermal characteristics. The determination of the thermophysical coefficients has shown their values to fluctuate quite significantly in the grounds of different composition.

Silts and peat have smaller coefficients of conductivity of heat and temperature as compared to sands and sandy soils. The coefficient of heat capacity per unit volume is smaller in sandy grounds than in silts. These data are important for the determination of heat exchange between water and bottom, as well as for estimates of the heat balance of the water body. Besides, they characterize the thermal regime of the bottom sediments and near-bottom layers of water — the most important ecological factor for the life of the bottom dwelling organisms.

The process of intensive ice formation in the reservoir starts after the surface water temperature (or in case of eddy mixing the temperature of the whole water mass) has dropped to values close to 0 °C. In individual parts of the water body in different years it proceeds in a different way and at different times. The limited quantity of observations characterizing the temperature regime of the reservoir during ice setting and ice breaking periods does not allow to determine exactly that moment of freezing when there exist conditions producing the thermic peculiarities of the under-ice period, and during ice breaking when these conditions are replaced by other properties characterizing the successive season.

The difference in time of freezing of separate parts of a water body may essentially influence the temperature conditions of the ice-cover period, especially at its beginning. The temperature regime of open parts, as a result of dynamic processes conditioning movement and mixing of the water, influences the temperature and heat content of the waters covered with ice.

The analysis of the multiformity of freezing processes in the water body allows to set off two highly characteristic types. In most cases the air temperature during cooling of the water body is of small negative value and does not drop below −10 °C, but the strong wind having a velocity up to 10 m/s or more causes an intense mixing of the water mass. Its total heat content rapidly declines, and the water temperature decreases to values close to 0 °C. A state of approximate homothermy is maintained in the water body, and the process of ice formation proceeds in the whole water mass involved in mixing. The initial ice thickness just after the ice-cover setting reaches 8—10 cm. Meanwhile, apart from the condition close to homothermy an insignificant rise in temperature towards the bottom is observed (Table 2).

TABLE 2

Distribution of water temperature with depth under ice cover 8. 12. 1962 in the Perebor Bay (according to [3])

Depth [m]	0.1	0.5	1.0	4.0	6.0	8.0	16.5
Temperature [°C]	0.00	0.00	0.00	0.20	0.50	0.80	1.20

Another pattern of freezing of the reservoir is observed at air temperatures of the order of −10, −20 °C with weak winds. In this case quick cooling of only the surface layer of water takes place, and in spite of rather high heat content an ice cover is formed. The ice thickness in this case does not exceed 1—3 cm. As to the distribution of water temperature with depth, a sharp increase of it under the ice is characteristic for such kind of ice-cover establishment (Table 3). The data show that the water temperature during freezing of the reservoir may be relatively high and essentially different in separate parts.

The process of freezing of the reservoir, especially at intensive mixing of the water mass, is sometimes accompanied by overcooling of a substantial water layer to a temperature below 0 °C. A temperature of overcooled water equal to 0.09 °C was registered. Such an overcooling is accompanied by forma-

Table 3

Distribution of water temperature with depth under ice cover, 13—15 November 1961 [°C]

Depth [m]	Numbers of stations*)										
	34	35	38	39	40	41	42	43	45	46	47
0.5	2.40	1.30	0.80	0.50	2.21	1.92	1.80	3.30	1.71	2.00	1.70
2.0	2.40	1.30	0.91	0.51	2.36	2.00	1.71	3.30	1.77	1.97	1.72
5.0	2.40	1.40	1.70	1.30	2.38	2.00	1.82	3.40	1.80	1.99	1.81
10.0	—	—	1.88	1.73	—	—	2.50	—	—	—	2.66
15.0	—	—	—	—	—	—	—	—	—	—	2.70
Bottom	2.50	—	2.00	1.96	2.40	2.21	2.70	3.50	—	1.93	—
Mean vertical temperature	2.40	1.30	1.69	1.21	2.34	2.02	2.09	3.36	1.79	1.97	2.22

*) The location of stations is shown in Fig. 1.

tion of holly ice sometimes disturbing the operation of hydrotechnical structures.

The duration of freezing in the individual years is different and may reach 10 days; the sequence of the process is shown in Fig. 2. This period plays an important role in the establishment of the under-ice temperature regime.

During the ice-cover period the lowest water temperature is observed in river deeps, where it is close to 0 °C. When the water body is covered with ice and heat exchange with the atmosphere is difficult, its distribution is determined primarily by the water dynamics. In places where the current velocities are essential, a homogeneous (or close to it) temperature distribution with depth is noted. In places with slow water exchange an influence of heat supply from the bottom on the water temperature in the near-bottom layers is observed and the temperature rises with depth, and signs of an inverse stratification of the water mass appear. In accordance with the depth distribution the water temperature in the near-bottom layers varies from tenths to 3 °C. Its minimum and maximum values are observed in shallow or very deep sections, respectively (Fig. 3). In different years the values of temperature and the character of its distribution have peculiarities of their own, the general feature is a systematic rise in the water temperature towards the end of the ice-cover period.

When studying temperature conditions of a water body it is very important to reveal peculiarities of the vertical temperature distribution. Since the

Fig. 2. Schematic map of the times of freezing of the reservoir; *1* — Nov. 1—6, *2* — Nov. 7—15, *3* — Nov. 16—20, *4* — Nov. 21—25, *5* — later than Nov. 25

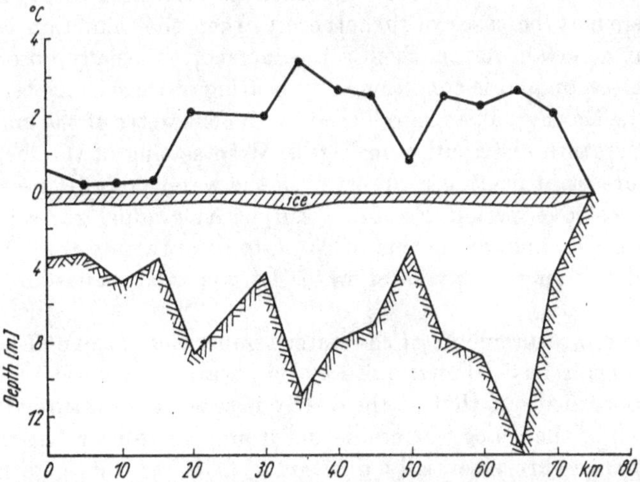

Fig. 3. Distribution of the near-bottom water temperatures with depth during ice-cover period along the range Cape Rozhnov—Mayaksa, March 14—15, 1961

ice cover on the Rybinsk reservoir under certain hydrometeorological conditions may be established at relatively high heat content, the initial vertical temperature distribution may be not only close to homothermy, but also of the inverse stratification type. Characteristic curves of the water temperature distribution with depth during winter are shown in Fig. 4. As is

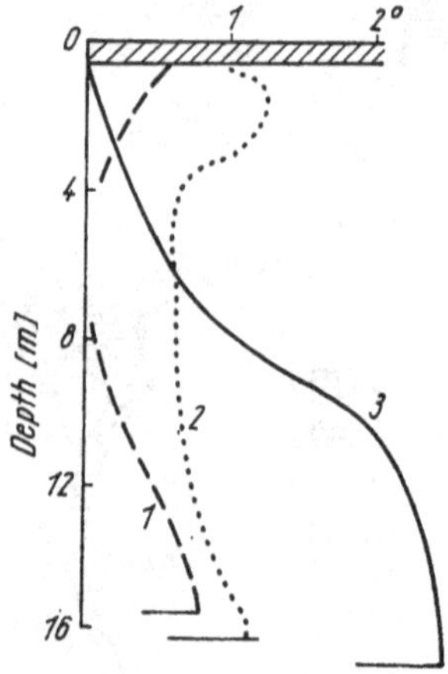

Fig. 4. Characteristic curves of vertical temperature distribution during ice-cover period; *1* — April 12, *2* — April 19, 1978, *3* — Febr. 6, 1979

seen from this figure, apart from the most common type of temperature distribution during the ice-cover formation characterized by inverse stratification there may be cases of dichothermy when the minimum temperature appears at a certain depth. Such a phenomenon is usually observed at the end of the season and is conditioned by heating of the surface layer of water through the ice (Fig. 5). It is well seen by the character of the curves of vertical temperature distribution in Fig. 5. With setting of the ice an inverse temperature stratification is observed in the water body. It persists till the end of the ice-cover period (Fig. 5a, b, c, d) with a gradual transition to homothermy (Fig. 5e) and, at the end of April, to dichothermy (Fig. 5f, g) due to heating of the surface layers of water by the solar radiation penetrating through the ice.

Long-time measurements of the water temperature at one of the verticals of the reservoir have shown quite a complicated character of its changes (Fig. 6). It turned out that at the yearly inverse temperature stratification during each of the ice-cover periods and from year to year the temperature and its changes are essentially different. Up to now it is difficult to explain which factors give rise to this character of temperature changes, but an essential role of the heat exchange with the bottom is apparent.

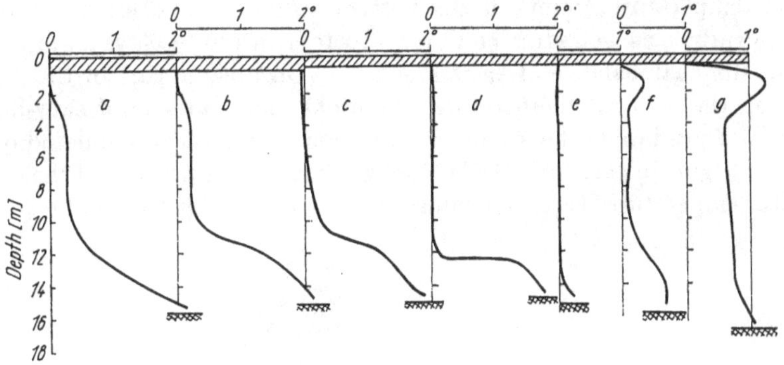

Fig. 5. Dynamics of the vertical temperature distribution during ice-cover period; *a* Febr. 17, *b* — March 7, *c* — March 15, *d* — March 29, *e* — April 5, *f* — April 12, *g* — April 19

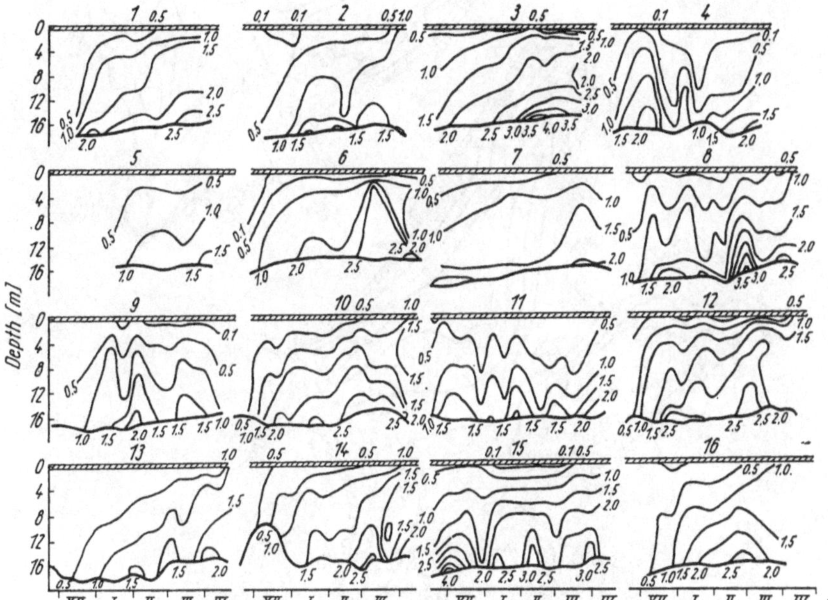

Fig. 6. Many-year changes of water temperature (thermoisopleths) along the vertical in the Perebor Bay during ice setting for 1949/50—1965/66

The temperature regime of the bottom sediments and especially of the bottom surface as well as of the water—bottom interface plays an important role in the heat balance of the water body. On greater part of the storage reservoir the signs of temperature conditions characteristic of slow-flowing lakes are traced after the ice-cover formation. The heat accumulated during summer begins to pass from the bottom ground to the surface, and the bottom surface temperature rises from values close to 0 °C during freezing to 2—3 °C,

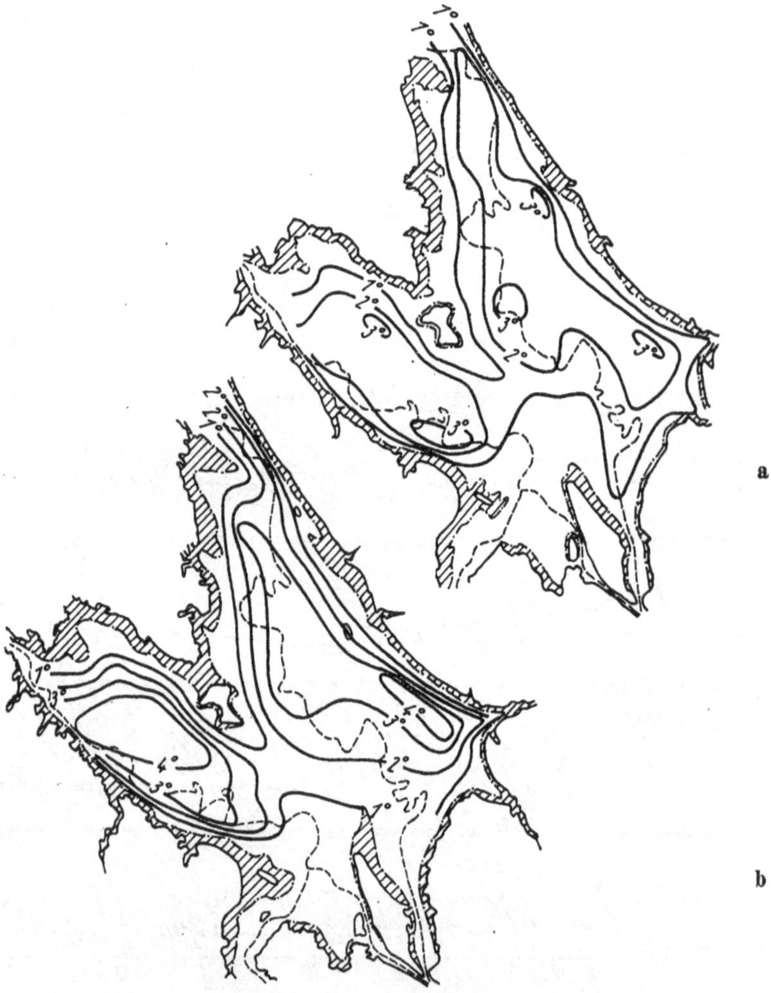

Fig. 7. Bottom temperature and its changes during ice-cover period; **a** — Febr. 19, 1961, **b** — March 20, 1961

and in some years even to higher values. A characteristic bottom temperature distribution in the reservoir during midwinter is shown in Fig. 7. Usually the isotherm of 1 °C runs along the shore, bordering the inshore shallows. Only under the influence of the cold Volga waters it moves to the Northeast, bordering a vast zone with deep channel parts of the Volga and Mologa. In the central part of the reservoir there are places of the bottom heated to 2 °C or more.

By the end of the season the bottom temperature rises on a greater part of the water body and sections having a temperature of 4.6—4.8 °C are encountered. In such places, at a depth of 1 m above the bottom surface, temperatures of about 5.6—6.0 °C have been recorded.

The investigations have revealed a close relationship between the water temperature near the bottom and the temperature of the bottom surface layer. The temperatures of the near-bottom water layer at a distance of 0.1 m above the bottom surface are practically close to those of the bottom 0.05 m below its surface during the whole year. The difference in temperatures at these horizons varies from 0 to 0.2 °C and does not exceed 0.5 °C (cf. [5]). The temperature changes are synchronous and are accompanied by corresponding changes in the water mass (Fig. 8). General features of the

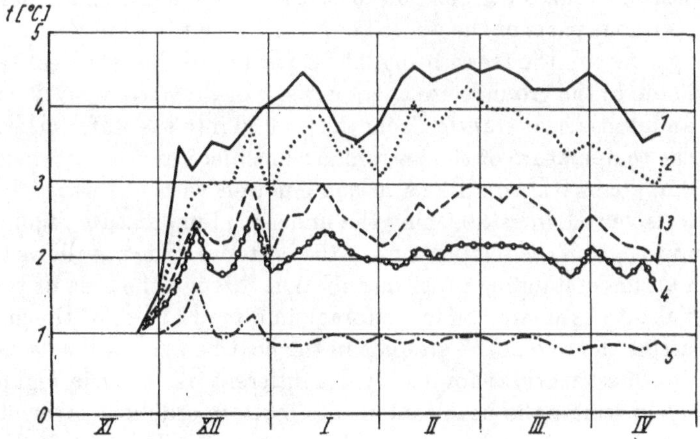

Fig. 8. Temperature changes of the bottom surface and water during ice-cover period (after [5]); *1* — ground surface temperature, *2*, *3*, *4* — mean temperatures of the water layers 1—2 m, 3 m, and 5 m, respectively, from the bottom, *5* — mean temperature of the water layer between the bottom and the lower surface of the ice

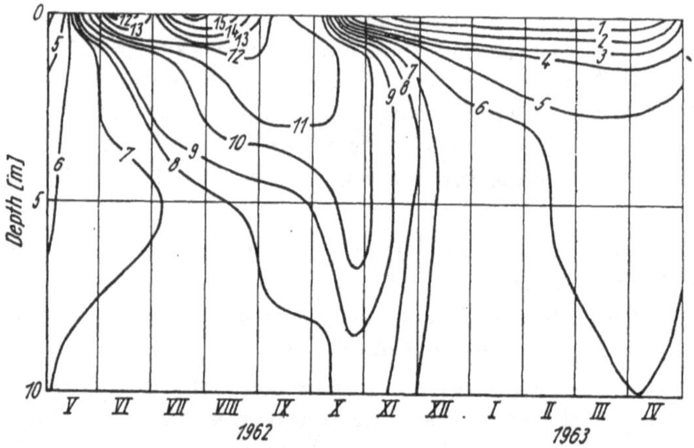

Fig. 9. Distribution of the bottom ground temperature in the Rybinsk reservoir 1962/63 (after [5])

bottom ground temperature distribution in the Rybinsk reservoir to a depth of 10 m in the yearly cycle are shown in Fig. 9.

The intensity of cooling of the bottom grounds, the other conditions being the same, is determined by the value of temperature gradient in the surface layer of the bottom. Like temperature, the temperature gradients in the ground in various parts of the water body vary within a wide range, from 1.4 to 4.3 °C per metre, the mean being 2.5 °C per metre. The greatest temperature gradients in the grounds are characteristic of the parts with flowage and point to an intense heat transfer from the ground into the water mass.

Thus, the temperature of the bottom grounds determined by previous and contemporary climatic conditions in combination with the water dynamics plays a decisive role in establishing the under-ice temperature regime.

The knowledge on the temperature of the bottom sediments allows not only to obtain an understanding of its distribution through the area of the water body but also to estimate the heat storage in a metre layer of the ground in order to assess the role of the grounds in the heat balance of the water body. The results of estimations for two years different as to their regime have shown that in winter the heat content of a bottom sediment layer of 1 m in thickness is comparable with that of the water mass. Thus, on 19 February 1961 for the mentioned layer of the ground it amounted to 8.4×10^{12} kcal, for the water to 9.7×10^{12} kcal; on 28 February 1984 in the bottom sediments it was 6.2×10^{12} kcal, while in the water it was 6.0×10^{12} kcal. In general, the heat storage in the grounds constitutes 32% of the total content in the water body (cf. [5]). It is natural that such an amount of heat accumulated by bottom sediments during the warm season of the year exerts a great influence on the water temperature and its changes during the ice-cover period.

The temperature conditions of reservoirs are definitely influenced, especially in winter, by heated discharges of thermal power stations or even of large industrial enterprises (cf. [2]). For the Rybinsk reservoir this may well be followed up on the example of the town of Cherepovets. Fig. 10 shows that

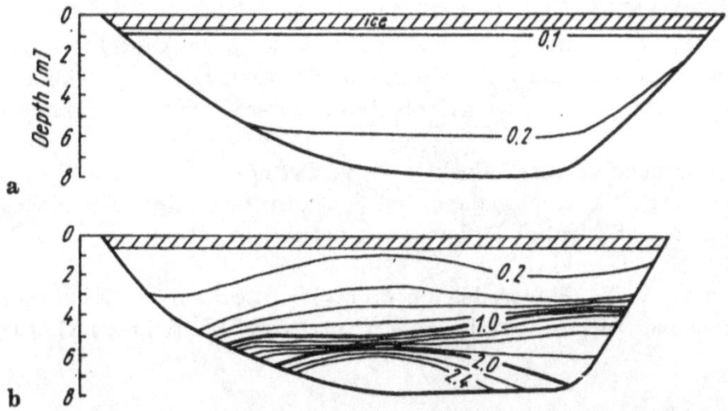

Fig. 10. Water temperature changes under the influence of the heated discharge from Cherepovets during ice-cover period; **a** — in natural conditions, **b** — after discharge of heated waters

downstream the town the temperature distribution differs essentially from the natural situation: The mean temperature in a range upstream the town was 0.12 °C, while below the point of discharge of heated waters it amounted to 0.73 °C. The maximum values of temperature in the near-bottom layer reached 2.4 °C. A similar pattern is observed concerning the ground temperature. Upstream the town the ground temperature at a depth of 5 cm below the surface equaled 0.6 °C and at a depth of 45 cm 1.4 °C, while in the zone influenced by heated discharge at the depth of 5 cm it was equal to 2 °C and at 45 cm depth equal to 2.7 °C.

Thus, the analysis of these observations has shown that the under-ice temperature regime of reservoirs is formed under the influence of both geophysical and anthropogeneous factors. To the former ones belong the meteorological, hydrological and geomorphological processes, to the latter — artificial regulation of the flow and other types of economic water utilization, as well as discharges of heated waters of various origin. In spite of intensification of the anthropogeneous influence upon reservoirs the geophysical factors remain decisive for the formation of the temperature regime.

References

[1] Bakastov, S. S., Vliyanie sbrosa Cherepovtsa na temperaturu prilegayushchey chasti Rybinskogo vodokhranilishcha. Byull. Inst. biol. vodokhr. 1961, No. 11, 57–60.

[2] Butorin, N. V., and T. N. Kurdina, Osobennosti temperaturnogo rezhima Ivankovskogo vodokhranilishcha v usloviyach iskusstvennogo podogreva. In: Ekologiya organizmov vodokhranilishch-okhladiteley. Tr. Inst. biol. vnutr. vod AN SSSR **27** (**30**) (1975), 70–142.

[3] Kolkutin, V. I., and S. N. Tachalov, Nekotorye kharakteristiki ledovotermicheskogo rezhima Rybinskogo vodokhranilishcha v perekhodnye periody. Sb. rabot Rybinskoy gidrometeor. observ., vyp. 4, Leningrad 1968, 51–71.

[4] Vodokhranilishcha mira, Moskva 1979, 287 pp.

[5] Tachalov, S. N., Teplobalans vody s gruntami dna Rybinskogo vodokhranilishcha. Sb. rabot Rybinskoy gidrometeor. observ., vyp. 4, Leningrad 1968, 3–10.

[6] Zakonnov, V. V., Raspredelenie donnykh otlozheniy v Rybinskom vodokhranilishche. Inform. byull. "Biol. vnutr. vod" (Leningrad) **52** (1981).

Acta Hydrophysica, Berlin	Bd. XXVII	H. 3/4	(1982)	S. 209–216

Элементы теплового режима степных озер СССР различных по площади

Н. П. Смирнова[1])

Резюме: В статье рассмотрены основные радиационные характеристики в период максимального нагревания для водоемов степной зоны, различных по морфометрическим показателям. На радиационные характеристики основное влияние оказывают характер года по притоку суммарной радиации и глубина водоема, что следует учитывать при сравнении радиационных характеристик за разные годы.

Zusammenfassung: Gegenstand der Betrachtungen sind die grundlegenden Strahlungseigenschaften in der Periode maximaler Erwärmung bei Wasserspeichern der Steppenzone, die sich in ihren morphometrischen Kennziffern voneinander unterscheiden. Den Haupteinfluß auf die Strahlungscharakteristiken übt die Zufuhr an Globalstrahlung in dem betreffenden Jahr zusammen mit der Tiefe des Beckens aus, was beim Vergleich der Strahlungseigenschaften für verschiedene Jahre berücksichtigt werden muß.

Summary: The fundamental radiation patterns in the period of maximum heating are considered for reservoirs of the steppe zone, differing from each other as to their morphometric parameters. It is the supply of global radiation for the respective year, together with the depth of the water body, which essentially determine the radiation characteristics. This has to be accounted for in comparing the radiation patterns for different years.

Приток суммарной радиации к поверхности водоема, ее поглощение и проникновение в водную толщу определяют развитие всех процессов происходящих в озере: гидрологических, гидрохимических, гидробиологических.

Суммарная радиация является основной энергетической характеристикой географического района, водного объекта. Для территории СССР существуют карты суммарной радиации и радиационного баланса суши (Пивоварова [4]). Длительных

[1]) Н. П. Смирнова, Академия наук СССР, Институт озероведения, Ленинград 197046, Петровская наб. 4, СССР.

наблюдений над элементами радиационного и теплового баланса средних и малых озер и прудов очень мало. Тепловой режим и тепловой баланс больших озер изучался в экспедиционных условиях на оз. Байкал (Верболов и др. [1]), Ладожском (Смирнова [6]), Онежском (Мокиевский [3]), Севан (см. [2]).

Обилие озер на территории СССР, их разнообразие по месту положения в географических зонах и ландшафтах (от зоны тундры до пустынь, от равнинных до высокогорных озер и т. д.), по особенностям морфометрии, физико-химическим и биологическим показателям, вынуждает исследователей обратиться к поискам классификационных признаков с целью выделения типов озер. В качестве такого признака использовано отношение: $\sqrt{S}/H_{\text{ср.}} = \beta$, где S—площадь водоема [м²], $H_{\text{ср.}}$—средняя глубина [м] (Kirillova and Smirnova [7]).

В настоящем сообщении мы остановимся на радиационных характеристиках и их соотношениях на водоемах одной географической зоны, но различных по площади и глубине, с целью выяснения влияния этих морфометрических характеристик на радиационные показатели (поглощенная радиация к суммарной — $Q(1-A)/Q$, радиационный баланс к суммарной радиации—R/Q; радиационный баланс к поглощенной радиации—$R/[Q(1-A)]$; затраты тепла на испарение LE к суммарной радиации и к радиационному балансу— LE/Q и LE/R; затраты тепла на турбулентный теплообмен к радиационному балансу.

Для анализа выбран период максимального нагревания — июль, август. Все элементы измерялись в экспедиционных условиях— Q, $Q(1-A)$, R или рассчитывались по метеорологическим элементам (LE, P). Наблюдения проводились в 1951—1954 гг. на пруду Поливном, $\varphi = 50{,}6°$ с. ш., $S = 23{,}6$ га, $H_{\text{ср.}} = 1{,}9$ м, $\beta = 256$, Волгоградская область; в 1965—1969 гг. на озере Шалкар, $\varphi = 53°$ с. ш., $S = 35{,}5$ км², $H_{\text{ср.}} = 7{,}6$ м, $\beta = 784$, Кокчетавская область, Казахстан; в 1975—1976 гг. на озере Чаны, $\varphi = 55°$ с. ш., $S = 2270$ км², $H_{\text{ср.}} = 2{,}1$ м, $\beta = 22688$, Новосибирская область.

На картах радиационного баланса суши эти озера расположены вдоль одной изолинии. Поскольку они находятся в одной географической зоне, разница в радиационных характеристиках может быть объяснена влиянием размеров водоема, его физико-химических особенностей (прозрачность и цвет воды) и усилением континентальности к востоку. Период максимального нагревания наиболее удобен для сравнения, так как в нем отчетливо проявляются особенности самого озера. В переходные периоды — весна и осень — на радиационные и тепловые характеристики озер влияет географическая зональность.

Физико-химические свойства вод исследованных водоемов различаются мало: цвет воды по шкале Фореля-Уле XI—XIV — озеро Шалкар и XV—XVIII — пруд и озеро Чаны; прозрачность соответственно 3,5 м и 0,3—0,6 м. Вода в пруду — пресная, а в оз. Шалкар общая минерализация составляет 4 г/л, в оз. Чаны — 6 г/л.

Поскольку наблюдения выполнены в разные годы, необходимо рассмотреть общий радиационный фон, т. е. характер притока суммарной радиации за 1951—1976 гг.

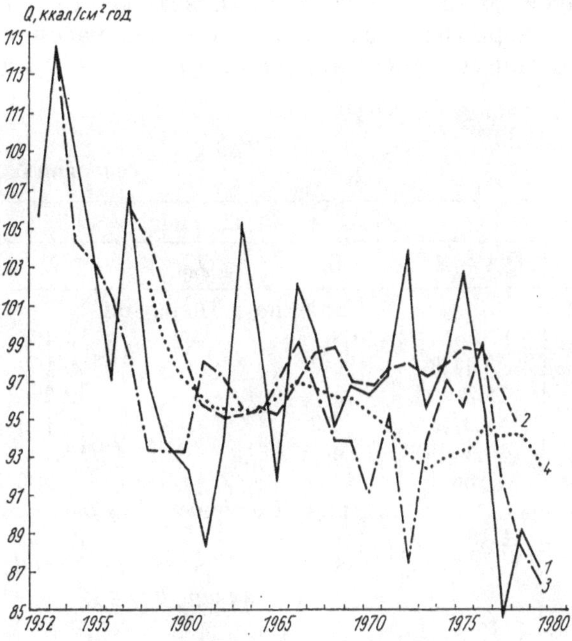

Рис. 1. Суммарная радиация (Q) и ее шестилетние скользящие по наблюдениям в Куйбышеве (*1*, *2*) и Омске (*3*, *4*), ккал/см² год

На рис. 1 приведены годовые суммы суммарной радиации по Куйбышеву, характеризующему район пруда Поливного, и Омску, дающему фон солнечной радиации для Северного Казахстана и бассейна озера Чаны. На этом рисунке нанесены шестилет-

Таблица 1

Соотношение элементов радиационного

Озеро	S, м²	$H_{ср.}$, м	$\beta=\sqrt{S}/H_{ср.}$	R/Q		
				VII	VIII	IX
Поливной	$23{,}6\cdot10^4$	1,9	256	62	54	40
Шалкар	$35{,}5\cdot10^6$	7,6	784	69	60	49
Чаны	$2270\cdot10^6$	2,1	22688	60	52	36

A — альбедо; VII — июль, VIII — август, IX — сентябрь

ние скользящие, срезающие случайные колебания суммарной радиации. Период 1951—1954 гг. совпадает с повышенной суммарной радиацией, то же наблюдается и в 1965—1969 гг., 1973 по 1976 гг. Все периоды наблюдений, которые рассмотрены нами, совпадают с повышенным притоком суммарной радиации, что

Таблица 2

Тепловой баланс, август;

Годы	Приход				Расход
	$Q(1-A)$	W	$Q_{пр.}$	Σ	LE
			пруд Поливной		
1953	12,6	0,8	—	13,4	7,6
	94,0	6,0		100	57,1
1954	11,2	1,0	—	12,2	6,5
	91,8	8,2	—	100	53,3
1952	10,8	1,4	—	12,2	7,0
	88,5	11,5		100	56,9
			пруд Поливной, $\beta = 256$		
1951—1954	11,6	1,1	—	12,7	7,2
	91,3	8,7	—	100	56,8
			оз. Шалкар, $\beta = 784$		
1965—1967, 1969	11,2	0,9	—	12,1	7,4
	92,6	7,4		100	60,2
			оз. Чаны, $\beta = 22688$		
1972—1978	9,8	0,6	0,01	10,4	5,4
	94,0	5,8	0,2	100	56,8

W — изменение запаса тепла в водной массе; $E_{эф.}$ — эффективное излучение; или сток

и теплового балансов, %

Q(1−A)/Q			R(1−A)/Q			LE/Q			LE/R		
VII	VIII	IX	VII	VIII	IX	VII	VIII	IX	VII	VIII	IX
88	88	87	67	61	50	60	56	49	97	103	110
88	89	87	80	66	59	56	75	44	86	122	109
84	83	82	71	63	44	44	46	48	74	87	133

соответствует и типу циркуляции атмосферы (E), господствовавшему в это время. С 1951 г. и по настоящее время преобладает восточный тип циркуляции атмосферы (по Вангенгейму) с пониженной облачностью и повышенным притоком суммарной радиации.

верхняя строка: ккал/см² месяц, кижняя: %

Расход				Невязка		Характер года
$E_{эф.}$	P	$Q_{пр.}$	Σ	Δ	%	
пруд Поливной						
4,5	0,9	0,3	13,3	+0,1	0,8	теплый
33,8	6,8	2,3	100			
4,8	0,8	0,1	12,2	0	0	средний
39,3	6,6	0,8	100			
4,2	0,8	0,3	12,3	—0,1	0,8	холодный
34,1	6,5	2,5	100			
пруд Поливной, $\beta = 256$						
4,5	0,6	0,4	12,7	0	0	
35,4	4,7	3,1	100			
оз. Шалкар, $\beta = 784$						
3,8	1,1	—	12,3	—0,2	1,7	
30,9	8,9		100			
оз. Чаны, $\beta = 22688$						
3,7	0,5	—	9,6	+0,8	+7,7	
38,4	4,8		100			

P — затраты тепла на турбулентный теплообмен; $Q_{пр.}$ — тепловой птриток

В табл. 1 приводятся соотношения радиационных и тепловых характеристик для озер степной зоны. Можно отметить уменьшение $Q(1 - A)/Q$ на оз. Чаны, мелкого и большого по площади, на 4—5% по сравнению с прудом или оз. Шалкар. В июле до начала интенсивного охлаждения, а оно на водоемах этой зоны часто начинается со второй половины июля, на отношение R/Q большое влияние оказывает глубина озера. Глубокий водоем более интенсивно аккумулирует тепло (оз. Шалкар $R/Q = 69\%$). Радиационный баланс оз. Чаны составляет 60—52% от суммарной радиации.

Поглощенная радиация $Q(1 - A)$ определяет величину радиационного баланса. Отношение $R/[Q(1 - A)]$ растет с увеличением глубины и площади озера. В июле на это отношение большее влияние оказывает глубина, чем площадь.

Затраты тепла на испарение достигают в июле 45—60% от суммарной радиации и 50—75% — в августе, а в сентябре они значительно сокращаются на глубоких водоемах. Чем мельче и меньше водоем, тем затраты тепла на испарение в июле составляют большую часть радиационного баланса (пруд Поливной).

В августе запасы тепла в озерах истощаются. Испарение идет уже не только за счет притока радиации, но и за счет тепла накопленного водной массой. Чем глубже и больше по площади водоем, тем большими запасами тепла он обладает в это время. Затраты тепла на испарение в % от радиационного баланса в августе достигают 103—122% и только на мелком, хорошо перемешиваемом водоеме — 87%. Затраты тепла на турбулентный теплообмен прямо зависят от глубины и площади, и в августе составляют 7—20% от радиационного баланса. Характер года по притоку суммарной радиации: теплый, средний и холодный — находит отражение в соотношениях радиационных характеристик.

В табл. 2 представлены данные по тепловому балансу за различные по характеру нагревания годы на пруду Поливном и осредненный тепловой баланс за годы наблюдений на исследованных водоемах. Чем прохладнее год, тем меньшая роль в приходной части баланса принадлежит поглощенной радиации и возрастает значение тепла аккумулированного водной массой, убывают затраты тепла на испарение и турбулентный теплообмен и увеличиваются потери на эффективное излучение.

В тепловом балансе глубокого водоема, осредненном за ряд лет, роль поглощенной радиации возрастает по сравнению с мелким и малым по площади водоемом. В расходной части баланса возрастают затраты тепла на испарение и турбулентный теплообмен.

При ровном притоке тепла к поверхности водоемов и его поглощении в период максимального нагревания соотношения элементов теплового баланса значительно колеблются (рис. 2). Эффективное излучение убывает, а затраты тепла на испарение и турбулентный теплообмен возрастают от мелкого и небольшого по площади водоема ($\beta = 256$) к глубокому и среднему по площади ($\beta = 784$).

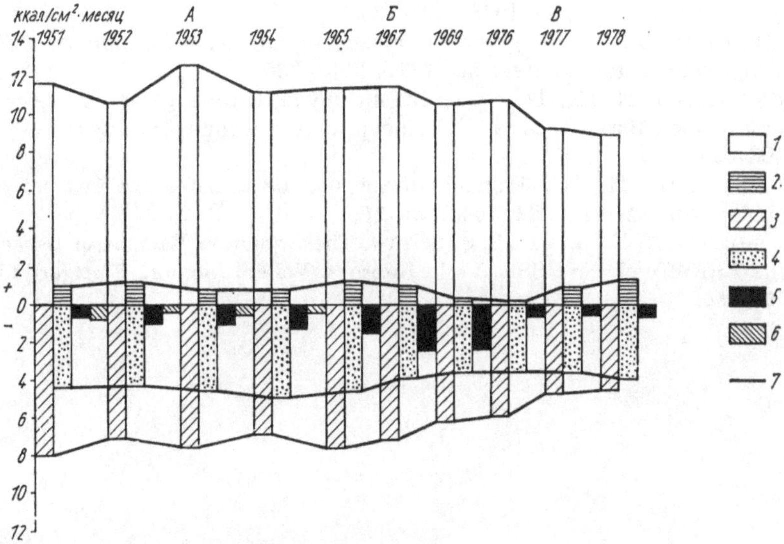

Рис. 2. Тепловой баланс озер, ккал/см² месяц; *А* — пруд Поливной, *Б* — озеро Шалкар, *В* — озеро Чаны; *1* — поглощенная радиация, *2* — изменение запаса тепла в водной массе (аккумуляция), *3* — затраты тепла на испарение, *4* — эффективное излучение, *5* — затраты тепла на турбулентный теплообмен, *6* — тепловой сток и приток в озеро, *7* — линии, соединяющие элемент теплового баланса за разные годы

Для неизученных водоемов, расположенных в степной зоне, имеющих β близкое к β исследованных водоемов, можно использовать соотношения радиационных элементов, приведенные в табл. 1 для характеристики их радиационного и теплового состояния.

Глубина водоема — один из важнейших факторов, определяющих тепловой режим водоема.

Литература

[1] Верболов, В. И., Сокольников, В. М., и М. Н. Шимараев, Гидрометеорологический режим и тепловой баланс озера Байкал, „Наука", Ленинград 1965, 157—167.

[2] Метеорологический режим озера Севан. Под ред. М. П. Тимофеева, Гидрометеоиздат, Ленинград 1960, 226—270.

[3] Мокиевский, К. А., Радиационный баланс Онежского озера. Тр. Инстч. озероведения АН СССР, Тепловой режим Онежского озера, „Наука", Ленинград 1973, 52—135.

[4] Пивоварова, З. И., Радиационные характеристики климата СССР, Гидрометеоиздат, Ленинград 1977, 275—335.

[5] Смирнова, Н. П., Тепловой баланс пруда Поливного за летне-осенний период 1951—1954 гг. Тр. Лабор. озероведения АН СССР **9** (1960), 203—237.

[6] Смирнова, Н. П., Радиационный баланс Ладожского озера. Тр. Лабор. озероведения **22** (1968), 3—71.

[7] Kirillova, T. V., and N. P. Smirnova, The Radiation Balance of Lakes on the Territory of the USSR. Verh. Internat. Verein. Limnol., Stuttgart 1972, 554—562.

Acta Hydrophysica, Berlin	Bd. XXVII	H. 3/4	(1982)	S. 217–221

The Influence of Meteorological Conditions and Eutrophication on Some Physical Elements of the Water Bodies Environment

By M. A. Szumiec [1])

Summary: On the basis of long-time results obtained in fish ponds with different eutrophication levels, the influence of both the atmospheric conditions and eutrophication on the vertical solar radiation flux in the water as well as on the thermics and oxygen budget is presented.

Zusammenfassung: Anhand der Ergebnisse langjähriger Untersuchungen an Fischteichen mit unterschiedlichem Eutrophierungsgrad wird der Einfluß der atmosphärischen Bedingungen und der Eutrophierung auf den vertikalen solaren Strahlungsfluß im Wasser sowie auf die Thermik und den Sauerstoffhaushalt aufgezeigt.

Резюме: На основе результатов долгогодовых исследований на рыбных прудах с разным уровнем евтрофикации показано влияние так атмосферных условий как и евтрофикации на вертикальный поток солнечной радиации а также на термический режим и кислородный баланс.

The density of vertical radiation flux R in pond-type reservoirs takes the following form:

$$R(z) = R_0 e^{-\alpha z c} .$$

The coefficient α shows a distinct seasonal variation caused mainly by the changes of suspended matter in the water. The coefficient c, whose variations are insignificant, may be regarded as constant, equal to 0.7.

The vertical distribution of flux R, expressed by natural logarithms, plotted against the depth raised to the power 0.7, should present straight lines forming angles α with the perpendicular. Such distribution is observed mainly in reservoirs with a lower level of eutrophication, having usually a lower amount of suspended load (group A of ponds). The higher the eutrophication (groups B and C), the greater is the deviation of R from the straight lines, mainly due to the greater extinction in the water surface layer.

[1]) Dr. Maria A. Szumiec, Zakład Doświadczalny Gołysz Polskiej Akademii Nauk, 43422 Chybie, Polska.

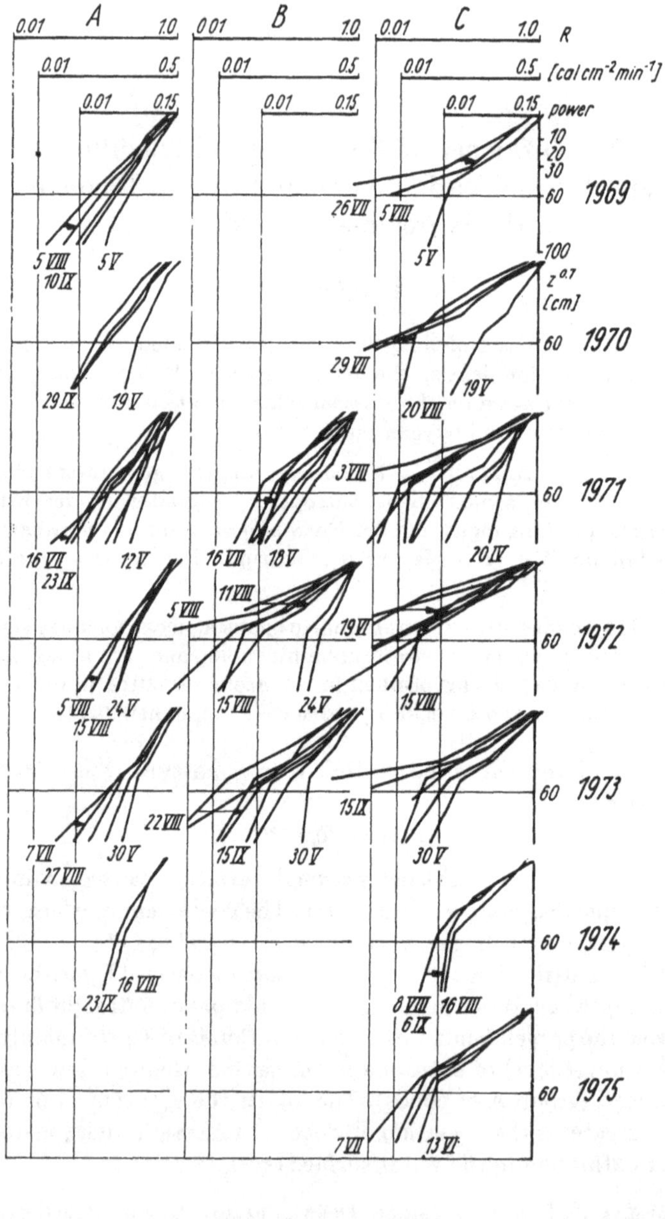
A
B
C
R
[cal cm⁻² min⁻¹]
power
z⁰·⁷ [cm]
1969
1970
1971
1972
1973
1974
1975

Fig. 1

To determine the density of solar radiation flux $R(z)$ penetrating the ponds under different atmospheric conditions, a co-ordinate system with three axes of R was used (Fig. 1, from top to bottom): radiation penetrating the water respectively during sunny weather, average cloudiness, and complete overcasting. The radiation arriving at the water surface during sunny and cloudy weather was taken from long-time measurements. It was also assumed that the transmissivity in the water during growing cloudiness does not change. However, there is a drawback to this assumption, as it is known that with the growing cloud cover the percentage of scattered radiation rises. The path length of the scattered rays is longer than the one of direct radiation, so the transmissivity, especially in water with considerable suspended matter, during cloudy weather may be lower. On the other hand, as the diminution of the radiation due to absorption in the suspended load is much greater than the scattering effect of the particles, it can be assumed that the total radiation transmissivity during changeable cloudiness is approximately stable.

During sunny weather in all the considered types of ponds the compensation point, i.e. the R-value at which the whole oxygen gained by assimilation is consumed by plant respiration, is situated deep enough to enable producing a sufficient amount of oxygen. Under the conditions of average cloudiness the compensation point in the ponds of groups B and C rises momentarily up to about 40 cm, where the light still suffices for oxygen production. During complete overcasting the compensation point in these ponds is observed at a depth of about 20 cm, then an oxygen deficit may occur. Conditions corresponding to such a concentration of suspended load in the water where the compensation point in sunny weather conditions is present at a depth of 60 cm are called here conditions of potential oxygen deficit, since the appearance of complete overcasting may cause a real lack of oxygen.

The dependence of the oxygen budget in eutrophicated waters on the R-flux was confirmed by a distinct decrease of oxygen dissolved in the bottom water layers observed when R at a depth of 50 cm falls below the saturation point, i.e. below the optimum light conditions for assimilation (Fig. 2).

Fig. 1. Seasonal changes of the vertical solar radiation flux $R(z)$ in the three groups of ponds: control (A), fertilized (B) and fed (C). Two dates at the beginning and the end, respectively, of each group of curves indicate the time of the highest (at the beginning of the season) and the lowest (occurring either in the middle or at the end of the season) radiation penetration into the water. The third date, for the curve marked by an arrow, indicates the growth of radiation penetration by the middle or towards the end of the season, caused usually by cold weather. The R-coordinates, presented in natural logarithms, correspond to different meteorological conditions (from top to bottom): sunny weather, average cloudiness, and complete overcasting, respectively; depth expressed by $z^{0.7}$

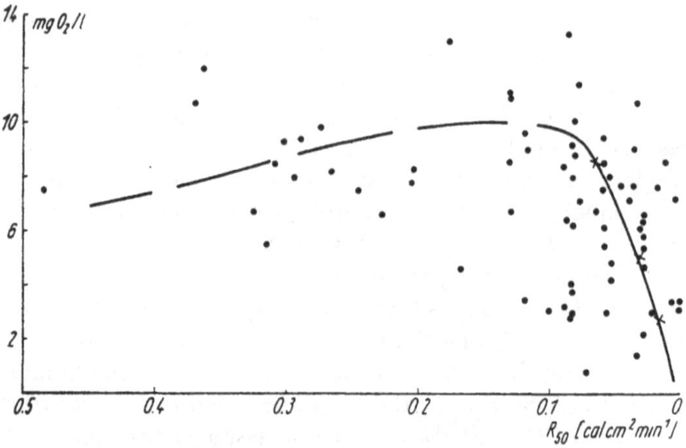

Fig. 2. Changes of oxygen dissolved in the bottom water layer, plotted against the radiation flux R_{50} at a depth of 50 cm

The appearance of a potential oxygen deficit can also be proved by means of a Secchi disc. It was stated that in the considered waters, which are mostly colourless, the depth of Secchi disc disappearance corresponds with the R-value, equal to about 0.014 W cm^{-2}, when 0.07 W cm^{-2} arrives at the surface. Taking into account the vertical R-distribution characteristic for potential oxygen deficit conditions, it can easily be proved that the value of 0.014 W cm^{-2} appears at a depth of 15 cm (Fig. 3). That means that the dissappearance of the Secchi disc at 15 cm during sunny weather points to a potential oxygen deficit.

Intensive absorption of solar radiation in the surface layer of eutrophicated waters causes a substantial vertical temperature gradient. According to the vertical R-distribution, the greatest differences in vertical thermal stratifi-

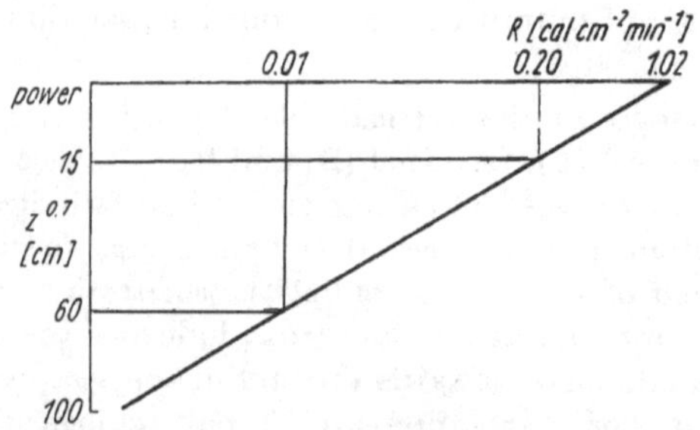

Fig. 3. Vertical distribution of R defining the conditions of potential oxygen deficit in ponds; R in natural logarithms

cation appear between the A- group of ponds and groups B and C (Fig. 4, *a*). The lower vertical temperature gradient in the ponds C, despite the stronger decrease of $R(z)$, might be caused by a higher fish stock density (Fig. 4, *b*). During sunny and windy weather in the whole stratum of eutrophicated water

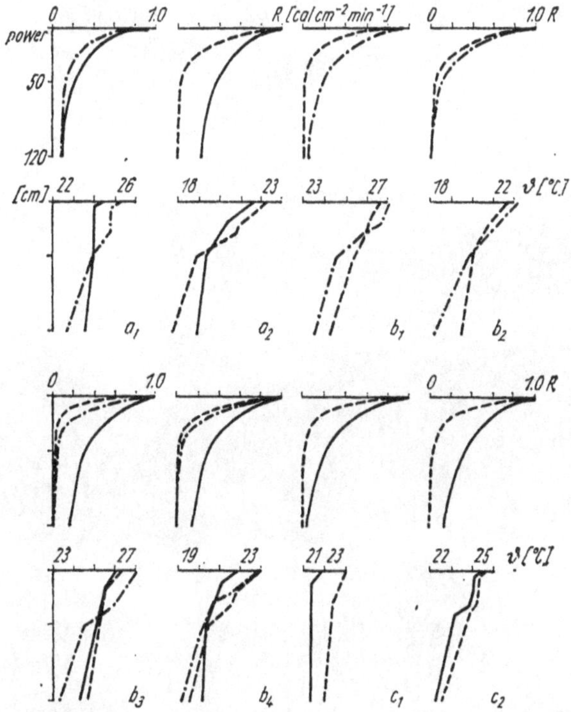

Fig. 4. Results of simultaneous measurements both of R and of the vertical distribution of water temperature ϑ in the ponds of groups A (———), B (–·–·–·), and C (– – –)

the temperature was a little higher due to considerable absorption and the mixing activity of the wind (Fig. 4, *c*).

The high vertical temperature gradient in eutrophicated reservoirs may hinder the oxygenation in the bottom water layers during day-time.

Acta Hydrophysica, Berlin	Bd. XXVII	H. 3/4	(1982)	S. 223–228

Die Sichttiefe als ein Maß zur Charakterisierung der Vertikalverteilung der Primärproduktion im Müggelsee

Von B. Nixdorf[1])

Zusammenfassung: Im Müggelsee wurden Beziehungen zwischen dem Strahlungsangebot, der Sichttiefe (ST) und den drei wichtigsten Horizonten der Primärproduktion (PP) – der Oberflächen-Lichthemmung, der maximalen PP in der optimalen Schicht (P_m) und der Kompensationsebene – mit dem Ziel untersucht, den experimentellen Aufwand für die Ermittlung der Vertikalverteilung der PP zu verringern. Da die herkömmlichen Gleichungen für den Zusammenhang zwischen Licht und Produktion das Profil nur unzureichend beschreiben, wurde eine einfache, empirisch ermittelte Funktion zwischen P_m und P_S entwickelt, die eine sehr gute Übereinstimmung mit der experimentell gefundenen P_S ergab. Ähnliches gilt auch für eine Gleichung von Vollenweider, die für diese Zwecke für zwei ST-Bereiche modifiziert wurde.

Summary: Relations between irradiation, Secchi depth and the most important horizons of primary production – surface light inhibition, maximum of primary production at optimum depth (P_m) and level of compensation – have been estimated for Lake Müggelsee with the aim of reducing the experimental expense for estimating the vertical distribution of primary production. As the conventional equations for light/production relations do not describe the profile but insufficiently, a simple empirically estimated function between P_m and P_S has been developed, which is in good agreement with the P_S found by experiment. The same holds for an equation of Vollenweider, which for this purpose was modified for two Secchi depth ranges.

Резюме: В озере Мюггельзе исследовалась взаимосвязь между предложеным излучением, прозрачностью и тремя важнейшими горизонтами первичной продукции (ПП) — поверхностном светоторможением, максимальной ПП в оптимальном слое (P_m) и компенсационной плоскостью — с целью сократить экспериментальные затраты на определение вертикального распределения ПП. Так как обычные уравнения недостаточно описы-

[1]) Dipl.-Biol. Brigitte Nixdorf, Akademie der Wissenschaften der DDR, Institut für Geographie und Geoökologie, Bereich Hydrologie, DDR-1162 Berlin, Müggelseedamm 260.

вают специфику связи между светом и продукцией, было разработана простая, эмпирически установленная функция между P_m и P_S, которая показала очень хорошее соответствие с экспериментально найденным поверхностным интегралом (P_S). Это касается также уравнения Фолленвайдера, которое для этих целей было модифицировано для двух областей прозрачности.

1. Methoden

In wöchentlichem Abstand wurde die Primärproduktion (PP) mit der Sauerstoff-Hell-Dunkel-Flaschen-Methode und der ^{14}C-Technik in verschiedenen Horizonten des Müggelsees gemessen, wobei jeweils 5 bis 7 Tiefen für die Exposition der Hellflaschen in Abhängigkeit von der Sichttiefe (ST) ausgewählt wurden (0 bis 4 m). An einer automatischen Meßstation erfolgte die kontinuierliche Registrierung der Strahlung in 0,5 und 1 m Tiefe, aus der die Extinktionswerte für jede Stunde ermittelt werden konnten. Die Daten für das Gesamtstrahlungsangebot eines Tages [MJ/m² d] übernahmen wir vom Meteorologischen Dienst Potsdam.

2. Ergebnisse

Der Müggelsee ist mit einer Jahres-PP von 420 (1979) und 580 (1980) g C/m² in die Gruppe hypertropher Seen einzuordnen. Ein hohes Angebot an anorganischem Stickstoff und Phosphor begünstigt die Dominanz der sehr produktiven Blaualgen, die Biomassen von 50 mg/l erreichen können (s. [3]). Die PP wird in Wechselwirkung mit den Nährstoffbedingungen und anderen Einflußfaktoren, wie Turbulenz, Sauerstoffgehalt, Grazing und Bakterienstoffwechsel, in wesentlichem Maße vom Licht und von der Temperatur beeinflußt. Die Vegetationsperioden (April bis Oktober) sind in den letzten Jahren durch ST unter einem Meter gekennzeichnet, wobei die autochthone Produktion von organischer Substanz durch Algen ein wesentlicher Faktor für die ST-Minderung ist.

Betrachtet man die Vertikalverteilung der PP, so fallen besonders das häufige Auftreten von Lichtinhibition in den Oberflächenproben und die ausgeprägten Produktionsmaxima in der optimalen Schicht auf. Das Augenmerk soll hier auf die drei wichtigsten Erscheinungen der Vertikalverteilung der PP gelegt werden: den Bereich der Lichthemmung, den optimalen Produktionsbereich und die Kompensationsebene.

1. Die Erscheinung der Lichthemmung trat in der Mehrzahl der untersuchten Fälle auf (42 von 58 = 72%). Ein PP-Maximum in der Oberflächenprobe

war bei Unterschreitung eines bestimmten Energieangebotes zu beobachten. Diese Schwelle lag 1979 bei 14 MJ/m² d und 1980 unter 10 MJ/m² d bei höheren Biomassen, geringerer ST und höherer Lichtausnutzung der Algen. Beim Vergleich der ^{14}C-PP mit der Sauerstoffmethode zeigte sich, daß die mit der ^{14}C-Methode ermittelte Hemmung geringer war als die in den Sauerstoffflaschen.

2. In Abhängigkeit von den durch die Algenentwicklung beeinflußten Lichtbedingungen prägten sich z. T. beträchtliche PP-Maxima unter der Wasseroberfläche aus. Die optimale Schicht steht mit der ST nicht genau in der Beziehung, die aus zahlreichen Literaturhinweisen zu erwarten wäre. Es existieren zwei Bereiche, die sich z. T. überlappen. Bei ST größer als ein Meter befindet sich der Bereich maximaler Produktion fast ausschließlich in 0,5 m Tiefe, wobei die Ausprägung eines Maximums mit Zunahme der ST immer geringer wird. Der zweite Bereich betrifft die Perioden mit ST unter einem Meter. Hier liegen die Maxima der Produktion zwischen 0,25 und 0,5 m, also im Bereich der halben ST.

Neben der Höhe der PP in der optimalen Schicht (P_m [g C/m³ d]) ist die Angabe des Flächenintegrals der PP (P_S) von entscheidender Bedeutung für produktionsbiologische Angaben. Die praktische Ermittlung dieser Größe ist mit einem relativ hohen experimentellen Aufwand verbunden. Eine Beschreibung des Vertikalprofils der PP im Müggelsee mit den herkömmlichen Modellen (SMITH, TALLING, STEELE, WEBB u. a.) zeigte, daß die so berechnete P_S um 15–35% unterbestimmt wird im Vergleich zu den gemessenen P_S-Werten.

Eine genauere Angleichung an die experimentell ermittelten P_S-Ergebnisse erhält man bei Anwendung eines konstanten Faktors aus P_m und P_S, wobei hier ebenso wie bei der Beziehung ST — P_m zwei Bereiche zu unterscheiden sind:

$$\text{bei ST} < 1\text{ m}: P_S = 0{,}91\, P_m, \qquad \text{bei ST} > 1\text{ m}: P_S = 1{,}18\, P_m$$

(Abb. 1).

Eine zweite Möglichkeit zur Berechnung von P_S aus P_m und der ST ergibt sich bei der Anwendung der modifizierten Form einer VOLLENWEIDER-Gleichung:

$$\text{ST} < 1\text{ m}: P_S = P_m \cdot 1{,}21\, \text{ST}^{0,7}\,; \qquad \text{ST} > 1\text{ m}: P_S = P_m \cdot 0{,}92\, \text{ST}^{0,7}\,.$$

3. Für die Kompensationsebene, d. h. die Tiefe, in der Produktion und Respiration gleich sind, wird ein Richtwert für das Strahlungsangebot von 1% des einfallenden Lichtes angegeben. Diese Annahme konnte bei unseren Untersuchungen im Müggelsee nur in wenigen Fällen bestätigt werden. Abb. 2 vergleicht die aus den Messungen erhaltene untere Grenze der ^{14}C-PP mit der aus den Extinktionswerten errechneten 1%-Tiefe. Hierbei zeigten die beiden

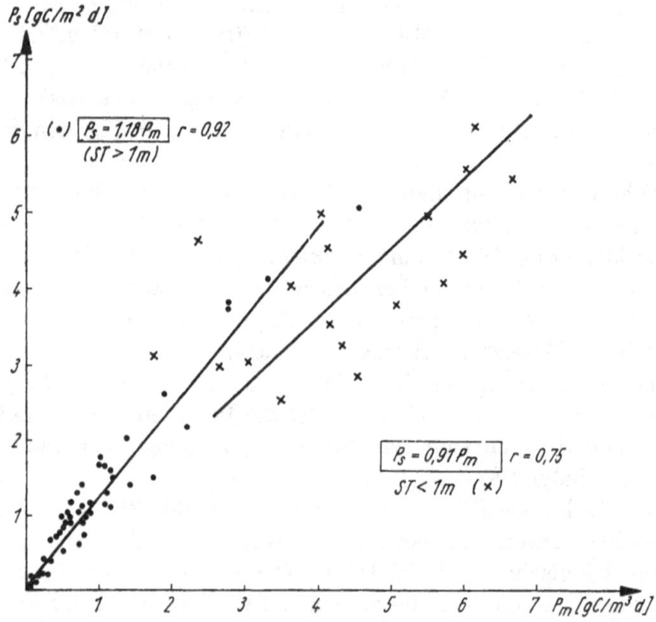

Abb. 1. Beziehung zwischen Summenproduktion (P_S) und Produktion in der optimalen Schicht (P_m) in unterschiedlichen Sichttiefenbereichen

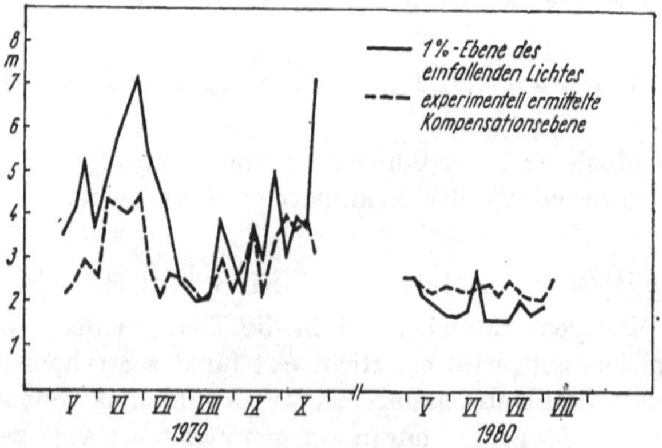

Abb. 2. Vergleich der unteren Grenze der Primärproduktion (experimentell ermittelt) mit der aus den Extinktionswerten berechneten 1%-Ebene

untersuchten Jahre ein fast gegenläufiges Verhalten. 1979, im Jahr des Klarwasserstadiums im Frühsommer, ist die Tiefe für die berechnete 1%-Lichtebene teilweise bis 3 m größer als die gemessene Kompensationsebene. Das „normale“ Produktionsjahr 1980 weist dagegen eine Produktion in Tiefen auf, in die weniger als 1% des Lichtes gelangen. Die Beziehung zwischen dieser experimentell ermittelten Kompensationsebene und der ST ist in Abb. 3 dargestellt.

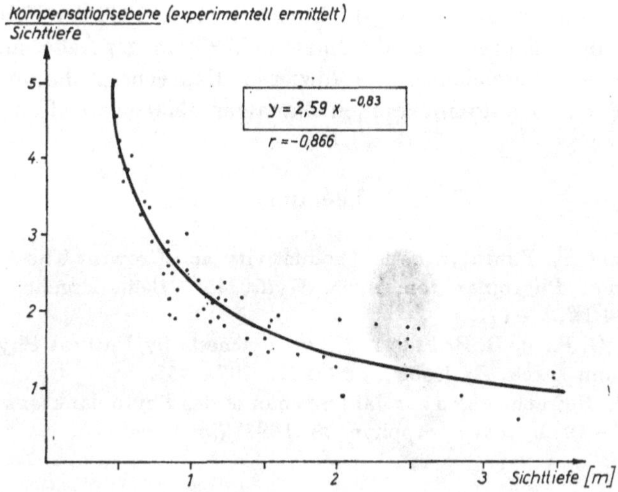

Abb. 3. Experimentell ermittelte Kompensationsebene in Beziehung zur Sichttiefe

3. Diskussion

1. Das Problem der Lichthemmung der PP ist vielfach beobachtet und diskutiert worden, wobei ein exakter Nachweis der Prozesse Photorespiration, Photooxydation, Exkretion und Refixierung von ^{14}C im Zusammenhang mit den Flascheneffekten nur selten gelungen ist (s. [2]). Das Exponieren der Wasserproben über mehrere Stunden an einem festen Ort liefert sicher ein unreales Bild der PP, besonders in Oberflächenschichten, weil sich selbst in Perioden der Stagnation eine Wanderung der Algen in lichtgünstigere Horizonte feststellen läßt. Die Lichthemmung ist neben den Flascheneffekten ein Artefakt, durch den der Wert für die reale PP um 20–80% unterbestimmt werden kann (s. [1]). Da jedoch die meisten Produktionsuntersuchun-

gen auf der Flaschenmethode basieren, empfiehlt es sich, wegen der Vergleichbarkeit diese Größe stets mitzuerfassen.

2. Die Erscheinung, daß die lichtoptimalen Horizonte fast alle unabhängig von der ST in Bereichen zwischen 0,25 und 0,5 m liegen, stellt ein Problem dar, das ohne Untersuchungen zur spektralen Verteilung des Lichtes im Gewässer nicht geklärt werden kann. Die enge Beziehung zwischen P_m und P_S erlaubt es uns, für kurzfristige Zusatzuntersuchungen die P_m in der optimalen Schicht zu bestimmen, die repräsentativ für P_S ist.

3. Die unterschiedliche Fähigkeit der Algen zur Ausnutzung geringer Lichtangebote unterhalb der 1%-Lichtebene, wie es 1980 der Fall war, weist darauf hin, daß dichtere Algenbiomassen (1980) in der Lage sind, auch in lichtungünstigen Bereichen zu produzieren. Das scheint besonders für die im Vergleich zu 1979 dominierenden Blaualgen 1980 zuzutreffen.

Literatur

[1] Harris, G. P., Photosynthesis, Productivity and Growth: The Physiological Ecology of Phytoplankton. Arch. Hydrobiol., Beih. Ergebn. Limnol. **10** (1978) I–IV, 1–171.

[2] Harris, G. P., u. B. B. Piccini, Photosynthesis by Natural Phytoplankton Populations. Arch. Hydrobiol. **80** (1977), 407–457.

[3] Hoeg, S., Betrachtungen zur Jahresdynamik des Phytoplanktons im Müggelsee 1976–1979. Acta hydrophys. **28** (1983) (im Druck).

Acta Hydrophysica, Berlin	Bd. XXVII	H. 3/4	(1982)	S. 229–244

О влиянии стратификации воздуха на процессы взаимодействия водоема с атмосферой

Г. Н. Панин, Ф. О. Церевитинов и Х. Пиацена[1])

Резюме: Термодинамический режим водоемов зависит от перехода энергии, тепла и влаги между водоемами и атмосферой. Стратификация воздуха над водой при этом существенно влияет на процессы взаимодействия. Сравниваются результаты прямых и профильных измерений потоков импульса, тепла и влаги. Обсуждаются влияние стратификации воздуха на взаимодействие между водоемами и атмосферой. При этом были получены выводы о характерных нарушениях аналогии Рейнольдса и о поведении параметров стратификации.

Zusammenfassung: Das thermodynamische Regime eines Gewässers hängt wesentlich vom mechanischen Energie-, Wärme- und Feuchteübergang zwischen Gewässer und Atmosphäre ab. Hierbei wird der Wechselwirkungsprozeß von der oberflächennahen Luftschicht beeinflußt.' Es werden Ergebnisse von direkten und Profilmessungen der Ströme von Impuls, sensibler Wärme und spezifischer Feuchte gegenübergestellt. Der Einfluß der Luftschichtung auf die Wechselwirkung zwischen Gewässer und Atmosphäre wird diskutiert. Es ergeben sich wesentliche Aussagen über charakteristische Störungen der REYNOLDSschen Analogie und über das Verhalten der Stabilitätsparameter.

Summary: The thermodynamic regime of water bodies essentially depends on the transfer of mechanical energy, sensible heat and moisture between water and atmosphere. The process of interaction is affected by the stratification of air close to the water surface. Results of direct and profile measurements of the fluxes of moment, sensible heat and moisture are compared. The influence of air stratification on the interaction between water body and atmosphere is discussed. Essential statements on characteristic disturbances of the REYNOLDS analogy and on the behaviour of the parameters of stratification are obtained.

---

[1]) Г. Н. Панин и Ф. О. Церевитинов, Академия наук СССР, Институт водных проблем, Москва 103064, Садовая Черногразная ул. 13/3, СССР; Dipl.-Phys. HELMUT PIAZENA, Karl-Marx-Universität Leipzig, Sektion Physik, Fachbereich Geophysik, DDR-7010 Leipzig, Talstraße 35.

Успех решения задачи управления водными ресурсами страны во многом зависит от знания законов и закономерностей, по которым они ,,живут''. Не последнее место при этом занимают знания гидро- и термодинамики водоемов, их дело термического режима. Но учитывая, что термодинамический режим водоема почти полностью определяется условиями энерго-, тепло- и влагообмена водоема с атмосферой, можно заключить, что успешное решение задач управления водными ресурсами зависит также и от знания процессов взаимодействия водоема с атмосферой. При этом важно научить закономерности обмена не только в нормальных условиях (имеется в виду умереный ветер при почти нейтральной стратификации), но также и в экстремальных случаях (в условиях стратифицированной атмосферы при сильных ветрах и т. п.).

Здесь предполагаются материалы по исследованию роли стратификации воздуха во взаимодействии водоема с атмосферой. Известно, что в условиях близких к нейтральной стратификации воздуха в приземном (приводном) слое атмосферы выполняется логарифмический закон распределения характеристик воздуха. Это позволяет достаточно просто определять потоки импульса, тепла и влаги. Однако в период весеннего прогрева или осеннего охлаждения водоема воздух становится стратифицированным, логарифмический закон распределения характеристик воздуха нарушается и неучет стратификации приводит к ошибкам расчета характеристик взаимодействия.

На основе сопоставления прямых и профильных измерений потоков импульса, тепла и влаги определена роль стратификации воздуха во взаимодействии водоема с атмосферой. Исследовано нарушение аналогии Рейнольдса, найдено соответствие между динамическим и градиентным числами Ричардсона и параметром стратификации Монина-Обухова, определены критические значения чисел Ричардсона.

Основой описания течения стратифицированной жидкости является теория подобия Монина-Обухова. В соответствии с теорией Монина-Обухова градиенты скорости ветра, температуры и влажности воздуха можно записать в виде (см. [5])

$$\frac{\partial U}{\partial z} = \frac{U_*}{\varkappa z}\varphi_V\left(z/L_T\right), \quad \frac{\partial T}{\partial z} = \frac{T_*}{z}\varphi_T\left(z/L_T\right), \quad \frac{\partial a}{\partial z} = \frac{a_*}{z}\varphi_a\left(z/L_T\right), \quad (1), (2), (3)$$

где U, T, a — скорость ветра, температура и влажность воздуха, z — высота измерения, $\varkappa$ — константа Кармана ($\varkappa = 0{,}4$),

U_*, T_*, a_* — масштабы скорости (динамическая скорость), температуры и влажности, $\varphi_U, \varphi_T, \varphi_a$ — универсальные функции безразмерного параметра z/L_T,

$$z/L_T = -\frac{g}{T}\frac{\varkappa z H}{\varrho c_p U_*^3} = -\frac{g}{T}\frac{\varkappa^2 z T_*}{U_*^2}. \tag{4}$$

Из (4) видно, что параметр z/L_T также как динамическое $\mathrm{Rf} = -(g/T)\,[\overline{W'T'}/U_*^2(\partial U/\partial z)]$ и градиентное $\mathrm{Ri} = (g/T)\,[(\partial T/\partial z)/(\partial U/\partial z)^2]$ числа Ричардсона является характеристикой стратификации воздуха. Найдем соответствие между z/L_T, Rf и Ri, сравнивая их выражения с учетом (1)—(3):

$$z/L_T = \frac{\varphi_U^2(z/L_T)}{\varphi_T(z/L_T)}\,\mathrm{Ri} = \varphi_U(z/L_T)\,\mathrm{Rf} \tag{5}$$

и

$$\frac{\mathrm{Rf}}{\mathrm{Ri}} = \frac{\varphi_U(z/L_T)}{\varphi_T(z/L_T)}. \tag{6}$$

Решение задачи определения роли стратификации воздуха в взаимодействии водоема с атмосферой мы видим в определении функций φ_U, φ_T, и φ_a. Определению вида этих функций посвящено значительное число работ (см. [1], [2], [4], [5], [8], [10], [12], [13], [15], [16]). Но так как пока нет единодушного мнения о виде функции, мы сочли необходимым провести дополнительные исследования. Прежде заметим, что над водоемами в результате интенсивного испарения на флуктуации плотности воздуха оказывают значительное влияние флуктуации влажности воздуха (см. [1], [3]). Учет стратификации влажности можно сделать путем введения виртуальной температуры T_V вместо истинной T, которые связаны соотношением $T_V = T(1 + 0{,}61q)$, где q — удельная влажность. С учетом этого характеристики стратификации воздуха можно записать в виде

$$z/L = z/L_T(1 + b/\mathrm{Bo}) = z/L_T + z/L_a\,, \tag{7}$$

$$\mathrm{Rf} = \mathrm{Rf}_T(1 + b/\mathrm{Bo})\,, \tag{8}$$

$$\mathrm{Ri} = \mathrm{Ri}_T(1 + b/\mathrm{Bo})\,, \tag{9}$$

где: $b = 0{,}16 c_p T/\hat{l} \approx 0{,}07$; $\hat{l}\,[\mathrm{cal/g}] = 598 - 0{,}65t\,[{}^\circ\mathrm{C}]$ (скрытая теплота конденсации; $\mathrm{Bo} = H/\hat{l}E$ (число Бойэна).

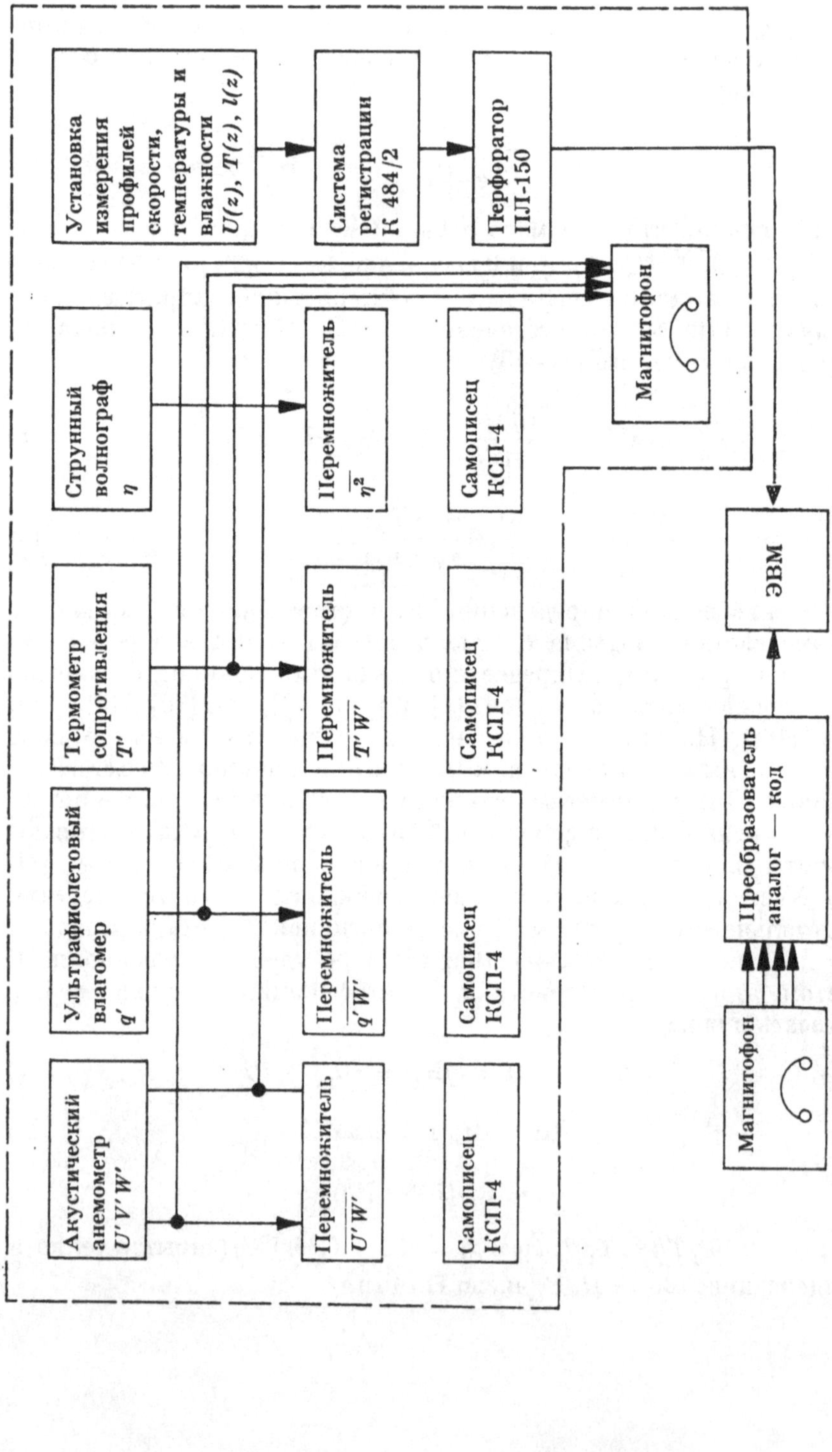

Рис. 1. Блок-схема измерения, регистрации и обработки

Выражения (7)—(9) показывают, в частности, что в условиях устойчивой плотности стратификации z/L_T, Rf_T, Ri_T оказываются завышенными, а при неустойчивой плотностной стратификации воздуха — заниженными по сравнению с истинными характеристиками стратификации воздуха. Заметим, что выражения (1)—(6) могут быть легко преобразованы с учетом (7) путем замены параметра z/L_T на z/L.

Из (1)—(3) следует, что функции φ_U, φ_T и φ_a могут быть определены из сопоставления профильных и пульсационных измерений скорости ветра, температуры и влажности воздуха при стратификации воздуха отличной от безразличной. Для этого был использован комплекс измерительной аппаратуры (рис. 1), включающий трехкомпонентный акустический анемометр, микротермометр и ультрафиолетовый влагомер (для пульсационных измерений) и электроконтактные анемометры и электропсихрометры (для профильных измерений). Профили температуры измерялись также при помощи термозонда (см. [11]). Все измерения выполнялись в прибрежной зоне Черного моря на полигоне Камчия (см. [6]), со специальной платформы, расположенной в 300 м от берега, при глубине моря 5,5 м. Измерения проводились в слое воздуха 3—15 м. Сигналы от измерительной аппаратуры, расположенной на платформе, по кабелям передавались в лабораторию, расположенную на берегу. В лаборатории сигналы регистрировались на магнитофоне TEAC R-911 и потенциометрах КСП-4 и обрабатывались при помощи коррелометров (рис. 1). Для анализа использовались измерения, проведенные при ветре дующем с моря.

Использование разной аппаратуры (термозонда и электропсихрометров) и разной методики (зондирование и измерение на фиксированных горизонтах) для измерения профиля температуры предопределило сравнение результатов измерения. Результаты сравнения можно видеть на рис. 2. Наблюдающееся некоторое различие в результатах измерения профиля температуры (рис. 2) мы склонны объяснить некоторым несоответствием в продолжительности и времени измерения разными приборами.

Оценка роли стратификации воздуха во взаимодействии водоема с атмосферой сводилась к сопоставлению потоков импульса, тепла и влаги измеренных прямым (пульсационным) методом с значениями потоков, рассчитанных из профильных измерений скорости ветра, температуры и влажности воздуха. Определение потоков импульса (τ), тепла (H) и влаги (E) прямым методом состояло в измерении флуктуаций скорости ветра, температуры и

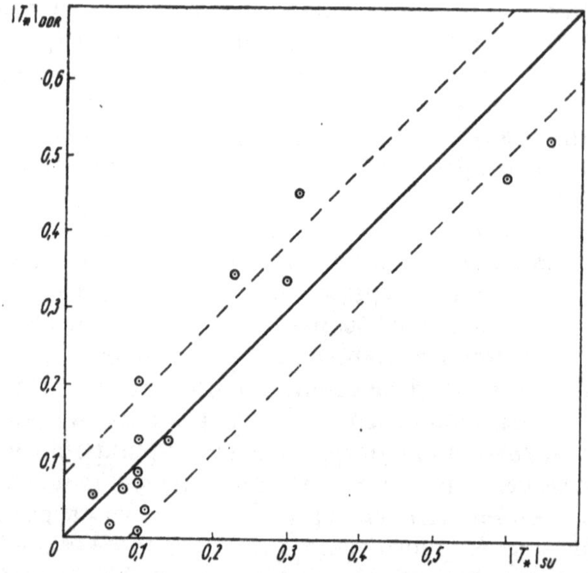

Рис. 2. Сравнение результатов профильных измерений температуры воздуха методом зондирования ($T_{*\,\mathrm{DDR}}$) и методом измерения на фиксированных горизонтах ($T_{*\,\mathrm{SU}}$); пунктирные линии: величина стандартного отклонения

влажности воздуха и последующем вычислении при помощи коррелометров осредненных за 30 минут произведений $\overline{W'U'}$, $\overline{W'T'}$ $\overline{W'a'}$:

$$\frac{\tau}{\varrho} = -\overline{W'U'}, \tag{10}$$

$$\frac{H}{\varrho c_p} = \overline{W'T'}, \tag{11}$$

$$E = \overline{W'a'}. \tag{12}$$

Прямые измерения турбулентных потоков τ, H, E (10)—(12) использовались для определения масштабов скорости U_*, температуры T_* и влажности a_*:

$$U_* = \sqrt{\frac{\tau}{\varrho}}\,; \qquad T_* = -\frac{H}{\varkappa \varrho c_p U_*}\,; \qquad a_* = -\frac{E}{\varkappa U_*}. \tag{13}$$

Аналогичные характеристики рассчитывались из профильных измерений U, T, a (1)—(3) предполагая вертикальное изменение

U, T, a логарифмически:

$$U_*^p = \frac{U_{z_2} - U_{z_1}}{\ln z_2/z_1} \varkappa, \tag{14}$$

$$T_*^p = \frac{T_{z_2} - T_{z_1}}{\ln z_2/z_1}, \tag{15}$$

$$a_*^p = \frac{a_{z_2} - a_{z_1}}{\ln z_2/z_1}. \tag{16}$$

Сопоставление рассчитанных U_*^p, T_*^p, a_*^p и измеренных U_*, T_*, a^* масштабов представлены на рис. 3 и 4. Учитывая, что большая часть работ по оценке влияния стратификации воздуха на обмен состояла в определении роли температурной стратификации, на рис. 3, 4 иллюстрируются результаты сопоставления масштабов скорости, температуры и влажности в зависимости как от z/L_T, так и от z/L. Полагая числа Прандтля для диффузии и теплопроводности одинаковыми, принимались одинаковыми и значения отношений $T_*^p/T_* = a_*^p/a_*$. Сопоставление рис. 3а с 3б и 4а с 4б позволяет убедиться в существенном влиянии стратификации влажности на обмен импульсом, теплом и влагой (при устойчивой плотностной стратификации воздуха учет влажности усиливает влияние стратификации воздуха в обмене, а при неустойчивой плотностной стратификации — ослабляет).

Использование параметра стратификации z/L вместо z/L_T, как и следовало ожидать, уменьшает разброс экспериментальных данных на графиках. По приведенным данным определялись функции φ_U, φ_T и φ_a параметров z/L_T и z/L, которые представлены в виде

$$\varphi_U(z/L_T) = \begin{cases} 1 + 5z/L_T & \text{при } z/L_T \geqq 0, \\ (1 - 15z/L_T)^{-1/4} & \text{при } z/L_T < 0; \end{cases} \tag{17}$$

$$\varphi_T(z/L_T) = \varphi_a(z/L_T) = \begin{cases} 1 + 6z/L_T & \text{при } z/L_T \geqq 0, \\ (1 - 7z/L_T)^{-1/2} & \text{при } z/L_T < 0, \end{cases} \tag{18}$$

описывающим вклад температурной стратификации воздуха в обмене.

Учет влажности преобразует выражения (17) и (18) к виду

$$\varphi_U(z/L) = \begin{cases} 1 + 6z/L & \text{при } z/L \geqq 0; \\ (1 - 13z/L)^{-1/4} & \text{при } z/L < 0; \end{cases} \tag{19}$$

$$\varphi_T(z/L) = \varphi_a(z/L) = \begin{cases} 1 + 9z/L & \text{при } z/L \geqq 0, \\ (1 - 6z/L)^{-1/2} & \text{при } z/L < 0. \end{cases} \tag{20}$$

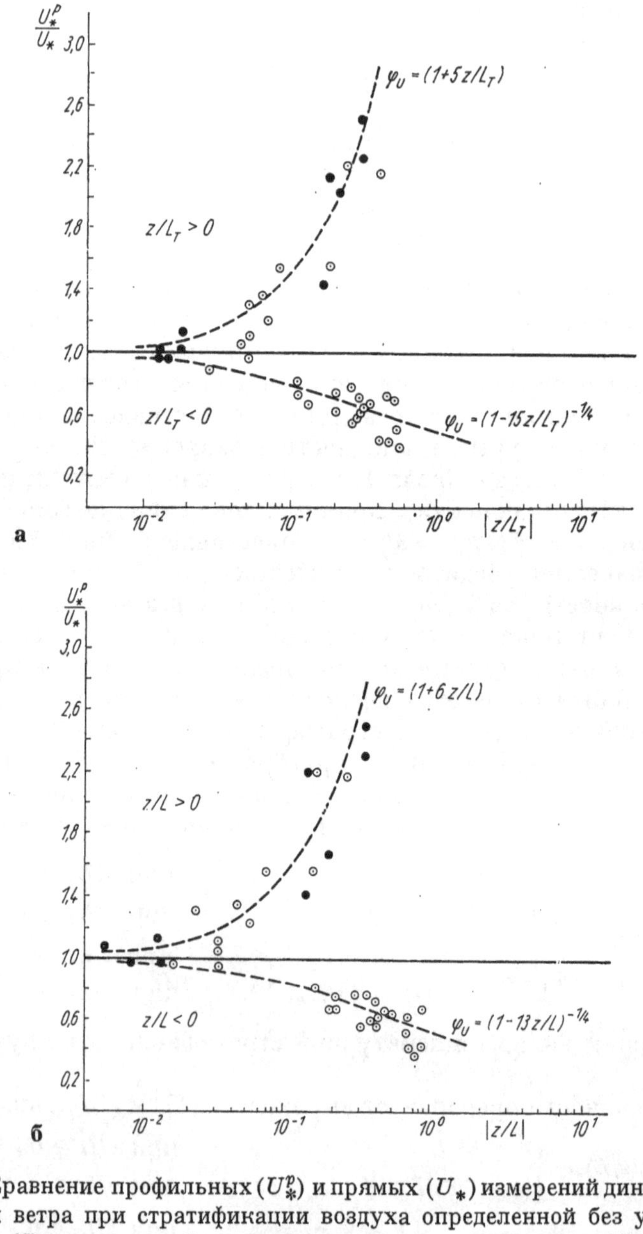

Рис. 3. Сравнение профильных (U_*^p) и прямых (U_*) измерений динамической скорости ветра при стратификации воздуха определенной без учета (а) и с учетом (б) влажностной стратификации; • — измерения на Каспийском море в 1976 г., ⊙ — измерения на Черном море (Камчия-79)

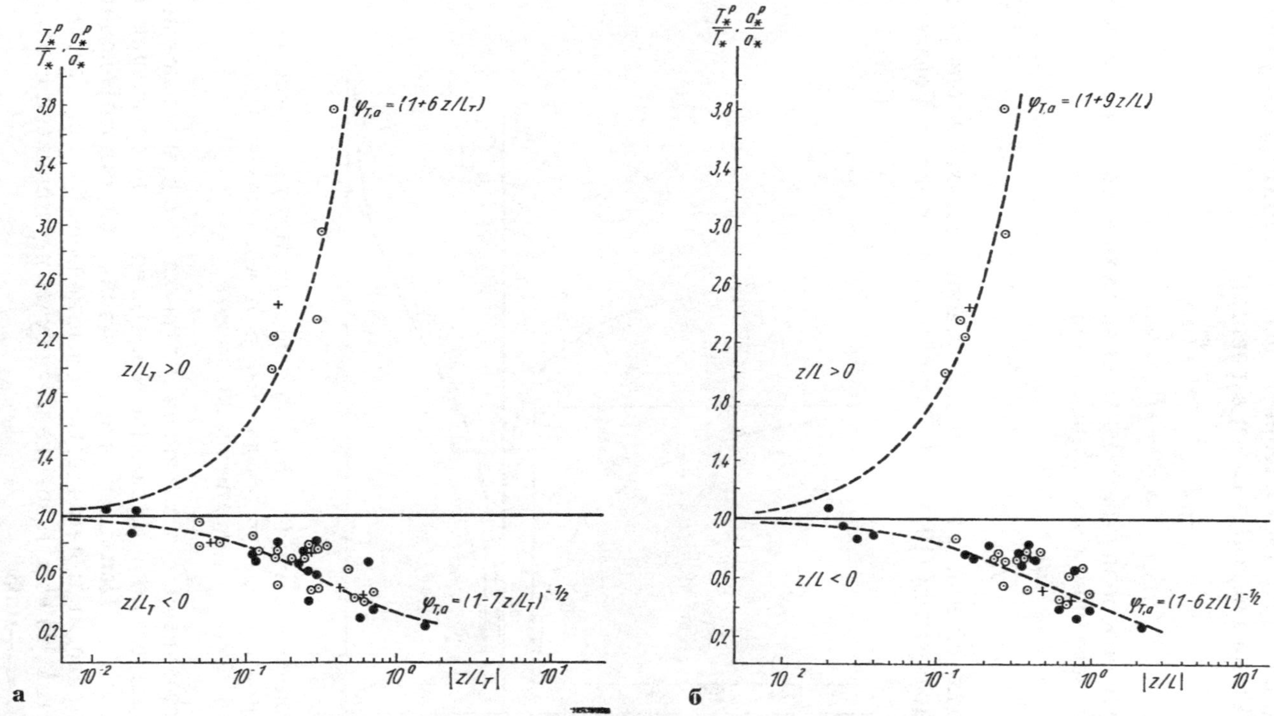

Рис. 4. Сравнение профильных (T_*^p, a_*^p) и прямых (T_*, a_*) измерений масштабов температуры и влажности воздуха при стратификации воздуха, определенной без учета (а) и с учетом (б) влажностной стратификации; + — измерения T_*^p термозондом DDR, ⊙ — измерения T_*^p электропсихрометрами SU, • — измерения a_*^p электропсихрометром SU

Полагая, в соответствии с теорией подобия Монина-Обухова (см. [5]), потоки тепла H и влаги E равными

$$H/\varrho c_p = -\varkappa U_* T_* , \tag{21}$$

$$E = -\varkappa U_* a_* , \tag{22}$$

нетрудно оценить роль стратификации воздуха в тепло- и влагообмене между водоемом и атмосферой в виде

$$\frac{H^p}{H} \simeq \frac{E^p}{E} \approx \varphi_U(z/L)\varphi_{T,a}(z/L) . \tag{23}$$

Результаты оценки роли стратификации воздуха в тепло- и влагообмене с учетом (19) и (20) представлены на рис. 5. Согласно

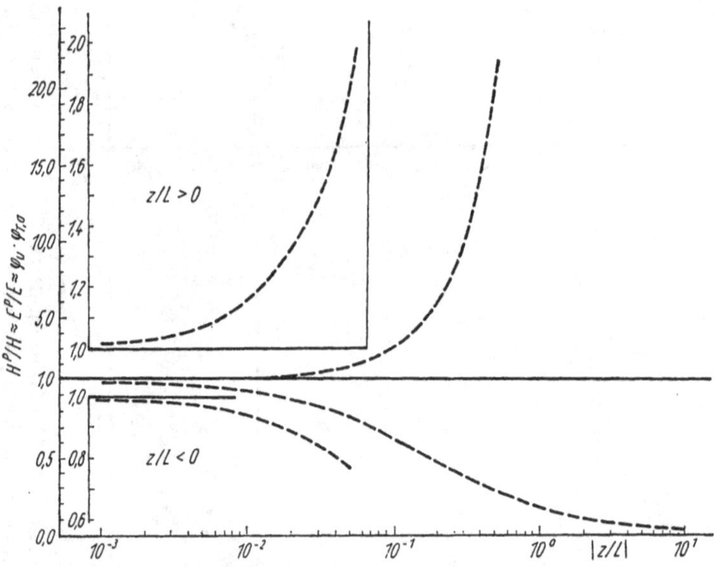

Рис. 5. Сравнение профильных (H^p, E^p) и прямых (H, E) измерений потоков тепла и влаги при устойчивой ($z/L > 0$) и неустойчивой ($z/L < 0$) стратификации воздуха

рисунку устойчивая стратификация воздуха ($z/L > 0$) оказывает более сильное влияние на потоки тепла и влаги по сравнению с неустойчивостью. Например, неучет устойчивой стратификации $z/L = 0{,}01$ приводит к пятнадцатипроцентной ошибке определения потоков H и E, то есть такой-же как неучет неустойчивой стратификации $z/L = -0{,}03$.

Оценим ошибку определения параметра z/L^p по профильным измерениям скорости ветра, температуры и влажности воздуха в виде

$$\frac{z/L^p}{z/L} = \frac{L}{L^p} = \frac{\varphi_{T,a}(z/L)}{\varphi_U^2\,(z/L)}. \tag{24}$$

Ошибка расчета параметра стратификации воздуха z/L^p для разных z/L представлена на рис. 6. Ошибка определения z/L

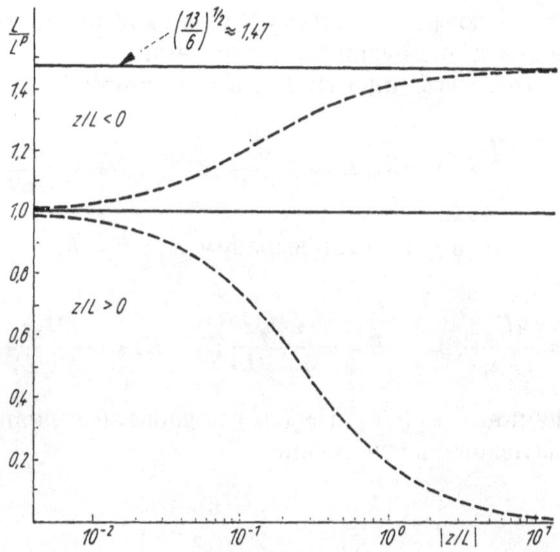

Рис. 6. Ошибка определения параметра стратификации (z/L^p) по профильным измерениям в условиях устойчивой ($z/L > 0$) и неустойчивой ($z/L < 0$) стратификации воздуха

менее значительная при неустойчивой стратификации воздуха, не превышает 47% $\left(\lim\limits_{z/L\to-\infty} \dfrac{\varphi_{T,a}(z/L)}{\varphi_U^2(z/L)} = \sqrt{\dfrac{13}{6}} = 1{,}47\right)$. Рис. 6 может быть использован для корректировки рассчитанного по профильным измерениям U, T, a параметра z/L^p.

Таким образом формулы (19)—(24) и рис. 3—6 позволяют рассчитывать потоки импульса, тепла и влаги в условиях стратифицированной атмосферы. Последовательность операций, очевидно, должна быть такой. По логарифмическим формулам рассчитываются U_*^p, T_*^p, a_*^p, затем по (7) с учетом (4) рассчитываются z/L^p, вводится корректировка по (24) или рис. 6 и рассчитывается z/L. По известным z/L с помощью (19) и (20) или рис. 3—5 рассчитываются масштабы U_*, T_*, a_* и потоки τ, H, E соответственно.

Проведенные исследования позволили нам также проверить аналогию Рейнольдса:

$$\frac{K_T}{K_U} = \frac{K_a}{K_U} = \text{const}\,, \tag{25}$$

где K_U, K_T, K_a — коэффициенты турбулентной вязкости, температуропроводности и диффузии соответственно.

Известно, что коэффициенты K_U, K_T, K_a могут быть определены как

$$K_U = \frac{U_*^2}{\partial U/\partial z}\,; \qquad K_T = -\frac{H}{\partial T/\partial z}\,; \qquad K_a = -\frac{E}{\partial a/\partial z}\,. \tag{26}$$

Учитывая (1)—(3) и (21), (22) выразим K_U, K_T, K_a через функции $\varphi_U, \varphi_T, \varphi_a$:

$$K_U = \frac{\varkappa U_* z}{\varphi_U(z/L)}\,; \qquad K_T = \frac{\varkappa U_* z}{\varphi_T(z/L)}\,; \qquad K_a = \frac{\varkappa U_* z}{\varphi_a(z/L)}\,. \tag{27}$$

Поскольку функции $\varphi_T(z/L)$ и $\varphi_a(z/L)$ подобны (см., например, рис. 4, 5) будем исследовать отношение

$$\frac{K_{T,a}}{K_U} = \frac{\varphi_U(z/L)}{\varphi_{T,a}(z/L)}\,. \tag{28}$$

Результаты проверки аналогии Рейнольдса в условиях устойчивой и неустойчивой стратификации, согласно (28), представлены на рис. 7. При построении этого рисунка турбулентные числа Прандтля и Шмидта принимались равными единице. Согласно рис. 7 можно отметить, что аналогия Рейнольдса тем сильнее нарушается, чем больше стратификация. Но при сильной устойчивой стратификации ($z/L \to \infty$) отношение K_T/K_U стремится к константе равной 0,67 $\left(\lim\limits_{z/L\to\infty} \frac{\varphi_U(z/L)}{\varphi_{T,a}(z/L)} \simeq 0{,}67\right)$. Таким образом условие 25) может выполняться, но при малых z/L (например при $|z/L| < 0{,}1$), при больших z/L нет никаких оснований использовать аналогию Рейнольдса.

Сравнив (28) и (6) убеждаемся, что рис. 7 может быть использован также для перехода от градиентного числа Ричардсона,

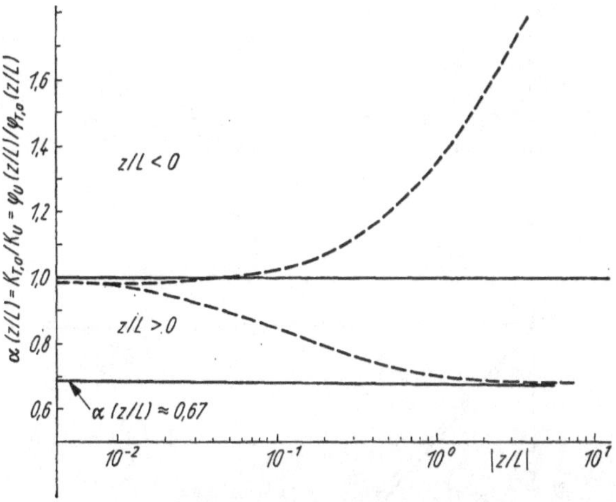

Рис. 7. Результаты проверки аналогии Рейнольдса в условиях устойчивой ($z/L > 0$) и неустойчивой ($z/L < 0$) стратификации воздуха

Ri, к динамическому числу Ричардсона, Rf:

$$\mathrm{Rf} = \frac{\varphi_U(z/L)}{\varphi_{T,a}(z/L)}\ \mathrm{Ri} = \frac{K_T}{K_U}\mathrm{Ri}\,. \tag{29}$$

Согласно рис. 7 и (29) можно констатировать, что при малых z/L числа Ri и Rf близки между собой и с точностью числа Прандтля и Шмидта могут быть взаимозаменены. Это, естественно, облегчает использование результатов экспериментов разных авторов. Учитывая, что в экспериментальных и теоретических работах для характеристики стратификации воздуха используются три параметра z/L, Rf и Ri, найдем соответствие между ними. Для этого, согласно (4) и с учетом (19) и (20) исследуем зависимость чисел Ричардсона от параметра z/L.

Результаты расчета при числах Прандтля и Шмидта равных единице приведены на рис. 8. Расчеты показывают, что при неустойчивой стратификации воздуха числа Ri, Rf и z/L близки между собой. При устойчивой стратификации Rf и Ri выходят на асимптотические уровни 0,16 и 0,25 соответственно (см. рис. 8), которые, очевидно, можно считать критическими значениями чисел Rf и Ri, то есть

$$\mathrm{Rf}_{\text{кр.}} = 0{,}16\ ; \qquad \mathrm{Ri}_{\text{кр.}} = 0{,}25\,. \tag{30}$$

Сравним соотношения (30) с оценкой критического числа Ричардсона получаемого из уравнения баланса турбулентной

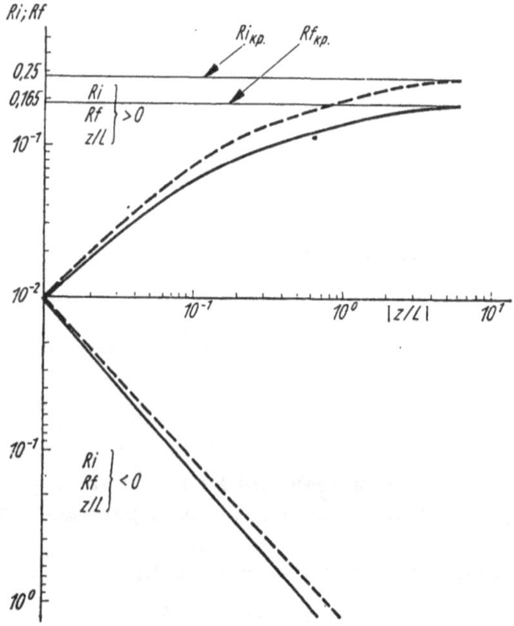

Рис. 8. Зависимость градиентного Ri и динамического Rf чисел Ричардсона от параметра стратификации Монина-Обухова, z/L; — — — Ri, ——— Rf

энергии. Запишем уравнение баланса турбулентной энергии при условии стационарности и горизонтальной однородности в виде

$$U_*^2 \frac{\partial U}{\partial z} + \frac{g}{\varrho} \overline{W' \varrho'} - \frac{1}{\varrho} \frac{\partial D}{\partial z} - \varepsilon = 0\,, \tag{31}$$

где: D — поток энергии, обусловленный вертикальными пульсациями скорости, ε — средняя скорость диссипации турбулентной энергии под действием сил вязкости.

Отношение второго члена (31) к первому, взятое с противоположным знаком, как мы видели раньше, есть динамическое число Ричардсона. Перепишем уравнение (31) в виде

$$U_*^2 \frac{\partial U}{\partial z} (1 - \mathrm{Rf}) - \frac{1}{\varrho} \frac{\partial D}{\partial z} - \varepsilon = 0\,. \tag{32}$$

Пренебрегая диффузионным членом $-(1/\varrho)\,(\partial D/\partial z)$ и учитывая, что $\varepsilon \geqq 0$, получим оценку критического значения динамического числа Ричардсона, $\mathrm{Rf}_{\text{кр.}} = 1$. Учитывая, что $\mathrm{Rf}_{\text{кр.}} = 1$ завышено (см. (30)), диффузионный член полагают пропорциональным конвективному члену $(g/\varrho)\ \overline{W'\varrho'}$ и уравнение (31) переписывается в виде (см. [1])

$$U_*^2 \frac{\partial U}{\partial z} + \gamma \frac{g}{\varrho} \overline{W'\varrho'} - \varepsilon = 0\,, \tag{33}$$

где $\gamma = \mathrm{Rf}_{\text{кр.}}^{-1}$.

С учетом (30) окончательно запишем уравнение баланса турбулентной энергии в виде удобном для использования:

$$U_*^2 \frac{\partial U}{\partial z} + 6 \frac{g}{\varrho} \overline{W'\varrho'} - \varepsilon = 0\,. \tag{34}$$

Анализ уравнения (33), как известно, позволил (см. [2], [10], [13], [15], [16]) получить уравнение для φ_U в виде

$$\varphi_U = (1 - \gamma\,\mathrm{Rf})^{-1/4} \tag{35}$$

или

$$\varphi_U = \left(1 - \frac{K_T}{K_U} \gamma\,\mathrm{Ri}\right)^{-1/4}. \tag{36}$$

Формула (35) получила название уравнения Эллисона, а вторая — уравнение KEYPS (по начальным буквам английской транскрипции фамилий следующих авторов: Казанский [2], Эллисон [10], Ямамото [16], Пановский [13], Селлерс [15]).

Успешное использование формул (35) и (36) на практике существенным образом зависит от знания константы γ. Согласно нашим исследованиям $\gamma = 6$. Это значение хорошо согласуется с оценкой (см. [14]) $5{,}5 < \gamma < 7$. Но существуют и другие оценки: в [9] $\gamma = 4$, в [7] $\gamma = 9$ и в [1] $\gamma = 12$.

Литература

[1] Зилитинкевич, С. С., Динамика пограничного слоя атмосферы, Гидрометеоиздат, Ленинград 1970.

[2] Казанский, А. Б., и А. С. Монин, О турбулентном режиме в приземном слое воздуха при неустойчивой стратификации. Изв. АН СССР, сер. геофиз. 1958, 741—751.

[3] Ламли, Дж. Л., и Г. А. Пановский, Структура атмосферной турбулентности, „Мир", Москва 1966, 364с.

[4] Моделирование и прогноз верхних слоев океана (под редакцией Э. Б. Крауса), Гидрометеоиздат, Ленинград 1979.

[5] Монин, А. С., и А. М. Яглом, Статистическая гидромеханика, Часть 1, „Наука", Москва 1965.

[6] Панин, Г. Н., Международный эксперимент ,,Камчия-79''. Водные ресурсы 1980, № 3.

[7] Businger, J. A., Turbulent Transfer in the Atmospheric Surface Layer. Workshop in Micrometeorology, Amer. meteor. Soc., Boston 1973, 67–100.
[8] Businger, J. A., Wyngaard, J. C., Yzumi, Y., and E. F. Bradley, Flux – Profile Relationships in the Atmospheric Surface Layer. J. atmosph. Sci. **28** (1971), 181–189.
[9] Charnock, H., Comments on an Examination of Three Wind-Profile Hypotheses by A. B. Bernstein. J. appl. Meteor. **6** (1967), 211–212.
[10] Ellison, T. H. Turbulent Transfer of Heat and Momentum from an Infinite Rough Plane. J. Fluid Mech. **2** (1957), 456–466.
[11] Hupfer, P., Foken, T., and G. N. Panin, Existence and Structure of the Laminar Boundary Layer of the Atmosphere in the Nearshore Zone of the Sea. Z. Meteor. **25** (1975), H. 2.
[12] Leavitt, E., and C. A. Paulson, Statistics of Surface Layer Turbulence over the Tropical Ocean. J. phys. Oceanogr. **5** (1975), 143–156.
[13] Panofsky, H. A., An Alternative Derivation of the Diabatic Wind Profile. Quart. J. roy. meteor. Soc. **87** (1961), 597–601.
[14] Panofsky, H. A., Reanalysis of Swinbank's Kerang Observations. Final Rep., Pennsylv. State Univ., AFCRL-65-531 (1965), 67–76.
[15] Sellers, W. D., A Simplified Derivation of the Diabatic Wind Profile. J. atmosph. Sci. **19** (1962), 180–181.
[16] Yamamoto, G., Theory of Turbulent Transfer in Non-neutral Conditions. J. roy. meteor. Soc. **37** (1959), 60–69.

Acta Hydrophysica, Berlin	Bd. XXVII	H. 3/4	(1982)	S. 245–272

Verfahren zur Berechnung der Abkühlung und der zusätzlichen Verdunstungsverluste thermisch belasteter Gewässer für das Gebiet der DDR

Von A. Klämt[1])

Zusammenfassung: Das häufig verwendete Lösungsverfahren der eindimensionalen stationären Energiebilanzgleichung, die sogenannte Exponentialmethode, wird kurz diskutiert. Zur Anwendung dieser Methode für die Berechnung von Abkühlungsprozessen in gut durchmischten Gewässern unter den klimatischen Bedingungen der DDR wurden Tabellen und Nomogramme entwickelt. Sie betreffen den Wärmeaustauschkoeffizienten, die Gleichgewichtstemperatur und die zusätzlichen Wärme- und Verdunstungsverluste. Die Wassertemperatur als Funktion der Wasseroberfläche bzw. die erforderliche Wasseroberfläche für eine gegebene Übertemperatur können mit Hilfe eines komplexen Nomogramms bestimmt werden. Zur Berechnung der Gleichgewichtstemperatur aus der natürlichen Wassertemperatur wird eine Näherungsmethode angegeben; sie basiert auf der Reihenentwicklung der Wärmebilanz. Die regionale Verteilung einiger den Abkühlungsprozeß charakterisierender Parameter wird für den Monat Juli gegeben.

Summary: A brief discussion of the frequently used exponential procedure concerning the solution of the one-dimensional steady-state energy budget equation is given. Tables and nomograms are developed for the application of this method to compute cooling processes in well-mixed water bodies for the special climatological conditions of the GDR. They concern the heat exchange coefficient, equilibrium temperature and additional heat and evaporation losses of the water surface. The water temperature in relation to the area of the water body as well as the required surface area for given excess temperatures can be estimated by a complex nomogram. A method for an approximative estimation of the equilibrium temperature from the natural water temperature is given; it is based on the expansion of the heat balance into a power sequence. The regional distribution of some parameters characterizing the cooling of water bodies is given for July.

[1]) Dipl.-Met. Adelheid Klämt, Meteorologischer Dienst der DDR, Forschungsinstitut für Hydrometeorologie, DDR-1020 Berlin, Inselstraße 12.

Резюме: Рассматривается часто примененный метод решения одноразмерного стационарного уравнения баланса энергии, так называемый „экспоненциальный метод". К применению этого метода выработались таблицы и диаграммы для расчета охлаждения в полно перемешиванных водоемах для климатических условий территории ГДР. С помощью этих таблиц и диаграмм можно определять коэффициент теплообмена, температуру при равновесных условиях и дополнительные потери за счет теплы и испарения. Температура воды, зависящая от поверхности водоема, иначе потребная поверхность для данного повышения температуры определяются комплексной диаграммой. Способ, который основывается на биномиальной прогрессии теплового баланса, используется для расчета температуры равновесия с помощью естественной температуры. Показывается региональное распределение некоторых параметров охлаждения в месяце июле.

1. Einleitung

Durch die detaillierten Untersuchungen des Wärmehaushaltes und der Verdunstung des thermisch belasteten Stechlinsees und einer Reihe weiterer Gewässer (s. [18], [19]) wurden in den vergangenen Jahren Ergebnisse und Erfahrungen gesammelt, die als Grundlage für die Berechnung von Kenngrößen des Abkühlungsprozesses bei Wärmeeinleitungen in Gewässer dienen können. Mit der vorliegenden Arbeit wurde eine spezielle Aufbereitung dieser Forschungsergebnisse mit dem Ziel vorgenommen, für praktische Belange nutzbare methodische und rechnerische Grundlagen zur Berechnung des Abkühlungsverhaltens und der Verdunstungsverluste thermisch belasteter Gewässer unter den klimatischen Bedingungen der DDR zu entwickeln.

2. Grundlagen der Abkühlungsberechnung

Der Verlauf der Oberflächentemperatur bei Wärmeeinleitungen in Gewässer kann durch die Differentialgleichungen (1), (2) beschrieben werden, von denen eine Reihe gebräuchlicher Verfahren zur Berechnung der Kühlleistung von Gewässern ausgeht (s. [7]—[11], [15], [16], [20], [23]):

$$c\varrho z \frac{dT_w}{dt} = H \,, \tag{1}$$

$$c\varrho A \frac{dT_w}{dF} = H \,; \tag{2}$$

hier bezeichnen c, ϱ die spezifische Wärme bzw. Dichte von Wasser, z die Gewässertiefe, A den Durchfluß, T_w die Wassertemperatur, t die Zeit, F die

Gewässeroberfläche und H deren Wärmebilanz. Bei Anwendung dieser Gleichungen ist vorauszusetzen, daß der Wasserkörper bis zur Tiefe z völlig durchmischt ist und die Temperaturgradienten senkrecht zur Strömungsrichtung vernachlässigbar sind. Die Berechnungsverfahren sind daher für gut durchmischte fließende Gewässer, flache Seen und Speicherbecken geeignet. Die Größen ϱ und c sowie z und A können als konstant vorausgesetzt werden, wobei in der Praxis die für bestimmte Berechnungsintervalle gültigen Mittelwerte von z oder A zu verwenden sind.

Der Wärmeaustausch H zwischen der Wasseroberfläche und der Atmosphäre, der im allgemeinen durch die in Gl. (3) bzw. (4) aufgeführten Teilwärmeströme bestimmt wird, ist selbst eine komplizierte Funktion der Wasseroberflächentemperatur, wodurch die Integration der Gln. (1) bzw. (2) nicht ohne weiteres möglich ist:

$$H = H_S - H_V - H_K \tag{3}$$

mit

$$H_S = Q(1 - r_S) + H_G(1 - r_G) - H_A \,, \tag{4}$$

wobei H_S die Strahlungsbilanz, H_V, H_K den latenten bzw. fühlbaren Wärmestrom, Q die Globalstrahlung, H_G die Gegenstrahlung der Atmosphäre, H_A die Ausstrahlung der Wasseroberfläche und r_S, r_G die kurz- bzw. langwellige Albedo der Wasseroberfläche charakterisieren.

Zur Lösung der Gln. (1), (2) unter Beachtung der Temperaturabhängigkeit der Größe $H = H(T_w)$ sind zwei unterschiedliche Verfahren gebräuchlich:

a) iterative Lösung für kleine Zeitschritte Δt (s. [5], [8]),
b) Integration durch lineare Approximation der Funktion $H(T_w)$ auf der Grundlage einer Reihenentwicklung (vgl. [10], [15], [23]).

Vor- und Nachteile der beiden Verfahren sind in der Literatur mehrfach diskutiert (s. [1], [9], [11]). Wegen der Vorteile einer einfachen, mit relativ geringem Arbeits- und vor allem Datenaufwand verbundenen Berechnung wurde das unter b) genannte Näherungsverfahren für eine allgemeine Anwendung auf Gewässer der DDR ausgearbeitet. Da die Lösung der Differentialgleichungen (1) und (2) analog ist bzw. eine aus der anderen durch einfache Umrechnung hervorgeht, wird im folgenden nur Gl. (2) behandelt.

Für die Beurteilung der Anwendbarkeit des Verfahrens ist von Bedeutung,

— daß es bei Unterteilung des Gewässers in ausreichend viele Abschnitte zur Erfassung einzelner Wärmeeinleitungen, der Wassertiefe usw. sowie der zeitlichen bzw. räumlichen Änderungen der meteorologischen Einflußgrößen eine große detaillierte Aussagekraft erreichen kann (vgl. [11]) und
— daß sich aus der Näherung durch Abbruch der Reihenentwicklung $H(T_w)$ nach dem linearen Glied im allgemeinen vernachlässigbar kleine Fehler in den berechneten Wassertemperaturen ergeben.

Eine ausführliche Diskussion der Fehler des Berechnungsverfahrens findet sich in [14].

3. Lösungsverfahren

Unter Verwendung der Gleichgewichtstemperatur der Wasseroberfläche, T_e, als Bezugswert läßt sich die Wärmebilanz bei der Oberflächentemperatur T_w wie folgt darstellen:

$$H(T_w) = H(T_e) + \left.\frac{dH}{dT_w}\right|_{T_e} (T_w - T_e) + \dots + \left.\frac{d^nH}{dT_w^n}\right|_{T_e} \frac{(T_w - T\ )^n}{n!} + \dots . \tag{5}$$

Die Gleichgewichtstemperatur T_e ist definiert durch

$$H(T_e) = 0\,, \tag{6}$$

d. h., wenn die Wasseroberfläche Gleichgewichtstemperatur aufweist, wiegen Wärmezufuhr und Wärmeverlust einander auf — es findet weder eine Abkühlung noch eine Erwärmung des Wasserkörpers statt.

Unter Verwendung der linearen Näherung von (5) geht (2) in die Form

$$c\varrho A\,\frac{dT_w}{dF} = \left.\frac{dH}{dT_w}\right|_{T_e} (T_w - T_e) = -K_H(T_w - T_e) \tag{7}$$

über. Die Größe

$$K_H = -\left.\frac{dH}{dT_w}\right|_{T_e} \tag{8}$$

wird als Wärmeaustauschkoeffizient bezeichnet. Mit der Randbedingung

$$F = 0 : T_w = T_A \tag{9}$$

(T_A ist die Kühlwasserausflußtemperatur) und der Voraussetzung

$$K_H = \text{const}\,, \qquad T_e = \text{const} \tag{10}$$

hat (7) die Lösung

$$T_w = T_e + (T_A - T_e)\exp\left\{-\frac{K_H F}{c\varrho A}\right\} \tag{11a}$$

bzw.

$$\frac{T_w - T_e}{T_A - T_e} = \exp\left\{-\frac{K_H F}{c\varrho A}\right\}. \tag{11b}$$

TABELLE 1

Berechnung der relativen Übertemperatur $(T_w - T_e)/(T_A - T_e)$ nach Gl. (11 b)

$\frac{K_H F}{c\varrho A}$	$\frac{T_w - T_e}{T_A - T_e}$	$\frac{K_H F}{c\varrho A}$	$\frac{T_w - T_e}{T_A - T_e}$	$\frac{K_H F}{c\varrho A}$	$\frac{T_w - T_e}{T_A - T_e}$	$\frac{K_H F}{c\varrho A}$	$\frac{T_w - T_e}{T_A - T_e}$	$\frac{K_H F}{c\varrho A}$	$\frac{T_w - T_e}{T_A - T_e}$
0,00	1,000	0,50	0,607	1,0	0,368	2,0	0,135	3,0	0,050
0,05	0,951	0,55	0,577	1,1	0,333	2,1	0,123	3,1	0,045
0,10	0,905	0,60	0,549	1,2	0,301	2,2	0,111	3,2	0,041
0,15	0,861	0,65	0,522	1,3	0,273	2,3	0,100	3,3	0,037
0,20	0,819	0,70	0,497	1,4	0,247	2,4	0,091	3,4	0,033
0,25	0,779	0,75	0,472	1,5	0,223	2,5	0,082	3,5	0,030
0,30	0,741	0,80	0,449	1,6	0,202	2,6	0,074	3,6	0,027
0,35	0,705	0,85	0,427	1,7	0,183	2,7	0,067	3,7	0,025
0,40	0,670	0,90	0,407	1,8	0,165	2,8	0,061	3,8	0,022
0,45	0,638	0,95	0,387	1,9	0,150	2,9	0,055	3,9	0,020

Werte der Exponentialfunktion nach BRONSTEIN/SEMENDJAJEW, Taschenbuch der Mathematik, Leipzig 1963.

Gl. (11a) gibt den absoluten Wert der Wassertemperatur als Funktion der überströmten Gewässeroberfläche F an, (11b) die dimensionslose oder in Prozent auszudrückende relative Übertemperatur. Die Lösung (11b) ist in Abb. 1 bzw. Tab. 1 dargestellt. — Die für ein vorgegebenes Abkühlungsintervall $(T_w - T_e)$ erforderliche Kühlfläche berechnet sich nach

$$F = \frac{c\varrho A}{K_H} \ln\left(\frac{T_A - T_e}{T_w - T_e}\right). \tag{11c}$$

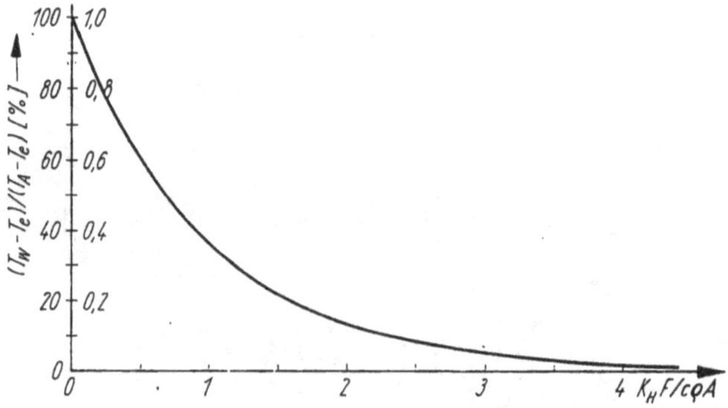

Abb. 1. Verlauf der relativen Übertemperatur

Die einschränkende Voraussetzung der Konstanz des Wärmeaustauschkoeffizienten und der Gleichgewichtstemperatur wird durch schrittweise Integration (s. [11], [19]) aufgehoben, die ohnehin zur Erfassung von Änderungen der Durchflußverhältnisse, der Wassertiefe oder einzelner Wärmeeinleitungen durch Zuflüsse usw. notwendig ist.

Außer den durch den Standort und die technischen Bedingungen vorgegebenen Größen Durchflußmenge A und Kühlwasserausflußtemperatur T_A werden zur Berechnung des Temperaturverlaufs in Abhängigkeit von der Kühlfläche bzw. der für einen vorgegebenen Abkühlungseffekt erforderlichen Fläche nach (11a)—(11c) zwei Parameter benötigt: der Wärmeaustauschkoeffizient K_H und die Gleichgewichtstemperatur T_e. Verfahren zur Berechnung dieser Größen für die klimatischen Bedingungen der DDR auf der Grundlage geeigneter Formeln zur Berechnung der Wärmebilanzkomponenten werden in den folgenden Kapiteln dargelegt.

4. Berechnung der Wärmebilanzkomponenten

Für Wärmehaushaltsberechnungen von thermisch belasteten und natürlichen Gewässern der DDR (s. [18], [19]) haben sich die nachstehend aufgeführten Beziehungen bewährt.

Globalstrahlung Q (s. [21])

$$Q = Q_T\left(0{,}21 + 0{,}61\frac{h}{h_0}\right); \tag{12}$$

Q_T ist die Globalstrahlung bei trübungsfreier Atmosphäre [W m^{-2}], h und h_0 sind die effektive bzw. die maximal mögliche Sonnenscheindauer [h]. Werte der *kurzwelligen Albedo* der Wasseroberfläche sind aus Tabellen der Literatur zu entnehmen (vgl. [4], [12]).

Gegenstrahlung der Atmosphäre, H_G (s. [2])

$$H_G = \sigma T_L^4(0{,}82 - 0{,}25 \cdot 10^{-0{,}0945\, e_L})\,(1 + 0{,}2B^{2{,}5}); \tag{13}$$

hier bezeichnen σ die STEFAN-BOLTZMANN-Konstante [W m^{-2} K^{-4}], T_L die Lufttemperatur [K], e_L den Dampfdruck der Luft [mbar] und B den Bedeckungsgrad des Himmels [Zehntel]. Für die *langwellige Albedo* der Wasseroberfläche kann ein Wert von 0,02 angenommen werden.

Langwellige Ausstrahlung der Wasseroberfläche, H_A

$$H_A = 0{,}95\sigma(T_w + C_0)^4 \tag{14}$$

$$\approx 0{,}95\sigma(C_0^4 + 4C_0^3T_w + 6C_0^2T_w^2 + 4C_0T_w^3), \tag{14a}$$

wo T_w die Wasseroberflächentemperatur [°C] und $C_0 = 273{,}15$ K der Nullpunkt der CELSIUS-Skala sind. Die Näherungsformel (14a) besitzt im Hinblick auf die Lösung der Differentialgleichung (2) nach Kap. 3 eine günstigere mathematische Struktur. — Der Fehler gegenüber Gl. (14) beläuft sich auf maximal 0,044 W m^{-2} (bei $T_w = 30$ °C).

Latenter Wärmestrom H_V (s. [18])

$$H_V = 1{,}1574 \cdot 10^{-8}\varrho L(0{,}15 + 0{,}20\sqrt{v})\,(E - e_L) =$$

$$= 28{,}59(0{,}15 + 0{,}20\sqrt{v})\,(E - e_L) \tag{15}$$

mit

$$E = 6{,}131 + 0{,}467T_w + 0{,}00898T_w^2 + 0{,}000527T_w^3; \tag{15a}$$

ϱ ist die Dichte des Wassers [kg m^{-3}], L die Verdunstungswärme [J kg^{-1}], v die Windgeschwindigkeit [m s^{-1}] in 2 m Höhe über der Wasseroberfläche, E der Sättigungsdampfdruck [mbar] bei Wasseroberflächentemperatur T_w und e_L der Dampfdruck der Luft [mbar].

Die Formel (15a) zur Berechnung des Sättigungsdampfdruckes (s. [23]) ist im Hinblick auf die folgenden Differentiations- und Integrationsoperationen gewählt worden. Die nach (15a) bestimmten E-Werte zeigen eine vernachlässigbare Abweichung ($\delta \leqq 0{,}4\%$) von den nach der komplizierten Magnusschen Dampfdruckformel berechneten bzw. gebräuchlichen Tabellen entnommenen Werten. Mit Hilfe der Beziehungen (14a) und (15a) läßt sich die Abhängigkeit der Wärmebilanz von der Temperatur der Wasseroberfläche als Polynom 3. Grades ausdrücken und die mathematische Behandlung von Wärmehaushalts- und Abkühlungsuntersuchungen wesentlich vereinfachen.

Fühlbarer Wärmestrom H_K

Der fühlbare Wärmestrom wird unter Verwendung des Bowen-Verhältnisses (s. [3], [19]) berechnet:

$$H_K = 1{,}1574 \cdot 10^{-8}\, B'\varrho L(0{,}15 + 0{,}20\,\sqrt{v})\,(T_w - T_L) \tag{16}$$

mit der Lufttemperatur T_L [°C] und der Bowen-Konstante $B' = 0{,}61$ mbar K^{-1}.

5. Berechnung des Wärmeaustauschkoeffizienten

Ausgangspunkt für die Berechnung des Wärmeaustauschkoeffizienten ist seine Definitionsgleichung (vgl. Kap. 3):

$$K_H = -\frac{dH}{dT_w} = -\left[\frac{dH_A}{dT_w} + \frac{dH_V}{dT_w} + \frac{dH_K}{dT_w}\right].$$

Unter Verwendung der in Kap. 4 angegebenen Formeln (14)–(16) für H_A, H_V und H_K stellt sich K_H als quadratische Funktion der Wasseroberflächentemperatur T_w dar, deren Koeffizienten a_0, a_1, a_2 Funktionen der Windgeschwindigkeit entsprechend der Windfunktion der empirischen Verdunstungsformel sind:

$$K_H = a_0 + a_1 T_w + a_2 T_w^2 \quad [\mathrm{W\,m^{-2}\,K^{-1}}] \tag{17}$$

mit

$$a_0 = 9{,}3375 + 6{,}1586\,\sqrt{v}, \tag{17a}$$

$$a_1 = 0{,}1308 + 0{,}1029\,\sqrt{v}, \tag{17b}$$

$$a_2 = 0{,}0074 + 0{,}0090\,\sqrt{v}. \tag{17c}$$

Die 2. Ableitung der Wärmebilanz, die zur Berechnung der Gleichgewichtstemperatur in Abschnitt 6.2 benötigt wird, lautet

$$\frac{d^2H}{dT_w^2} = -[a_1 + a_3 T_w] \quad [\mathrm{W\,m^{-2}\,K^{-2}}] \tag{18}$$

mit $a_3 = 0{,}0148 + 0{,}0181 \sqrt{v}$. Die Funktion $K_H = K_H(T_w, v)$ ist im Diagramm Abb. 2 und in Tab. 2 dargestellt. Zwischen den Tabellenwerten kann linear interpoliert werden. Die Interpolationsfehler führen zu einem Fehler des Wärmeaustauschkoeffizienten von kleiner als 0,05 W m^{-2} K^{-1} bzw. kleiner als 0,05%.

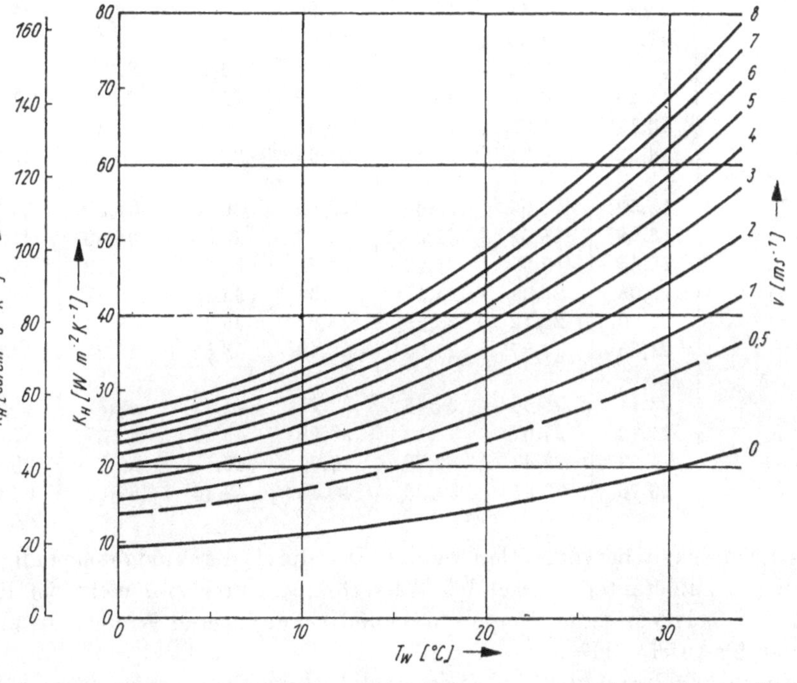

Abb. 2. Diagramm zur Berechnung des Wärmeaustauschkoeffizienten K_H nach Gl. (17)

Die Näherungsformeln für die Ausstrahlung der Wasseroberfläche (14a) bzw. für den Sättigungsdampfdruck (15a) ergeben einen Fehler des Wärmeaustauschkoeffizienten von maximal (bei $T_w = 0$ °C) $\delta K_H = +1{,}9\%$ (Beispiel für $v = 4$ m s^{-1}). Der Einfluß von Fehlern der Ausgangswerte T_w und v auf die Genauigkeit des Wärmeaustauschkoeffizienten nach dem Fehlerfortpflanzungsgesetz ist in Abb. 3 für die Ausgangsfehler $\delta v = 1$ m s^{-1} und $\delta T_w = 1$ K (Beispiel für $v = 4$ m s^{-1}) dargestellt. Sofern nicht von direkten Meßwerten oder langjährigen Durchschnittswerten ausgegangen wird, kann mit Fehlern dieser Größenordnung bei v und T_w gerechnet werden. Der Folgefehler des Wärmeaustauschkoeffizienten beträgt dann z. B. bei $T_w = 20$ °C: $\delta K_H = 4{,}25$ W m^{-2} K^{-1}, wovon 3 W m^{-2} K^{-1} durch den Fehler der Wind-

Tabelle 2

Wärmeaustauschkoeffizient K_H [W m^{-2} K^{-1}] nach Gl. (17)

v [m s^{-1}]	T_w [°C]						
	0	5	10	15	20	25	30
0	9,34	10,18	11,39	12,96	14,91	17,23	19,92
0,1	11,29	12,36	13,94	16,03	18,63	21,74	25,36
0,2	12,09	13,26	15,00	17,98	20,19	23,64	27,66
0,4	13,23	14,54	16,50	19,12	22,39	26,32	30,90
0,6	14,11	15,52	17,65	20,51	24,08	28,37	33,38
0,8	14,85	16,34	18,61	21,65	25,46	30,04	35,39
1,0	15,50	17,07	19,47	22,69	26,73	31,59	37,27
1,5	16,88	18,62	21,29	24,87	29,38	34,80	41,14
2,0	18,05	19,93	22,82	26,71	31,61	37,52	44,43
2,5	19,08	21,08	24,17	28,34	33,59	39,91	47,32
3,0	20,00	22,12	25,39	29,81	35,38	42,10	49,97
4,0	21,65	23,97	27,56	32,42	38,55	45,94	54,61
5,0	23,11	25,60	29,47	34,71	41,33	49,32	58,69
6,0	24,42	27,07	31,19	36,78	43,84	52,37	62,37
7,0	25,63	28,43	32,78	38,70	46,17	55,21	65,80
8,0	26,76	29,69	34,26	40,49	48,35	57,86	69,02

geschwindigkeit hervorgerufen werden. Der durch die Windgeschwindigkeit bedingte Fehleranteil beträgt bei Wassertemperaturen von mehr als 10 °C ca. 70%, bei niedrigeren Temperaturen und bei geringeren Windgeschwindigkeiten bis zu 85–96%.

Aus der Fehleranalyse können die Schlußfolgerungen gezogen werden, daß

– die Bestimmung der Windgeschwindigkeit mit großer Sorgfalt erfolgen sollte,
– die leichter zu ermittelnde natürliche Wassertemperatur als Bezugsgröße für K_H verwendet werden kann.

Letzteres ist unter Berücksichtigung der Differenzen zwischen T_e und T_n einerseits (vgl. Kap. 6) und des Einflusses von Fehlern des Wärmeaustauschkoeffizienten auf das Ergebnis der Abkühlungsberechnung (Gl. (11a)) andererseits (s. [14]) gerechtfertigt.

Der Wärmeaustauschkoeffizient besitzt Allgemeingültigkeit im Rahmen der Gültigkeit bzw. Genauigkeit der verwendeten Formeln für H_A, H_V und H_K. Einen Vergleich mit Wärmeaustauschkoeffizienten nach Angaben aus der internationalen Literatur zeigt Abb. 4. In das von Günneberg [9] über-

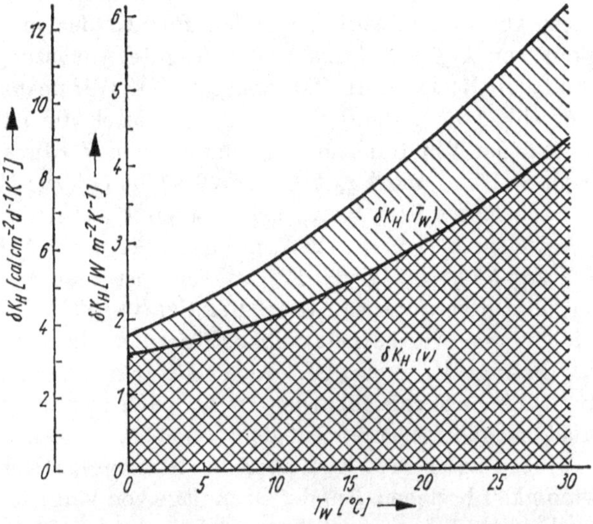

Abb. 3. Fehler des Wärmeaustauschkoeffizienten, δK_H, nach dem Fehlerfortpflanzungsgesetz (Beispiel: $v = 4 \text{ m s}^{-1}$)

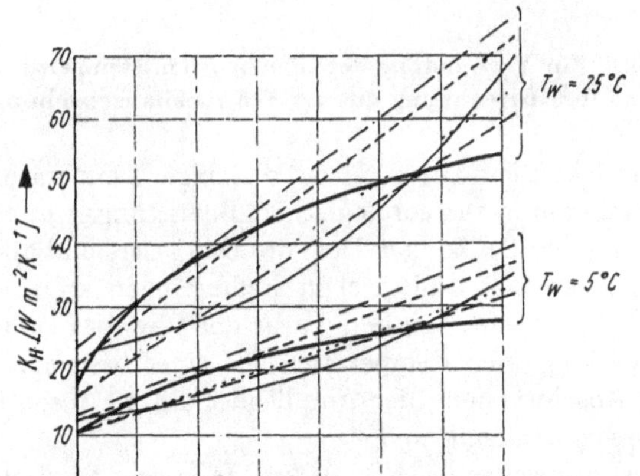

Abb. 4. Vergleich von Wärmeaustauschkoeffizienten verschiedener Autoren (Original des Diagramms aus GÜNNEBERG [9]); ——— nach Gl. (17); - - - - - KUHN [15], ·—·—· RYAN et al. [20], — — — SPURR u. SCRIVEN [22], ——— EDINGER, BRADY u. GEYER [6], ... GÜNNEBERG [9], alle nach [9]

nommene Diagramm wurden die nach Gl. (17) berechneten K_H-Werte eingetragen. In dem gewöhnlich vorkommenden Bereich der mittleren Windgeschwindigkeit von $1 \leqq v \leqq 4\ \mathrm{m\,s^{-1}}$ ist eine gute Anpassung an die von Kuhn [15] und von Ryan et al. [20] angegebenen Wärmeaustauschkoeffizienten festzustellen, die wesentlich bedingt ist durch die näherungsweise Übereinstimmung der Windfunktion der empirischen Verdunstungsformeln (s. [13]). Für $T_w = 25\ °\mathrm{C}$ und $1 \leqq v \leqq 4\ \mathrm{m\,s^{-1}}$ ergibt sich zwischen den nach (17) und den nach Kuhn bzw. Ryan berechneten K_H-Werten ein mittlerer Betrag der Abweichung von ca. $2\ \mathrm{W\,m^{-2}\,K^{-1}}$. Da nach Abb. 3 K_H eine Fehlertoleranz von $\delta K_H = 5\ \mathrm{W\,m^{-2}\,K^{-1}}$ aufweist, ist diese Abweichung unerheblich, und die Differenz zu den von Spurr/Scriven [22] und von Günneberg [9] berechneten Wärmeaustauschkoeffizienten, die $\delta K_H = 7{,}7$ bzw. $6{,}4\ \mathrm{W\,m^{-2}\,K^{-1}}$ beträgt, kann ebenfalls noch als befriedigend bezeichnet werden. Eine unmittelbare Vergleichbarkeit zu den nach Sweers [23] berechneten Wärmeaustauschkoeffizienten ist nicht gegeben, da sich diese auf eine in 10 m Höhe über Land bzw. 3 m über der Wasseroberfläche gemessene Windgeschwindigkeit beziehen. Auf der Grundlage von Vergleichsrechnungen läßt sich einschätzen, daß die nach Sweers berechneten Werte im Bereich der Wärmeaustauschkoeffizienten von Spurr/Scriven und Günneberg liegen.

6. Berechnung der Gleichgewichtstemperatur

6.1. Zur Verwendung der Gleichgewichtstemperatur und ihre Berechnung aus der Wärmebilanzgleichung

Die Gleichgewichtstemperatur T_e ist diejenige Temperatur, die ein Gewässer unter konstanten meteorologischen Bedingungen annehmen würde. Sie ist unabhängig von Größe und Tiefe des Gewässers und allein eine Funktion der spezifischen meteorologischen Bedingungen an einem gegebenen Ort. Die natürliche Oberflächentemperatur der Gewässer nähert sich kontinuierlich der Gleichgewichtstemperatur mit einer bestimmten Phasenverschiebung und Abschwächung der Amplitude, die im wesentlichen von der Tiefe des Gewässers abhängig sind.

Es läßt sich jedoch zeigen (s. [13]), daß im Jahresgang zwischen der Gleichgewichtstemperatur und der natürlichen Wassertemperatur nur geringfügige Differenzen bestehen. Dies gilt insbesondere für flache Gewässer, auf die das hier behandelte Berechnungsverfahren der Abkühlung von Wärmeeinleitungen beschränkt ist. Die Differenzen zwischen T_e und T_n liegen für Monats- sowie auch für Tagesmittel im allgemeinen im Bereich der Fehlertoleranz der Berechnungsverfahren. Bei Betrachtung von Mittelwerten kann daher in den Beziehungen (11a) bis (11c) an Stelle der Gleichgewichtstemperatur T_e die leichter bestimmbare *natürliche Wasseroberflächentemperatur* T_n eingesetzt werden. Im Falle fehlender Messungen läßt sie sich nach dem in [18] beschriebenen Verfahren aus der Lufttemperatur wie folgt berechnen:

$$T_n = 1{,}07 T'_L + 1{,}34 \; ; \tag{19}$$

T'_L ist der Mittelwert der Lufttemperatur über einen von der Tiefe z des Gewässers abhängigen Bezugszeitraum. Der Mittelungszeitraum der Lufttemperatur ist gegenüber dem der Wassertemperatur rückwärtsgehend um m Tage zu erweitern. Der Erweiterungszeitraum berechnet sich nach

$$m = 10\sqrt{z} - 15\,. \tag{19a}$$

Gl. (19) ist geeignet zur Berechnung von Monats- und Dekadenmittelwerten während der eisfreien Periode mit einer Fehlertoleranz von $s = \pm 0{,}91 K$ sowie zu einer näherungsweisen Berechnung von Tagesmittelwerten.

Die exakte Berechnung der Gleichgewichtstemperatur erfolgt gemäß ihrer Definition (vgl. (6)), indem die Wärmebilanzgleichung

$$H_A(T_e) + H_V(T_e) + H_K(T_e) + Q(1 - r_S) + H_G(1 - r_G) = 0 \tag{20}$$

nach Vorgabe eines 1. Näherungswertes $\tilde{T}_e^1$ iterativ gelöst wird. Als Näherungswert kann die nach (19) bestimmte natürliche Wassertemperatur verwendet werden. Bei der Berechnung von Monatsmittelwerten konvergiert das Verfahren schnell. Die Genauigkeit des Ergebnisses wird durch die Fehlertoleranz der Formeln für die Wärmebilanzkomponenten bestimmt. Da diese im allgemeinen für Mittelungszeiträume von einem Monat bis zu einer Dekade abgeleitet wurden, ist ihre Anwendung zur Berechnung von Tagesgängen kritisch einzuschätzen. Bei Abkühlungsberechnungen interessieren zumeist typische, d. h. mittlere Tagesgänge (z. B. eines Monats), die eine näherungsweise Anwendung der Formeln gerechtfertigt erscheinen lassen. Die Abschätzung günstiger erster Näherungswerte zur Lösung der Gl. (20) ist auch bei mittleren Tagesgängen schwierig und führt im allgemeinen zu einer größeren Anzahl von Iterationen.

Im Tagesgang bestehen erhebliche Differenzen zwischen der Gleichgewichts- und der natürlichen Wassertemperatur. Sie sind bedingt durch eine wesentlich größere Tagesschwankung der Gleichgewichtstemperatur und eine deutliche Phasenverschiebung (s. [7], [13], [15]). Bei der Berechnung von Tagesgängen der Wassertemperatur thermisch belasteter Gewässer (Gl. (11)) ist deshalb von der Gleichgewichtstemperatur auszugehen.

Abb. 5 gibt einen Überblick über die regionalen Unterschiede der Gleichgewichtstemperatur anhand mittlerer Juliwerte für eine 10jährige Reihe

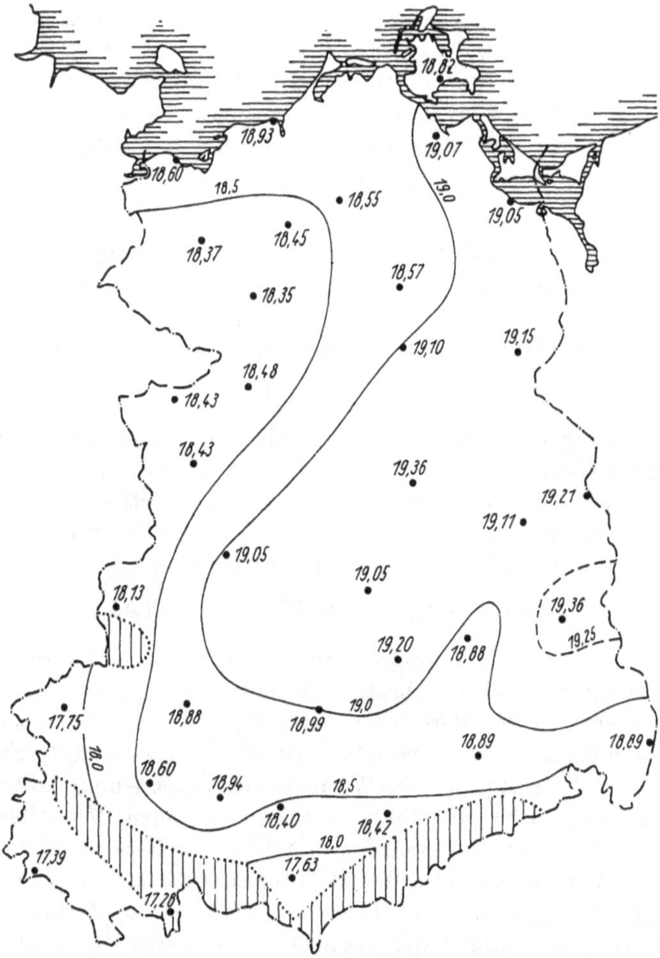

Abb. 5. Mittlere regionale Verteilung der Gleichgewichtstemperatur der Wasseroberfläche [°C] im Juli (Reihe 1961—1970)

(1961—1970) von 40 Klimastationen. Nicht berücksichtigt sind Gebirgsregionen, da im gegliederten Relief die Gleichgewichtstemperatur durch die speziellen Besonnungsverhältnisse mitbestimmt wird, die verwendeten Formeln aus Kap. 4 jedoch für einen freien Horizont gelten. Abb. 5 zeigt, daß im Juli im Gebiet der DDR Unterschiede der T_e von ca. 2 K (17,4 °C bis 19,4 °C) zu erwarten sind, wobei die niedrigen Werte im Südwesten (Leinefelde) liegen, die höchsten entsprechend dem größten Wärmeangebot durch Einstrahlung und hohe Lufttemperaturen im Südosten (Raum Cottbus).

6.2. Näherungsverfahren zur Berechnung der Gleichgewichtstemperatur

Ist die natürliche Wasseroberflächentemperatur gegeben — entweder aus Meßwerten oder aus Berechnungen nach (19) —, so läßt sich aus ihr näherungsweise die Gleichgewichtstemperatur durch Reihenentwicklung der Wärmebilanz bezüglich T_n berechnen. Die entsprechende Umstellung der Gl. (5) ergibt unter Berücksichtigung von (6):

$$H(T_e) = H(T_n) + \left.\frac{dH}{dT_w}\right|_{T_e} (T_e - T_n) + \dots$$
$$\dots + \left.\frac{d^nH}{dT_w^n}\right|_{T_n} \frac{(T_e - T_n)^n}{n!} + \dots = 0 . \tag{21}$$

Die Lösung von (21) lautet bei quadratischer Näherung

$$T_e = T_n - \frac{H'}{H''} + \sqrt{\left(\frac{H'}{H''}\right)^2 - \frac{2H(T_n)}{H''}} \tag{22}$$

$$(H' \equiv dH/dT_w, \qquad H'' \equiv d^2H/dT_w^2)$$

und bei linearer Näherung

$$T_e = T_n - \frac{H(T_n)}{H'}. \tag{23}$$

In Übereinstimmung mit der Definition und der physikalischen Bedeutung der Gleichgewichtstemperatur ergibt sich aus (22) bzw. (23)

$$\text{für} \quad H(T_n) = 0: \quad T_e = T_n$$

und wegen $H' < 0, H'' < 0$

$$\text{für} \quad H(T_n) < 0: \quad T_e < T_n ,$$
$$\text{für} \quad H(T_n) > 0: \quad T_e > T_n .$$

Die Berechnung von T_e nach diesen Formeln wird im Vergleich zur iterativen Lösung der Wärmebilanzgleichung wesentlich vereinfacht, da die Wärmebilanz nur einmal für den vorgegebenen Wert T_n berechnet werden muß. H' und H'' sind in Abhängigkeit von Windgeschwindigkeit und Wassertemperatur durch die Formeln (17) und (18) gegeben (s. Kap. 5).

In vielen Fällen dürfte bereits die lineare Näherung eine ausreichende Genauigkeit besitzen. Der Fehler der Gl. (23) beträgt z. B. im Bereich bis $|H(T_n)| = 100 \text{ W m}^{-2}$ und $v \geqq 1 \text{ m s}^{-1}$ maximal 0,4 K und ist damit nur etwa halb so groß wie der Fehler des nach (19) berechneten T_n-Wertes. Der Fehler der linearen Näherung nimmt mit zunehmender Windgeschwindigkeit und Wassertemperatur ab.

TABELLE 3

Korrektur T_K [°C] zur Berechnung der Gleichgewichtstemperatur T_e aus der natürlichen Wassertemperatur T_n; $H(T_n)$ = 25 W m^{-2} (I), 50 W m^{-2} (II), 75 W m^{-2} (III)

v [m s^{-1}]		T_n [°C]						
		0	5	10	15	20	25	30
0	I	2,677	2,456	2,195	1,929	1,677	1,451	1,255
	II	5,353	4,912	4,350	3,858	3,354	2,902	2,510
	III	8,030	7,367	6,585	5,787	5,030	4,353	3,765
0,1	I	2,214	2,023	1,793	1,560	1,342	1,150	0,986
	II	4,429	4,045	3,587	3,119	2,684	2,300	1,972
	III	6,643	6,068	5,380	4,679	4,026	3,450	2,957
0,2	I	2,068	1,885	1,667	1,390	1,238	1,058	0,904
	II	4,136	3,771	3,333	2,781	2,477	2,115	1,808
	III	6,204	5,656	5,000	4,171	3,715	3,173	2,712
0,4	I	1,890	1,719	1,515	1,308	1,117	0,950	0,809
	II	3,779	3,439	3,030	2,615	2,233	1,900	1,618
	III	5,669	5,158	4,546	3,923	3,350	2,850	2,427
0,6	I	1,772	1,611	1,416	1,219	1,038	0,881	0,749
	II	3,544	3,222	2,833	2,438	2,076	1,762	1,498
	III	5,315	4,832	4,249	3,657	3,115	2,644	2,247
0,8	I	1,684	1,530	1,343	1,155	0,982	0,832	0,706
	II	3,367	3,060	2,687	2,310	1,964	1,664	1,413
	III	5,051	4,590	4,030	3,464	2,946	2,497	2,119
1,0	I	1,613	1,465	1,284	1,102	0,935	0,791	0,671
	II	3,226	2,929	2,568	2,204	1,831	1,583	1,342
	III	4,839	4,394	3,852	3,305	2,806	2,374	2,012

1,5	I	1,481	1,343	1,174	1,005	0,851	0,718	0,608
	II	2,962	2,685	2,348	2,010	1,702	1,437	1,215
	III	4,443	4,028	3,523	3,016	2,553	2,155	1,823
2,0	I	1,385	1,254	1,096	0,936	0,791	0,666	0,563
	II	2,770	2,509	2,191	1,872	1,582	1,333	1,125
	III	4,155	3,763	3,287	2,808	2,373	1,999	1,688
2,5	I	1,310	1,186	1,034	0,882	0,744	0,626	0,528
	II	2,620	2,372	2,069	1,764	1,488	1,253	1,057
	III	3,931	3,558	3,103	2,646	2,233	1,879	1,585
3	I	1,250	1,130	0,985	0,839	0,707	0,594	0,500
	II	2,500	2,260	1,969	1,677	1,413	1,188	1,001
	III	3,750	3,391	2,954	2,516	2,120	1,782	1,501
4	I	1,155	1,043	0,907	0,771	0,649	0,544	0,459
	II	2,310	2,086	1,814	1,542	1,297	1,088	0,916
	III	3,464	3,129	2,721	2,313	1,946	1,633	1,373
5	I	1,082	0,977	0,848	0,720	0,605	0,507	0,426
	II	2,164	1,953	1,697	1,440	1,210	1,014	0,852
	III	3,245	2,930	2,545	2,161	1,815	1,521	1,278
6	I	1,024	0,924	0,802	0,680	0,570	0,477	0,401
	II	2,048	1,847	1,603	1,359	1,140	0,955	0,802
	III	3,071	2,771	2,405	2,039	1,711	1,432	1,202
7	I	0,975	0,879	0,763	0,646	0,542	0,453	0,380
	II	1,951	1,759	1,525	1,292	1,083	0,906	0,760
	III	2,926	2,638	2,288	1,938	1,624	1,358	1,140
8	I	0,934	0,842	0,730	0,617	0,517	0,432	0,362
	II	1,868	1,684	1,459	1,235	1,034	0,864	0,724
	III	2,803	2,526	2,189	1,852	1,551	1,296	1,087

Das Korrekturglied der linearen Gl. (23)

$$T_K = -\frac{H(T_n)}{H'}$$

ist der Tab. 3 zu entnehmen. In der Tabelle kann bezüglich jeder eingehenden Variablen linear interpoliert werden; der Interpolationsfehler liegt unter 0,5%. – Für negatives $H(T_n)$ ist der Tabellen- bzw. Nomogrammwert von T_n zu subtrahieren, für positives $H(T_n)$ zu T_n zu addieren. Die Genauigkeit der linearen Näherung soll anhand der Tab. 3 demonstriert werden.

Die Differenz δ der Tabellenwerte T_K zur quadratischen Näherung beträgt

$$\begin{aligned}
&\text{bei } H(T_n) = 25\ \text{W m}^{-2} \text{ und } & v &\geqq 0{,}1\ \text{m/s}: \delta < 0{,}05\ \text{K};\\
&\text{bei } H(T_n) = 50\ \text{W m}^{-2} \text{ und } & v &< 0{,}4\ \text{m/s}: \delta < 0{,}25\ \text{K},\\
& & v &\geqq 0{,}4\ \text{m/s}: \delta < 0{,}15\ \text{K};\\
&\text{bei } H(T_n) = 75\ \text{W m}^{-2} \text{ und } & v &< 1\ \text{m/s}: \delta < 0{,}50\ \text{K},\\
& & 1 \leqq v &< 3\ \text{m/s}: \delta < 0{,}25\ \text{K},\\
& & v &\geqq 3\ \text{m/s}: \delta < 0{,}15\ \text{K}.
\end{aligned}$$

Die Gleichgewichtstemperatur wird um diese Beträge systematisch zu hoch berechnet.

Dieses Berechnungsverfahren hat die Vorteile

a) eines geringen Arbeitsaufwandes, der durch Benutzung von Tab. 3 weiter vermindert wird;

b) einer hohen Genauigkeit, da es die ggf. durch Messungen bestimmbare natürliche Wassertemperatur als Bezugswert verwendet,

und erscheint daher zur Berechnung der Gleichgewichtstemperatur besonders geeignet.

Ein weiteres Näherungsverfahren zur Berechnung der Gleichgewichtstemperatur aus der natürlichen Wassertemperatur basiert auf der Voraussetzung eines zeitlich sinusoidalen Verlaufes der beiden Größen (s. [7], [15]). Dieser ist zwar mit guter Anpassung gegeben, dennoch ist aus folgenden Gründen das Verfahren kritisch einzuschätzen (vgl. [13]):

1. Im Jahresgang bestehen im allgemeinen geringe Differenzen zwischen T_e und T_n, so daß das Näherungsverfahren keine entscheidende Verbesserung gegenüber dem T_n-Wert bringt.
2. Bei der Berechnung von Tagesgängen ist das Gleichungssystem so geartet, daß kleine Fehler der einzugebenden Parameter relativ große Fehler des Berechnungsergebnisses verursachen.

Auf eine ausführliche Darstellung des Verfahrens wird deshalb an dieser Stelle verzichtet.

7. Berechnung des Abkühlungsverhaltens thermisch belasteter Gewässer

7.1. Berechnung von Wassertemperaturen und Kühlgewässeroberflächen

Die Übersicht (S. 264) gibt für die möglichen Lösungsvarianten (11a) bis (11c) den Lösungsweg und die erforderlichen Daten an. Das Nomogramm Abb. 6 dient einer (im Rahmen der Ablesegenauigkeit) näherungsweisen, schnellen Berechnung von Wassertemperaturen und Kühlflächen nach diesen Gleichungen. Es stellt eine Kombination der Diagramme für den Wärmeaustauschkoeffizienten (Abb. 2) und die Exponentialfunktion (Abb. 1) dar, die verbunden sind durch Funktionsleitern zur Berechnung des Exponenten $K_H F / c \varrho A$.

Anwendungsbeispiele für Abb. 6

1. Variante 1 und 2

Gegeben: $F = 3\ \text{km}^2$, $A = 52 \cdot 10^{10}\ \text{cm}^3\ \text{d}^{-1} \triangleq 6\ \text{m}^3\ \text{s}^{-1}$, $T_A - T_n = 10\ \text{K}$, $T_n = 15\ °\text{C}$, $v = 2\ \text{m}\ \text{s}^{-1}$.

Gesucht: Variante 1: Übertemperatur; Variante 2: Temperatur nach Überströmen der Fläche F.

Ergebnis des Nomogramms:

$$\frac{T_w - T_n}{T_A - T_n} = 3{,}8\% \quad \text{und} \quad T_w - T_n = 0{,}38\ \text{K (Var. 1)},$$

$$T_w = 15{,}38\ °\text{C (Var. 2)}.$$

Exakte Berechnung:

Nach Abb. 2 ist $K_H = 26{,}80\ \text{W}\ \text{m}^{-2}\ \text{K}^{-1}$, nach Gl. (17)/Tab. 2 ist $K_H = 26{,}71\ \text{W}\ \text{m}^{-2}\ \text{K}^{-1}$.

$$\frac{K_H F}{c \varrho A} = \frac{26{,}71 \cdot 3 \cdot 10^6}{4{,}182 \cdot 10^3 \cdot 10^3 \cdot 6} = 3{,}19\ .$$

Nach Tab. 1 ist

$$\frac{T_w - T_n}{T_A - T_n} = 0{,}042 \triangleq 4{,}2\%$$

und

$$T_w - T_n = 0{,}42\ \text{K}\ , \quad T_w = 15{,}42\ °\text{C}\ .$$

2. Variante 3

Gegeben: $A = 52 \cdot 10^{10}\ \text{cm}^3\ \text{d}^{-1} \triangleq 6\ \text{m}^3\ \text{s}^{-1}$, $T_A - T_n = 10\ \text{K}$, $T_n = 15\ °\text{C}$, $v = 2\ \text{m}\ \text{s}^{-1}$.

ÜBERSICHT

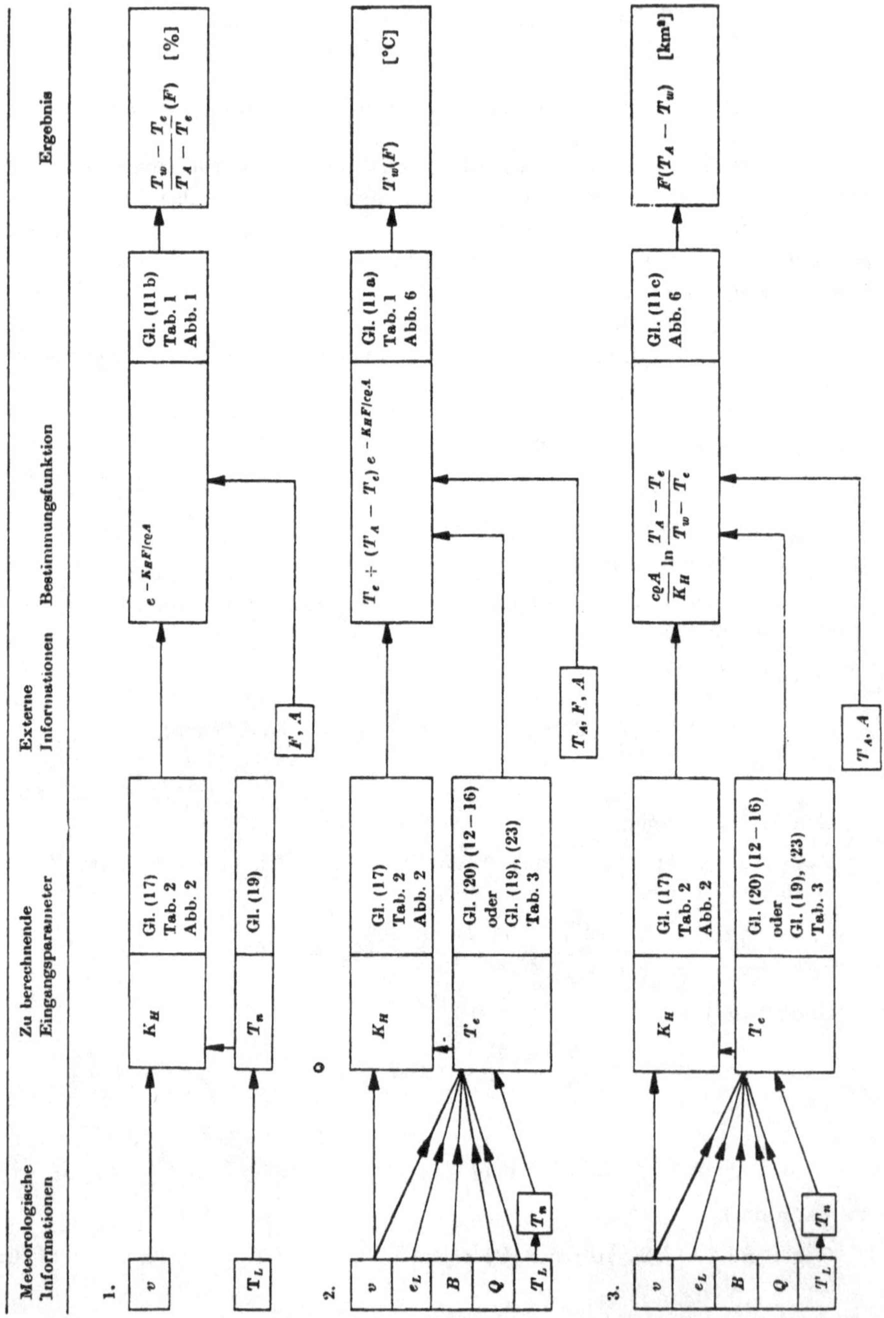
Meteorologische Informationen
Zu berechnende Eingangsparameter
Externe Informationen
Bestimmungsfunktion
Ergebnis
1.
v
T_L
K_H
Gl. (17) Tab. 2 Abb. 2
T_n
Gl. (19)
F, A
$e^{-K_H F/c\varrho A}$
Gl. (11 b) Tab. 1 Abb. 1
$\frac{T_w - T_e}{T_A - T_e}(F)$ [%]
2.
v
e_L
B
Q
T_L
T_n
K_H
Gl. (17) Tab. 2 Abb. 2
T_e
Gl. (20) (12 – 16) oder Gl. (19), (23) Tab. 3
T_A, F, A
$T_e + (T_A - T_e)\, e^{-K_H F/c\varrho A}$
Gl. (11 a) Tab. 1 Abb. 6
$T_w(F)$ [°C]
3.
v
e_L
B
Q
T_L
T_n
K_H
Gl. (17) Tab. 2 Abb. 2
T_e
Gl. (20) (12 – 16) oder Gl. (19), (23) Tab. 3
T_A, A
$\frac{c\varrho A}{K_H} \ln \frac{T_A - T_e}{T_w - T_e}$
Gl. (11c) Abb. 6
$F(T_A - T_w)$ [km²]

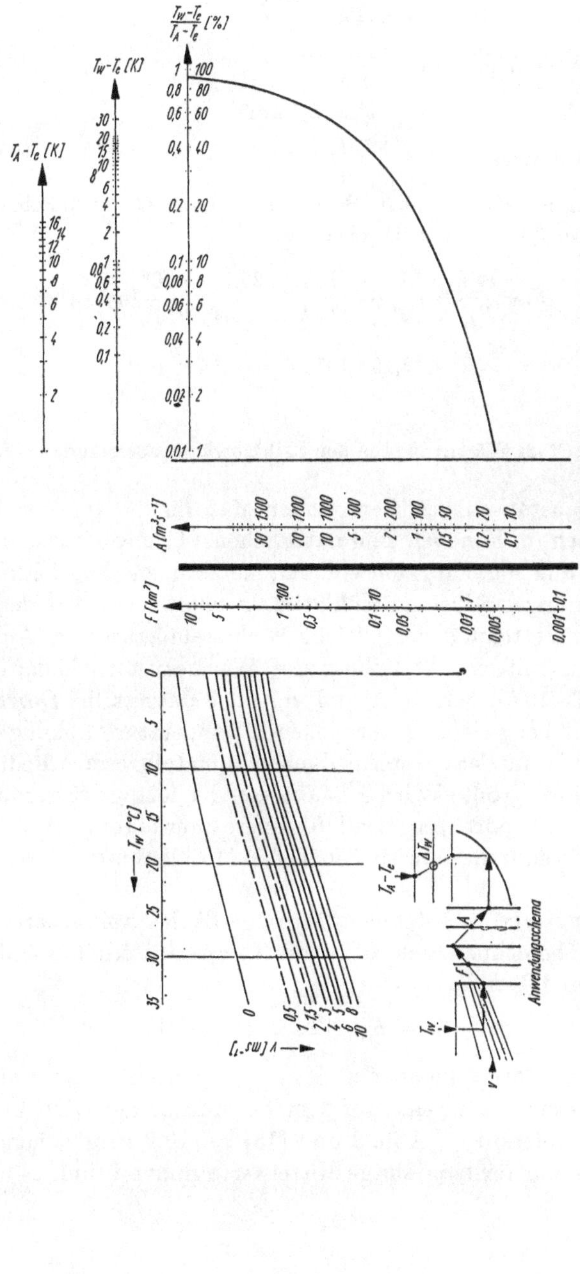

Abb. 6. Nomogramm zur Berechnung der Abkühlungsbedingungen an Gewässeroberflächen

Gesucht: Kühlfläche F, die unter den vorgegebenen Bedingungen eine Abkühlung auf 10% der Anfangserwärmung ($T_A - T_n$) gewährleistet:

$$\frac{T_w - T_n}{T_A - T_n} = 10\% \mathrel{\hat{=}} 0{,}10\,.$$

Ergebnis des Nomogramms:

$$F = 2{,}1\ \mathrm{km}^2\,.$$

Exakte Berechnung:

Nach Abb. 2 ist $K_H = 26{,}80\ \mathrm{W\,m^{-2}\,K^{-1}}$, nach Gl. (17)/Tab. 2 ist $K_H = 26{,}71\ \mathrm{W\,m^{-2}\,K^{-1}}$, nach Gl. (11c) ist

$$F = \frac{c\varrho A}{K_H} \ln\left(\frac{T_A - T_n}{T_w - T_n}\right) = \frac{25{,}096 \cdot 10^6}{26{,}71} \ln 10\ ;$$

$$F = 2{,}16 \cdot 10^6\ \mathrm{m}^2 = 2{,}16\ \mathrm{km}^2\,.$$

7.2. Wärmeabgabe der Kühlgewässeroberfläche

Der Wärmeaustauschkoeffizient ist ein Maß für die von der Wasseroberfläche zusätzlich (d. h. neben dem natürlichen Wärmeaustausch) abführbare Wärmemenge und somit für den von den meteorologischen Bedingungen abhängigen Wirkungsgrad einer Kühlgewässeroberfläche. Auf der Grundlage der regionalen Verteilung der Gleichgewichtstemperatur (s. Abb. 5) wurde als Beispiel die mittlere Verteilung des Wärmeaustauschkoeffizienten für den Juli (1961–1970) berechnet und in Abb. 7 dargestellt. Der Karte ist zu entnehmen, daß bei gleicher anthropogener Temperaturerhöhung der Wasseroberfläche auf Grund der unterschiedlichen klimatologischen Bedingungen im Raum Cottbus die größte Wärmeabgabe von der Kühlgewässeroberfläche erfolgt. Sie beträgt dort pro Grad Temperaturerhöhung $W = 38{,}9\ \mathrm{W\,m^{-2}}$ und zum Vergleich in den westlichen Teilen Mecklenburgs zwischen 37,5 und 38 $\mathrm{W\,m^{-2}}$.

Die pro Tag und m^2 Kühlgewässeroberfläche abführbare zusätzliche Wärmemenge berechnet sich für eine Temperaturerhöhung der Wasseroberfläche von ΔT_w nach

$$W = K_H\, \Delta T_w \qquad [\mathrm{W\,m^{-2}}]\,. \tag{24}$$

Die regionalen Unterschiede des Wärmeaustauschkoeffizienten und der Gleichgewichtstemperatur sind auf dem Territorium der DDR klein in bezug auf ihre Fehlertoleranz (s. Abb. 3 und [13]), so daß vergleichende regionale Betrachtungen nur für langjährige Mittelwerte sinnvoll sind.

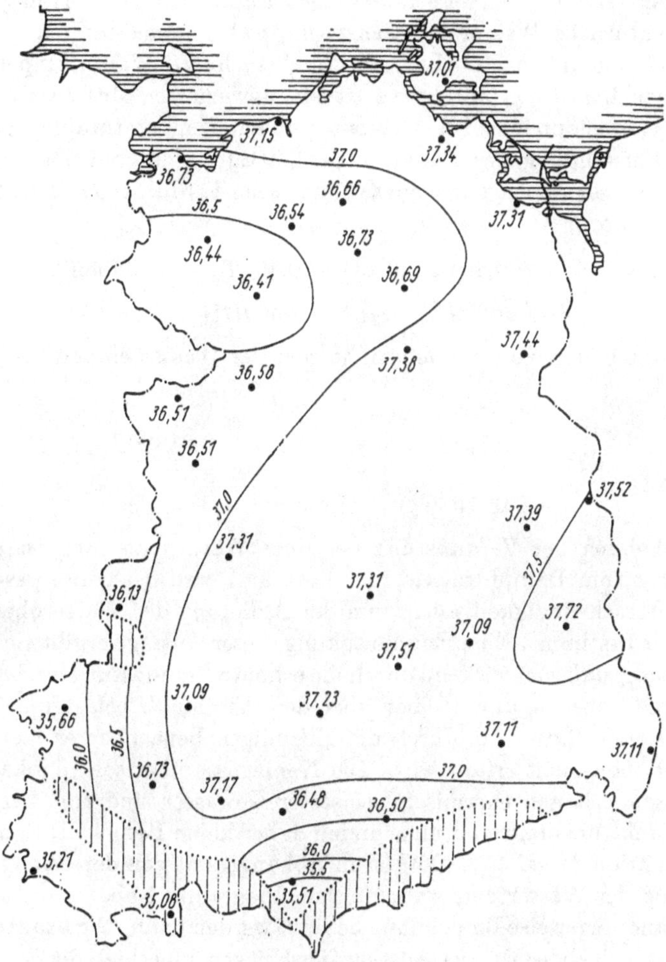

Abb. 7. Mittlere regionale Verteilung des Wärmeaustauschkoeffizienten K_H [W m^{-2} K^{-1}] im Juli (Reihe 1961—1970)

7.3. Berechnung der zusätzlichen Verdunstungsverluste

Wegen des erhöhten Wasserverlustes der Gewässer bei thermischer Belastung ist die Untersuchung der Verdunstung von großer Bedeutung. Die Zunahme der Verdunstung ist proportional dem Anstieg des Sättigungsdampfdruckes durch Erhöhung der Wasseroberflächentemperatur.

Ausgangswerte für die Berechnung der zusätzlichen Verdunstungsverluste sind die natürliche Wasseroberflächentemperatur (gemessen oder nach (19) berechnet) und die nach Abschnitt 7.1 berechnete Wassertemperatur bei thermischer Belastung. Für diese ist ein gewichteter Mittelwert über die Bezugsfläche entsprechend dem exponentiellen Temperaturabfall zu bilden.

Unter Verwendung der Funktion des Sättigungsdampfdruckes (15a) erhält die für diese Arbeit verwendete empirische Verdunstungsformel (s. [18]; Kap. 4) die Form

$$V = (0{,}15 + 0{,}20\sqrt{v})\,(6{,}131 + 0{,}467T_w + 0{,}00898T_w^2 + \\ + 0{,}000527T_w^3 - e_L) \qquad [\mathrm{mm\ d^{-1}}]\,. \tag{25}$$

Die Änderung der Verdunstungshöhe mit der Wassertemperatur, dV/dT_w, ist danach

$$\frac{dV}{dT_w} = (0{,}15 + 0{,}20\sqrt{v})\,(0{,}467 + 0{,}01800T_w + \\ + 0{,}00158T_w^2) \qquad [\mathrm{mm\ d^{-1}\ K^{-1}}]\,. \tag{26}$$

Die Erhöhung der Verdunstung bei einer Wärmeeinleitung ist demnach unabhängig vom Dampfdruck e_L der Luft und wird bei vorausgesetzt gleicher Windgeschwindigkeit allein von der Änderung der Wasseroberflächentemperatur bestimmt. Eine Einschränkung dieser Aussage ergibt sich aus der Beobachtung, daß rückwirkend durch die erhöhte Verdunstung eine Erhöhung des Dampfdruckes e_L unmittelbar über dem thermisch belasteten Gewässer auftritt (s. [19], [20]), die durch die Messungen benachbarter meteorologischer Stationen nicht erfaßt wird. Die Kenntnisse über solche lokalklimatischen Besonderheiten thermisch belasteter Gewässer sind zum gegenwärtigen Zeitpunkt unzureichend und fanden daher keine Berücksichtigung.

Die Funktion dV/dT_w (s. (26)) ist in Abhängigkeit von der Windgeschwindigkeit und der Wassertemperatur in dem Diagramm Abb. 8 dargestellt, das für eine näherungsweise Berechnung benutzt werden kann. Die exakten Werte finden sich in Tab. 4. Da der Anstieg der Kurven innerhalb der berechneten 5-K-Intervalle nahezu linear ist, kann zwischen den Tabellenwerten linear interpoliert werden.

Bei einer Zunahme der Oberflächentemperatur gegenüber ihrem natürlichen Wert von $\Delta T_w = T_w - T_n$ ist der zusätzliche Verdunstungsverlust ΔV zu berechnen nach

$$\Delta V = \frac{dV}{dT_w}\,\Delta T_w\,. \tag{27}$$

Die Größe dV/dT_w ist näherungsweise für den Mittelwert zwischen den beiden Temperaturen, d. h. für $(T_w + T_n)/2$, zu bestimmen.

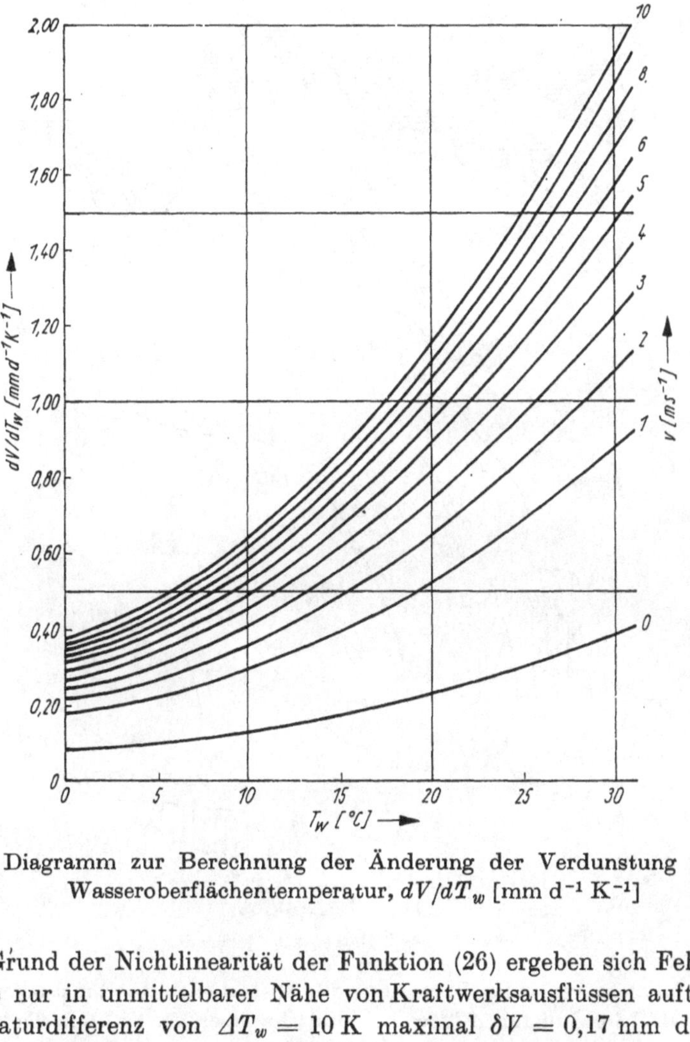

Abb. 8. Diagramm zur Berechnung der Änderung der Verdunstung mit der Wasseroberflächentemperatur, dV/dT_w [mm d^{-1} K^{-1}]

Auf Grund der Nichtlinearität der Funktion (26) ergeben sich Fehler, die für eine nur in unmittelbarer Nähe von Kraftwerksausflüssen auftretende Temperaturdifferenz von $\Delta T_w = 10$ K maximal $\delta V = 0{,}17$ mm d^{-1} bzw. $\delta V = 5$ mm Mo^{-1} betragen. Zum Vergleich weist die verwendete empirische Verdunstungsformel eine Genauigkeit von $\delta V = 0{,}4$ mm d^{-1} bzw. $\delta V = 10$ mm Mo^{-1} (s. [18]) auf. Die lineare Interpolation bzw. die Ablesegenauigkeit des Diagramms sind demzufolge ausreichend genau.

Für das in vorangegangenen Abschnitten verwendete Beispiel der 10jährigen Reihe (Juli, 1961—1970) wurde die regionale Verteilung der zusätzlichen Verdunstungsverluste, bezogen auf eine Erhöhung der Wasseroberflächentemperatur von $\Delta T_w = 1$ K über die natürliche Wassertemperatur,

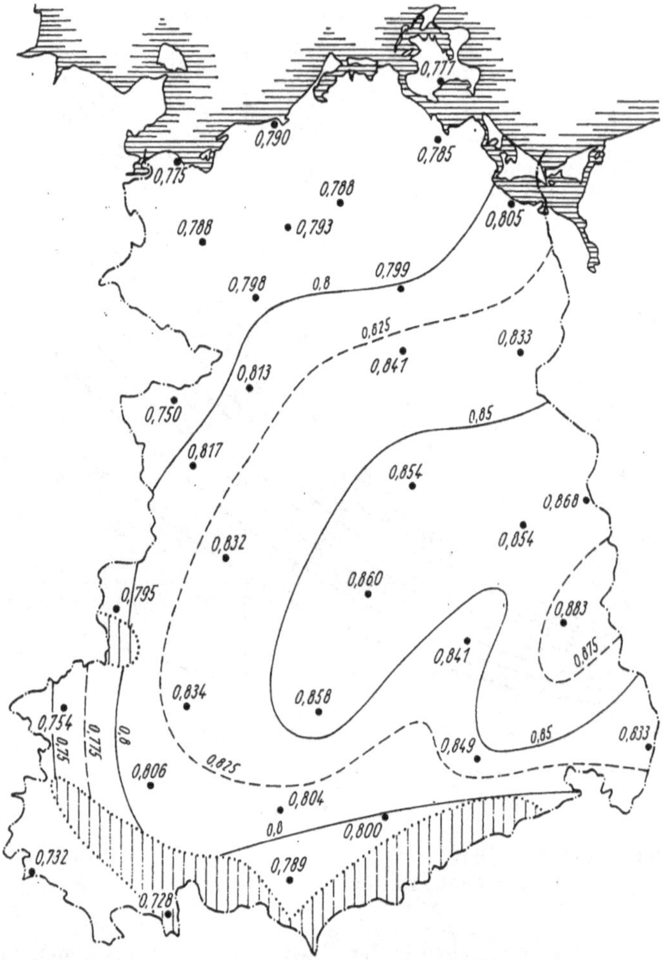

Abb. 9. Mittlere regionale Verteilung des zusätzlichen Verdunstungsverlustes ΔV [mm d^{-1}] im Juli für $\Delta T_w = 1$ K und Gewässer von ca. 6 m Tiefe (Reihe 1961–1970)

berechnet. Das Beispiel bezieht sich auf die natürliche Temperatur eines Gewässers von ca. 6 m Wassertiefe und auf eine Windgeschwindigkeit von $v = 4$ m s^{-1}. Für andere Gewässertiefen bzw. Windgeschwindigkeiten ergeben sich qualitativ gleiche regionale Verteilungen.

Die Karte Abb. 9 zeigt, daß auf Grund der klimatischen Bedingungen der Südosten der DDR (Raum Cottbus), der auch die höchsten Werte der natür-

TABELLE 4

Zusätzliche Verdunstungsverluste dV/dT_w [mm d^{-1} K^{-1}] nach Gl. (26)

v [m s^{-1}]	T_w [° C]						
	0	5	10	15	20	25	30
0	0,075	0,095	0,129	0,175	0,233	0,305	0,389
0,1	0,104	0,133	0,180	0,244	0,326	0,425	0,542
0,2	0,116	0,149	0,201	0,272	0,364	0,475	0,606
0,4	0,134	0,171	0,231	0,313	0,418	0,546	0,696
0,6	0,147	0,188	0,253	0,344	0,459	0,600	0,765
0,8	0,158	0,202	0,273	0,370	0,494	0,645	0,823
1	0,168	0,215	0,290	0,393	0,525	0,686	0,874
1,5	0,189	0,242	0,326	0,442	0,591	0,771	0,984
2	0,207	0,264	0,357	0,484	0,646	0,844	1,076
3	0,236	0,302	0,407	0,553	0,738	0,964	1,229
4	0,262	0,334	0,451	0,612	0,817	1,067	1,360
5	0,283	0,362	0,489	0,663	0,886	1,156	1,474
6	0,304	0,388	0,523	0,710	0,948	1,238	1,579
7	0,322	0,411	0,555	0,753	1,005	1,312	1,674
8	0,339	0,433	0,584	0,793	1,059	1,383	1,763

lichen Verdunstung aufweist, mit den höchsten zusätzlichen Verdunstungsverlusten unter sonst gleichen Bedingungen (Wassertiefe, thermische Belastung) zu rechnen hat.

Literatur

[1] BECKER/STEINLEIN, Forschungsvorhaben zur Wärmebelastung der Gewässer. Schr.-Reihe Bayer. L.-A. Wasserwirtsch. 1977, H. 4.

[2] BOLZ, H. M., u. H. FRITZ, Tabellen und Diagramme zur Berechnung der Gegenstrahlung und Ausstrahlung. Z. Meteor. **4** (1950), H. 10.

[3] BOWEN, J. S., The Ratio of Heat Losses by Conduction and Evaporation from Any Water Surface. Phys. Rev. Ser. 2 **27** (1926).

[4] DIRMHIRN, J., Einiges über die Reflexion der Sonnen- und Himmelsstrahlung an verschiedenen Oberflächen (Albedo). Wetter u. Leben **5** (1953).

[5] ECKEL, O., u. H. REUTER, Zur Berechnung des sommerlichen Wärmeumsatzes in Flußläufen. Geogr. Annaler **32** (1950), H. 3/4.

[6] EDINGER, J. E., BRADY, D. K., u. J. C. GEYER, Heat Exchange and Transport in the Environment. Electric Power Res. Inst., Res. Proj. RP 49, Rep. No. 14 (zit. nach [9]).

[7] EDINGER, J. E., BRADY, D. K., u. W. L. GRAVES, The Variation of Water Temperatures Due to Steam Electric Cooling Operations. J. Water Poll. Contr. Fed. **40** (1968), No. 9.

[8] FLINSPACH, D., u. H. FLEIG, Die Aufstellung von Wärmelastplänen durch rechnerische Simulation der Wärmeaustauschvorgänge – dargestellt am Beispiel des „Wärmelastplanes Rhein". Wasserwirtschaft **62** (1972), H. 5.

[9] GÜNNEBERG, F., Abkühlungsvorgänge in Gewässern. Dt. gewässerkdl. Mitt. **20** (1976), H. 6.

[10] JURAK, D., Heat Exchange Coefficients for Cooling Lakes. J. hydrol. Sci. **3** (1976), No. 3–4.

[11] KAHLIG, P., Zur Exponentialmethode der Flußtemperatur-Berechnung. Arch. Meteor., Geophys. u. Bioklim. A **25** (1977).

[12] KIRILLOVA, T. V., Das Strahlungsregime von Seen und Staubecken (russ.), Gidrometeoizdat, Leningrad 1970.

[13] KLÄMT, A., Verfahren zur Berechnung der Wassertemperaturen und der zusätzlichen Verdunstungsverluste thermisch belasteter Gewässer für das Gebiet der DDR (unveröff. Forsch.-Studie, 1978).

[14] KLÄMT, A., Zur Genauigkeit der Wassertemperaturberechnung thermisch belasteter Gewässer. J. hydrol. Sci. **7** (1980), No. 1/2.

[15] KUHN, W., Physikalisch-meteorologische Überlegungen zur Nutzung von Gewässern für Kühlzwecke. Arch. Meteor., Geophys. u. Bioklim. A **21** (1972).

[16] MILANOV, T., Cooling Problems in Thermally Polluted Recipients. Meddelanden Ser. D 1973, No. 18.

[17] Pollution of the Environment – Cooling Water Discharges to Lakes and Seas. WMO, Regional Ass. VI (Europe)/Doc. 11 (16. IX. 1971), Extraord. Sess., Lucerne 1972.

[18] RICHTER, D., Zur einheitlichen Berechnung der Wassertemperatur und der Verdunstung von freien Wasserflächen auf statistischer Grundlage. Abh. MD d. DDR **119** (1977).

[19] RICHTER, D., NEUBERT, W., u. A. KLÄMT, Temperatur und Wärmehaushalt des thermisch belasteten Stechlin- und Nehmitzsees. Abh. MD d. DDR **123** (1979).

[20] RYAN, P. J., HARLEMAN, D. R. F., u. K. D. STOLZENBACH, Surface Heat from Cooling Ponds. Water Resources Res. **10** (1974), No. 5.

[21] SCHÖNERMARK, E. v., WUCHOLD, A., u. E. FREYDANK, Methodische Untersuchungen zur Berechnung der Globalstrahlung für das Gebiet der DDR. Z. Meteor. **23** (1973), H. 9/10.

[22] SPURR, G., u. R. A. SCRIVEN, British Experience of the Physical Behaviour of Heated Effluents. IAEA Symp. Oslo 1974, IAES-SM-182/2 (1975).

[23] SWEERS, H. E., A Nomogram to Estimate the Heat Exchange Coefficient at the Air – Water Interface as a Function of Wind Speed and Temperature – A Critical Survey of Some Literature. J. Hydrol. **30** (1976).

Acta Hydrophysica, Berlin	Bd. XXVII	H. 3/4	(1982)	S. 273–282

Изменения в озере Белом как результат антропогенного воздействия

Т. И. Малинина и И. М. Распопов[1])

Резюме: Вследствие гидротехнических реконструкций озеро Белое было превращено в водохранилище с подъемом уровня почти на 2 м. При этом возросла средняя глубина озера, увеличился объем водной массы, уменьшилась амплитуда уровня воды, изменился его внутригодовой ход. Произошли изменения в режиме волнения, повысилась прозрачность воды, возросло содержание органических веществ в донных отложениях. На изменения физических и химических параметров откликнулись гидробионты. В целом экосистема озера Белого претерпела значительные изменения.

Zusammenfassung: Im Zusammenhang mit hydrotechnischen Rekonstruktionsarbeiten wurde der Weiße See unter Anhebung des Wasserspiegels um fast 2 m in einen Stausee umgewandelt. Dabei wuchs die mittlere Wassertiefe an, das Volumen der Wassermasse vergrößerte sich, und die Amplitude der Wasserspiegelschwankungen wurde kleiner, wobei sich ihr Jahresgang änderte. Es traten Veränderungen des Wellenregimes ein, die Durchsichtigkeit des Wassers verbesserte sich, und der Gehalt an organischen Stoffen in den Sedimenten wuchs an. Den Veränderungen der physikalisch-chemischen Parameter paßten sich die Hydrobionten an. Insgesamt erfuhr das Ökosystem des Weißen Sees beträchtliche Umstellungen.

Summary: On the occasion of hydrotechnical reconstruction activities the White Lake has been converted into a storage reservoir, rising the water table by nearly 2 m. The mean water depth enhanced and the volume of the water body increased, while the amplitude of water level fluctuations decreased and their annual variation changed. There occurred alterations of the wave regime and an improvement of the transparency, and the content of inorganic matter in the sediments increased. The hydrobionts made allowance for the changements in the physico-chemical parameters. Generally, the ecosystem of the White Lake suffered considerable transformations.

---

[1]) Т. И. Малинина, И. М. Распопов, Академия наук СССР, Институт озероведения, Ленинград 197046, Петровская наб. 4, СССР.

В настоящее время все крупные водоемы подвержены в той или иной степени антропогенному воздействию. Рост индустриализации и народонаселения, интенсификация сельского хозяйства, развитие водного транспорта и другие стороны хозяйственной деятельности человека оказывают существенное воздействие на озера. Изучение последствий такого воздействия и выработка рекомендаций по рациональному использованию водоемов являются в настоящее время весьма актуальной задачей.

В течение нескольких лет Институт озероведения работает над проблемой ,,Антропогенные факторы лимнологических процессов больших озер Северо-Запада СССР'', в число которых включены Ладожское, Онежское, Ильмень, Псковско-Чудское и Белое.

Настоящее сообщение касается озера Белого, которое в этом отношении предствляет особый интерес, поскольку на протяжении последних 150 лет оно неоднократно подвергалось различным реконструкциям, из которых последняя, когда была построена Череповецкая ГЭС и озеро превращено в водохранилище, является наиболее существенной.

Комплексный метод, примененный при изучении озера, позволил представить его как единую систему, в котором изменение одного элемента непременно вызывает направленное изменение других. Так изменение морфометрических показателей озера привело к целому ряду изменений в водном балансе, динамике водных масс, тепловом режиме, гидрофизических свойствах воды, это в свою очередь оказало воздействие на химический состав воды и биологические показатели. И в целом экосистема озера Белого претерпела существенные изменения.

Озеро Белое (рис. 1) с $F = 1284$ км², $V = 5{,}25$ км³, $H_{\text{ср.}} = 4$ м находится на СЗ СССР в Вологодской области. Водосбор озера расположен в северо-западной окраиной области Русской платформы вблизи смыкания ее с Балтийским кристаллическим щитом. Одной из особенностей водосбора озера является то, что он расположен на границе водораздела трех морей, Каспийского, Белого и Балтийского. Поскольку рельеф значительно сглажен ледниковой деятельностью, то границы водораздела выражены нечетко и сам водосбор сравнительно небольшой. Площадь его лишь в 10 раз превышает площадь озера, в то время как рядом расположенные озера Кубенское, Ильмень, Лача имеют водосборы, в 30—35 раз превышающие площадь самих водоемов, а этот показатель оказывает существенное влияние на водный баланс озера и его внешний водообмен.

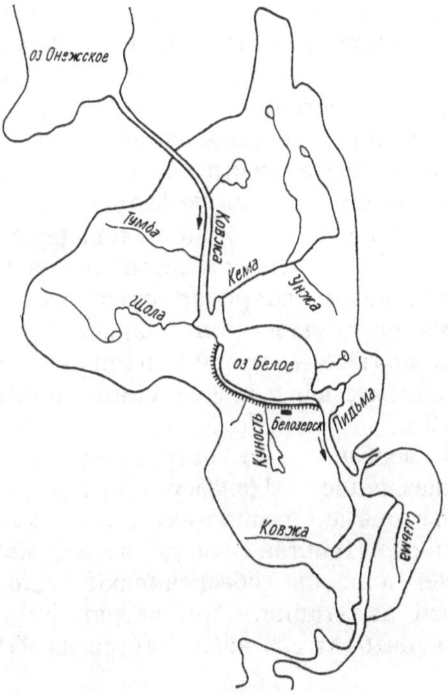

Рис. 1. Озеро Белое и его бассейн

Второй особенностью водосбора озера Белого является принадлежность его к переходной климатической зоне, подверженной влиянию двух климатических систем — Атлантической и Евро-Азиатской. Над бассейном озера находится центр пересечения траекторий циклонов, идущих с Северной Атлантики и от Средиземноморья, что способствует развитию больших скоростей ветра в течение всего года. Скорости ветра над бассейном озера Белого на 25—30% выше, чем над окружающей территорией.

Повышенные скорости ветра в сочетании с мелководностью озера придают ему ряд своеобразных особенностей: высокая минерализация донных отложений, хороший кислородный режим (в течение почти 100 лет на озере не отмечалось зимних заморов рыбы), своеобразие видового состава бентоса. И, например, такая особенность, как наличие в озере ряпушки, что является фактом исключительным, т. к. эта рыба характерна лишь для глубоких и холодноводных водоемов.

Итак, озеро Белое, расположенное в зоне избыточного увлажнения, относится к стоково-аккумулятивному типу озер. Основными составляющими его водного баланса являются речной приток и сток из озера, которые составляют более 80% как приходной так и расходной части баланса. Водный баланс озера рассчитывался за отдельные циклы увлажненности, состоящие из многоводных и маловодных фаз. Так в многоводную фазу приходная часть водного баланса возрастает на 15—18%, в маловодную уменьшается на эту же величину. Меняется также и соотношение элементов баланса. Доля осадков и испарения уменьшается в многоводную фазу, однако в маловодную их роль возрастает. Уровенный режим характеризуется подъемом уровня в период весеннего половодья и затем спадом с min в предвесенние месяцы и годовой амплитудой около 2 м.

Существенной особенностью озера, как уже упоминалось, является его динамичность. На озере хорошо развиты течения и прежде всего ветровые, сгонно-нагонные колебания уровня, сейши и волнение. Простая форма озера, почти одинаковые глубины по всей площади обеспечивают однообразие режима волнения по всей акватории. При ветрах 50% обеспеченности средняя высота волны (15 см) наблюдается на 95% всей площади озера.

Сейши на озере почти постоянно наблюдаются. Наибольший период сейш составляет 3 ч. 20 мин. Это одноузловая продольная сейша озера. Кроме нее наблюдаются сейши с периодом 2 ч., полтора часа и 52 мин. Амплитуды сейш как правило небольшие до 15—20 см. Почти постоянно развитые сейшевые колебания в озере приводят к возникновению сейшевых течений, наибольшую скорость которые достигают в районе узловых линий сейш.

Однако доминирующими на озере являются ветровые течения. При юго-восточных ветрах в озере намечается антициклональная циркуляция вод, охватывающая почти всю водную массу озера. В придонных слоях возникают компенсационные течения со скоростью до 7—9 см/с, в то время как на поверхности10—15 см/с.

Западные и северо-западные ветры вызывают течения, направленные к истоку р. Шексны. Если же скорость этих ветров увеличивается до 10 м/с, то возникает циклональная циркуляция вод со скоростями до 15 см/с. — Стоковые течения на озере выражены слабо.

Термический режим озера имеет четковыраженный сезонный ход. Температура воды вслед за температурой воздуха повышается до конца июля — начала августа и затем плавно падает. Вследствие мелководности и почти постоянного перемешивания водной массы стратификация как по глубине так и по акватории носит кратковременный характер и наблюдается лишь в непродолжительные периоды штилевой погоды. Большое значение в формировании термического режима имеют донные отложения, которые летом аккумулируют тепло и препятствуют промерзанию мелководных озер до дна. Летом в донных отложениях содержится до 20—50% тепла поступающего в озеро. А в предвесенний период до 90% теплозапаса содержится в донных отложениях.— В донных отложениях господствующими являются илы (более 80%), зона песков составляет всего лишь 11%. Следует отметить низкий темп седиментации современных осадков. Их мощность не превышает 30 см. Донные отложения оз. Белого отличаются низким содержанием органического вещества (потери при прокаливании всего 4,3%).

Вода озера Белого имеет невысокую минерализацию, около 120 мг/л, гидрокарбонатно-кальциевый состав. Режим растворенного кислорода в озере можно считать удовлетворительным, его величины не снижаются в течение года ниже 60—70%. В весенний период наблюдается небольшое пересыщение кислородом. Величина pH меняется мало, от 7,2 до 7,4.

Содержание минерального фосфора меняется от 0,01 до 0,04 мг/л, заметно снижается в период развития фитопланктона и несколько возрастает летом. Содержание соединений азота в воде меняется в широких пределах. Из минеральных форм в воде постоянно присутствует аммонийный азот, правда его содержание заметно снижается в период вегетации фитопланктона. Нитратный азот наблюдается с основном в зимний период.

В целом можно сказать, что содержание азота и фосфора как в минеральной так и в органической формах постоянно присутствуют в воде озера. Содержание органического вещества в озере меняется в течение года. В зимнее время вода озера имеет относительно невысокую цветность, около 20°. Весной содержание органического вещества в воде увеличивается в несколько раз, особенно в приустьевых участках Ковжи, где цветность воды достигает 250°.

По биологическим показателям оз. Белое во многом сходно с другими крупными мелководными озерами Северо-Запада СССР, такими как Лача, Воже, Кубенское, что основано на общности географического положения, близком химическом составе их вод и ряде других физико-географических характеристик. Численность бактериопланктона колеблется от 0,4 до 3,5 млн. кл/мл.

В фитопланктоне в последние годы отмечено 120 разновидностей и форм водорослей. Фитопланктон характеризуется преобладанием диатомовых водорослей на протяжении всего вегетационного периода. Синезеленые, хотя и превалируют по численности во второй половине лета — начале осени, в общей биомассе большой роли не играют. В стадии активного роста фитопланктон Белого озера по своей продукционной способности — содержанию хлорофилла и интенсивности фотосинтеза на единицу биомассы — сходен с фитопланктоном других водоемов умеренной зоны.

В зоопланктоне преобладают ракообразные. Придонные хидориды в озере малочисленны, практически все озеро заселено пелагическим планктонным комплексом, свойственным озерам Северо-Запада. Биомасса зоопланктона составляет около 2 г/м³, продукция за сезон (май—октябрь) — 4,5 ккал/м³ для мирных и 1,5 ккал/м³ для хищных зоопланктеров.

Из 112 таксонов донных и фитофильных беспозвоночных, отмеченных в Белом озере, в центральной незаросшей части озера встречается 57 видов и форм. Преобладают хирономиды, олигохеты и моллюски. Ср. биомасса бентоса в последние годы составляла ~10 г/м². Продукция на илах достигает 20 ккал/м², на песках ~2 ккал/м². — По уровню развития фито-, зоопланктона и зообентоса озеро Белое может быть отнесено к водоемам *мезотрофного* типа. В озере обитает около 30 видов рыб. Самый ценный и массовый вид — снеток, затем судак, шука и другие.

Озеро Белое, обладающее общими чертами с другими озерами, расположенными на СЗ ЕТС, имеет и ряд существенных отличий от них. Эти отличия относятся прежде всего к характеристике его водного баланса. Приходная часть водного баланса, выраженная в слое воды на площадь озера, составляет около 4 м, в то время как на близко расположенных озерах в тех же физико-географических условиях эта величина достигает 10—11 м (озера Лача и Кубенское) и до 15 м на оз. Ильмень. Озеро Белое отличается от перечисленных озер тем, что площадь его водосборного бассейна всего в 10 раз превышает площадь самого озера, в то время как у других озер это соотношение достигает 20—30. Поэтому внешний водообмен озера Белого менее интенсивен. Коэффициент водообмена равен всего 1,2; на озере Кубенском — 3, а оз. Ильмень — 7.

В то же время внутренний водообмен в озере Белом более интенсивен и прежде всего за счет ветрового перемешивания. Этому способствуют форма котловины озера (округлая с открытыми берегами), небольшие глубины и ветры, почти постоянно дующие над водоемом.

Повышенная динамичность водной массы оз. Белого обусловила своеобразие его экосистемы.

1. Постоянное перемешивание воды, хорошая аэрация придонного слоя, интенсивная минерализация органических веществ в грунтах, частое взмучивание илов и переход биогенов в водную толщу повлекли за собой:
   а) вспышки в развитии зоопланктона после штормовой погоды;
   б) слабое развитие придонных хидорид, нуждающихся в высоком содержании органических веществ в грунтах и придонном слое воды;
   в) преобладание крупных реофильных олигохет, требовательных к повышенному содержанию кислорода, в центральной части озера.
2. Сильное воздействие волн на дно по периферии озера привело к тому, что:
   а) зарастание озера макрофитами составляет 1%, в отличие от других мелководных озер Северо-Запада СССР, где зарастание измеряется десятками процентов;
   б) обеднен видовой состав перифитона. Его годовая продукцияösталяет 10% продукции макрофитов (обычно — до 40 или 50%);
   в) своеобразное горизонтальное распределение бентических животных — максимальное количество организмов и биомасса бентоса обитает в центре озера, а не в прибрежной зоне, как обычно наблюдается на водоемах.

Таким образом, своеобразие экосистемы Белого озера на фоне других крупных мелководных озер региона состоит в том, что система эта планктотрофная, т. е. основными продуцентами органического вещества в озере являются водоросли планктона. Роль макрофитов и перифитона ничтожна.

Сочетание одних только природных условий, и прежде всего геологических и климатических, привело к возникновению достаточно специфических свойств озера, влияние же антропогенных факторов еще более усложняет характер внутренних взаимосвязей экосистемы оз. Белого.

Таблица 1

Характеристика некоторых элементов экосистемы оз. Белого до и после строительства Череповецкого гидроузла

Характеристика	до 1963 г.	1975—1977
1. Объем, км^3	2,8	5,2
2. Площадь зеркала, км^2	1160	1284
3. Глубина средняя, м	2,3	4,1
4. Крутизна берегового откоса, град.	3	8
5. Площадь осевшего льда, %	12	3
6. Амплитуда уровня, м	1,9	1,4
7. Заливные площади, %	22	7
8. Внутригодовое распределение, %		
стока I—III	14,6	37,3
стока VII—VIII	22,8	6,5
9. Коэффициент внешнего водообмена	1,2	0,9
10. Тепловой приток, ккал/см^2	2,9	1,6
11. Тепловой сток за V—X, ккал/см^2	3,5	1,5
12. Коэффициент мелководности	1,00	0,75
13. Средняя высота волн, см	16,0	18,0
14. Средняя длина волн, м	5,5	6,0
15. Горизонтальная составляющая орбитальной скорости у дна, см/с	1,3	0,3
16. Прозрачность, м	0,6	0,8
17. Содержание песчаной фракции в глинистых илах, %	2,5	5,0
18. Содержание органического углерода в донных отложениях, %	1,7	2,6
19. Минерализация воды, мг/л	—	120
20. Содержание $P_{\text{мин.}}$, мг/л	0,006	0,005
21. Содержание N_{NO_3}, мг/л	0,007	0,003
22. Содержание O_2, %	92	90
23. Зарастание макрофитами, %	10	1
24. Биомасса фитопланктона, мг/л	3,3	3,8
25. Численность бактериопланктона, млн. кл/мл	0,9	1,5
26. Биомасса зоопланктона, г/м^3	2,3	1,4
27. Биомасса зообентоса, г/м^2	3,8	9,7

Антропогенное воздействие на озеро осуществляется уже достаточно длительное время, более 100 лет. Еще в начале 19 столетия озеро Белое было включено в состав Мариинского водного пути, затем вокруг озера построили обводной канал, который отчленил южную часть водосборного бассейна озера. В конце 19 столетия для поддержания достаточного для судоходства уровня была сооружена Крохинская плотина на р. Шексне, которая изменила уровенный режим озера. Однако наиболее существенные изменения в режиме озера произошли в 1963 г. в связи с реконструкцией Волго-Балтийского водного пути. В связи с реконструкцией на р. Шексне был построен Череповецкий гидроузел, уровень озера поднят на 2 м, озеро превратилось в водохранилище и стало участком Волго-Балтийского водного пути. Произошли существенные изменения в его экосистеме (табл. 1).

Поднятие уровня озера на 2 м привело к изменению морфометрических показателей озера: почти в два раза увеличилась средняя глубина озера и увеличился его объем, на 130 км² увеличилась площадь озера. Гидроузел, построенный на Шексне, зарегулировал уровень озера, изменился его внутригодовой ход, уменьшилась амплитуда. Повышение уровня изменило характер волнения на озере. Увеличилась высота и длина волн, но в тоже время уменьшилось их воздействие на дно озера, вследствие уменьшения коэффициента мелководности $K = V/\sqrt{g\bar{Z}}$, где V — скорость ветра, м/с; g — ускорение силы тяжести; $\bar{Z}$ — средняя глубина озера. В свою очередь эти преобразования изменили характер седиментации. Уменьшилась степень взмучивания донных отложений, несколько повысилась прозрачность воды.

На перечисленные выше изменения физических и химических параметров экосистемы оз. Белого откликнулись гидробионты: с 10 до 1 % сократились площади водной растительности и изменился состав сообществ макрофитов, почти во столько же раз воз-

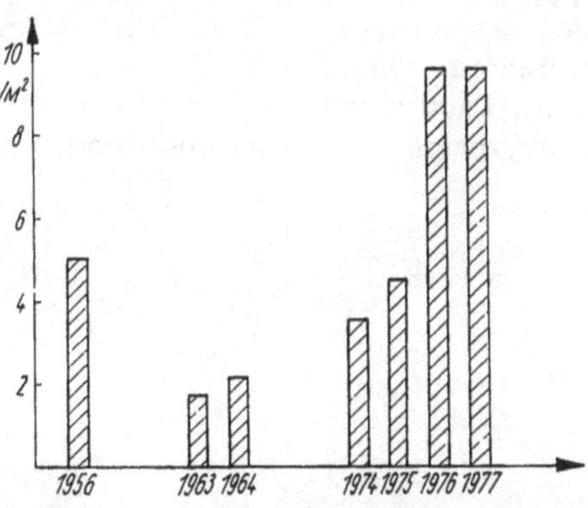

Рис. 2. Биомасса бентоса в оз. Белом (1956—1977 гг.)

росла интенсивность фотосинтеза фитопланктона под 1 м² в сутки, с 0,9 до 1,5 млн. кл/мл увеличилась численность бактерий, с 3,8 до 9,7 г/м² — биомасса зообентоса (рис. 2). Переформирование берегов под воздействием усилившейся волновой деятельности при повышении уровня воды привело к тому, что были замыты существовавшие ранее каменистые гряды, служившие субстратом перифитону. Произошло также перераспределение нерестилищ белозерских рыб.

Литература

[1] Алферовская, М. М., Грунты Белого озера и рек, впадающих в него. Изв. ГосНИОРХ **62** (1967), 291—298.

[2] Выголова, О. В., и Т. Д. Слепухина, Зообентос Череповецкого водохранилища и его продукция. — Тезисы доклада на 1 сессии Ученого Совета по проблеме ,,Биологические ресурсы Белого моря и внутренних водоемов Европейского Севера'', Сыктывкар 1977, 43—45.

[3] Ершова, М. Г., Водные массы Череповецкого водохранилища. Биологические и гидрологические факторы местных перемещений рыб в водохранилищах. Тр. Инст. биол. внутр. вод АН СССР **16** (**19**) (1968), 3—21.

[4] Крашенинникова, С. А., и М. И. Новожилова, Микробиологические исследования озера Белого Вологодской области. Микробиология **28** (1959), 80—84.

[5] Кузьмин, Г. В., Водоросли планктона Шекснинского и сопредельной акватории Рыбинского водохранилища. Тр. Инст. биол. внутр. вод АН СССР **31** (**34**) (1976), 3—60.

[6] Мордухай-Болтовской, Ф. Д., и В. И. Митропольский, Бентос Белого озера. Тр. Инст. биол. внутр. вод АН СССР **2** (**5**) (1959), 85—102.

[7] Мосевич, Н. А., Белое озеро. — В кн.: Рыболовство на Белом и Кубенском озерах, Вологда 1955, 6—20.

[8] Распопов, И. М., Растительность Белого озера в современных условиях. Биология внутренних вод, Информ. бюлл. **43** (1979), 11—15.

Acta Hydrophysica, Berlin	Bd. XXVII	H. 3/4	(1982)	S. 283–299

Взвешенное вещество водохранилищ

М. Я. Прыткова[1])

Резюме: Анализируются результаты наблюдений Института озероведения АН СССР над взвесями водохранилищ Борщенского, Успенского в Курской области, „Волчьи Ворота", Отказненского и каскада прудов в Предкавказье. Для сравнения использованы данные по взвесям других, более крупных водохранилищ. Выявлены зональные особенности взвешенного вещества водохранилищ, проявляющиеся в изменении его содержания и сезонного распределения при переходе из лесной зоны в лесостепную и степную, и влияние на его содержание размера водоемов.

Zusammenfassung: Die Ergebnisse von Untersuchungen des Instituts für Seenforschung der Akademie der Wissenschaften der UdSSR über die Schwebstoffe in den Stauseen des Borščen'-Baches und von Uspenskoe im Kursker Gebiet, der „Volč'i Vorota", von Otkaznoe und einer Teichkaskade im Vorkaukasus werden analysiert. Als Vergleichsmaterial wurden Daten von Suspensionen in anderen, größeren Wasserspeichern benutzt. Es wurden die zonalen Eigentümlichkeiten der Schwebstoffe in Stauseen, die in der Änderung ihres Gehalts an Suspensionen und seiner jahreszeitlichen Verteilung beim Übergang von der Waldzone zur Waldsteppen- und Steppenzone zutage treten, sowie der Einfluß der Größe der Wasserspeicher auf ihren Schwebstoffgehalt ermittelt.

Summary: The results of investigations, made by the Institute of Lake Research, Academy of Sciences of the USSR, on the suspended load in the storage reservoirs of the Borshchen brook and Uspenskoye in the Kursk region, the "Volchi Vorota", of Otkaznoye and in a pond cascade of the Caucasus foothills are analysed. For purposes of comparison, data on the suspended load of other, larger reservoirs were applied. The zonal peculiarities of the suspended load in reservoirs, which come to light in the change of the contents of this matter and its seasonal distribution on transition from the forested zone to the prairie-timber and steppe regions, as well as the influence of the dimensions of water reservoirs on their suspended load content are evidenced.

[1]) М. Я. Прыткова, Академия наук СССР, Институт озероведения, Ленинград 197046, Петровская наб. 4, СССР.

Изучение взвесей водохранилищ, их количества и состава имеет важное практическое значение и необходимо для оценки качества воды водоема, используемой для питьевого, сельскохозяйственного и промышленного водоснабжения. Эти же данные являются основой для определения таких элементов седиментационного баланса водохранилищ, как сброс наносов в нижний бьеф и изменение количества взвесей в водоеме за период составления баланса. Кроме того, взвеси исследуются с целью выявления участков в водоеме с различной интенсивностью осадконакопления, участия продуктов склонового смыва с прилегающих склонов в заилении водоема, водных масс водоема.

Исследование взвесей водохранилищ требует комплексного подхода. Для этого необходимо изучить источники взвесей, внутригодовой режим и распределение взвесей в водной массе водоема, их качественный состав. Кроме того, важно выявить особенности режима взвесей в водохранилищах разного размера и их географические закономерности. Рассмотрим эти вопросы на примере водохранилищ, исследованных Институтом озероведения АН СССР в Курской области и в Предкавказье (табл. 1). Водохранилища

Таблица 1

Морфометрические характеристики водохранилищ, изученных Институтом озероведения АН СССР

№ п/п	Водохранилище	Объем, 10^6 м³	Площадь зеркала, км²	Средняя глубина, м	Открытость зеркала, км²/м
1	Борщенское	0,76	0,36	2,1	0,17
2	Успенское	2,43	0,66	3,7	0,18
3	„Волчьи Ворота"	23,5	5,5	4,2	1,3
4	Отказненское	100	18,4	5,4	3,4
5	Каракубанское 4	0,059	0,062	0,96	0,06
6	Каракубанское 5	0,018	0,027	0,68	0,04
7	Каракубанское 6	0,085	0,074	1,15	0,06
8	Каракубанское 7а	0,026	0,021	1,17	0,02
9	Каракубанское 7б	0,002	0,003	0,79	0,003
10	Каракубанское 8	0,025	0,028	0,90	0,03
11	Каракубанское 9	0,064	0,041	1,55	0,03

Борщенское и Успенское расположены в лесостепной зоне, а водохранилища „Волчьи Ворота" и Отказненское, а также каскад из 7 прудов — в степной.

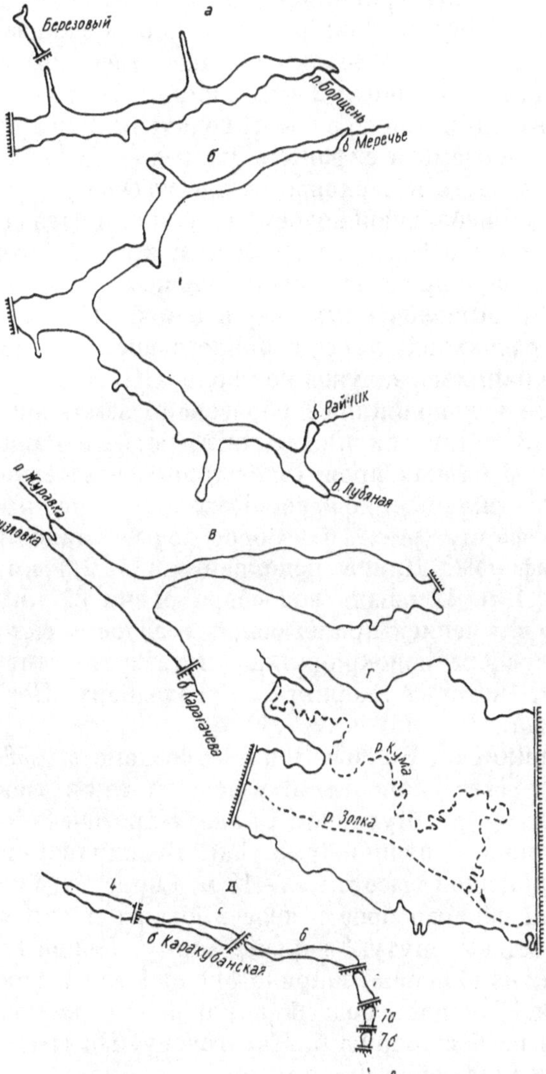

Рис. 1. Плановое очертание водохранилищ, изученных Институтом озероведения АН СССР. Водохранилища: **а** — Борщенское, **б** — Успенское, **в** — ,,Волчьи Ворота'', **г** — Отказненское, **д** — пруды на б. Каракубанской

Борщенское водохранилище расположено в долине ручья Борщень — левого притока р. Реута; образовано земляной плотиной высотой 6—7 м. Водохранилище имеет вытянутую форму (рис. 1а), длина его около 2,4 км, ширина — 50—200 м; наибольшая глубина 5,6 м. Сброс воды из водохранилища осуществляется двумя водосбросами и сифоном. Площадь водосбора равна 48 км², ее четвертая часть в верховье ручья отсечена другой плотиной, образовавшей небольшой водоем, а в балке, впадающей в водохранилище с правого берега, расположен пруд Березовый (рис. 1а). Почвы водосбора представлены комплексом мощных, слабовыщелоченных и выщелоченных черноземов. Почти вся площадь водосбора распахана, лишь в прилегающей к водоему части водосбора сохранилась залуженная полоса.

Успенское водохранилище образовано земляной плотиной высотой 12—13 м при слиянии балок Меречье и Райчик (бассейн р. Сейм). Сток в балках происходит только в весеннее время и изредка после сильных дождей. Водохранилище имеет сложную вытянутую форму (рис. 1б). Сброс воды в нижний бьеф производится сифоном. Длина водохранилища 2,6 км, наибольшая глубина 10,1 м. Площадь водосбора равна 33 км². Большая ее часть, за исключением прилегающих к водоему склонов, распахана. На водосборе водохранилища встречается тот же комплекс черноземов, который характерен водосбору Борщенского водохранилища.

Водохранилище „Волчьи Ворота" создано в 1956 г. в пойме р. Томузловки. В его наполнении участвует также левый приток р. Томузловки — р. Журавка. Балка Карагачева отгорожена от водохранилища плотиной (рис. 1в). Водохранилище образовано земляной плотиной высотой 12—13 м. Сброс воды осуществляется через бетонный водосброс в теле плотины и сифоном. Водохранилище имеет вытянутую в плане форму. Длина водохранилища около 8 км, наибольшая ширина около 1 км, а наибольшая глубина 12,4 м. Площадь водосбора равна 1895 км², третья часть ее приходится на бессточную б. Карагачеву. На водосборе водохранилища расположено 105 прудов, аккумулирующих продукты эрозии. Водосбор сложен каштановыми, темно-каштановыми почвами и предкавказскими черноземами, на 75% распахан.

Отказненское водохранилище на р. Куме вступило в эксплуатацию в январе 1966 г. Плотина водохранилища земляная с бетонной облицовкой мокрого откоса. Водовыпуск башенного типа с двумя ярусами сливных отверстий. Правобережная хвостовая часть водохранилища отсечена дамбой (рис. 1г). Водохранилище имеет чашеобразную форму: длина плотины 4,7 км, наибольшая ширина 4,8 км, длина водоема 6,4 км. Наибольшая глубина водоема 16 м. Площадь водосбора равна 7980 км². На водосборе расположено значительное количество прудов и небольших водохранилищ. Большую площадь водосбора занимают предгорные карбонатные черноземы.

Пруды, расположенные каскадом на б. Каракубанской, образованы земляными плотинами, высота которых изменяется от 1 до 8 м. Для сброса избытка воды служат трубы диаметром 20—40 см, заложенные в теле плотины примерно на 0,5 м ниже ее гребня. Не имеет водосброса плотина пруда № 4 (рис. 1д). Пруды в значительной степени заросли тростником, достигающим в конце лета высоты 4 м. Длина прудов изменяется от 50 до 1100 м, а наибольшая ширина — от 35 до 101 м. Их наибольшая глубина составляет 1,3—2,8 м. Площадь водосбора в створе плотины пруда № 9 равна 25,6 км². Водосбор сложен предкавказскими карбонатными малогумусными мощными черноземами и практически полностью распахан.

Из приведенных данных следует, что исследованиями взвесей охвачены водохранилища объемом от 2 тыс. м³ до 100 млн. м³, имеющие различное очертание в плане и расположенные в разных природных условиях, на водотоках с различной водностью. Эти материалы представляют несомненный интерес, так как позволяют выявить особенности режима взвесей в водохранилищах разного размера и разных природных зон.

Отбор проб воды производился бутылкой с узким горлом, опускаемой вертикально в специальной кассете. В момент погружения горло бутылки было закрыто пробкой. Пробы воды из водохранилищ Борщенского, Успенского и ,,Волчьи Ворота'' фильтровались через бумажные фильтры, а из Отказненского водохранилища и из прудов на б. Каракубанской — еще и через мембранный фильтр № 4. Содержание взвесей в водохранилищах Борщенском, Успенском и в прудах на б. Каракубанской изучалось главным образом на вертикалях (станциях), расположенных по длине водоема, по линии наибольших глубин, а на водохранилищах ,,Волчьи Ворота'' и Отказненское — по всей акватории водоема. Съемки мутности обычно сопровождались термосъемками.

Малые водохранилища лесостепной зоны Борщенское и Успенское расположены на временных водотоках, транспортирующих в течение марта и апреля 70—95% годового стока наносов (см. [5], [6]). Некоторое количество наносов поступает в водоемы во время зимних оттепелей и летних ливневых дождей. В связи с небольшой длиной водохранилищ (менее 3 км) поток, двигающийся со скоростью 4—5 см/с, подходит к плотине за 14—17 часов. За это время он не может полностью освободиться от наносов, и поэтому мутность воды в приплотинной части водохранилищ лишь с небольшим запозданием реагирует на все изменения мутности основных водотоков. Сток наносов этих водотоков является главным источником взвесей в водохранилищах, особенно в периоды, когда водоемы покрыты льдом.

В связи с неравномерным поступлением наносов из основных водотоков в течение года мутность воды в водохранилищах подвержена сезонным изменениям. Зимою мутность воды в приплотинной части водохранилищ составляет 10—20 г/м³ (табл. 2) и возрастает лишь в период оттепелей, когда на водотоках проходят зимние паводки. Например, в приплотинной части Борщенского водохранилища мутность воды после потепления, продолжавшегося с 6 по 11 марта 1958 г., составила 78 г/м³, но уже 31 марта была равна 2 г/м³.

Весною мутность воды в водохранилищах является наибольшей в году и достигает в приплотинной части 100—500 г/м³ (табл. 2). Содержание взвесей в водоемах в этот сезон зависит только от их поступления с талыми водами из основных водотоков, так как лед на водоемах сохраняется до 10—20 апреля и защищает берега от размыва. В отдельные дни мутность воды в ручьях и балках, впадающих в водохранилища, достигает 10—25 кг/м³. В такие дни в Борщенском водохранилище наблюдались так называемые придонные „тяжелые" течения (см. [5]), возникающие под влиянием разницы в плотности мутной воды ручья Борщень и осветленной воды самого водоема.

Летом содержание взвесей в водохранилищах зависит от интенсивности размыва берегов ветровым волнением и взмучивания поверхностного слоя донных отложений. Мутность воды в приплотинной части водохранилищ практически равна ее значению в зимний период (табл. 2), но резко возрастает после летних дождевых паводков. Так, после ливня, прошедшего в 17—19 часов 17 июля 1956 г., мутность воды в ручье Борщень возросла до 6,7 кг/м³. В этот день мутность в приплотинной части Борщенского водохранилища составляла 20—30 г/м³ и только на следующий день увеличилась в поверхностном слое до 158.

Таблица 2

Средняя мутность воды в приплотинной части водохранилищ

Водохранилище	Мутность, г/м³		Мутность [г/м³] по сезонам			
	притока	сброса	зима	весна	лето	осень
Борщенское	1440	67	10—20	100—360	20—30	—
Успенское	1390	24	10—20	100—520	6—17	—
„Волчьи Ворота"	550	15	15	15—22	—	—
Отказненское	2500	22	20—25	35—60	30—60	20—50
Каракубанское 4	2400	45	30	34	70	52
Каракубанское 5	2000	53	35	35	86	66
Каракубанское 6	1000	94	73	64	108	159
Каракубанское 7б	2000	75	42	71	124	76
Каракубанское 8	2600	72	44	47	118	94
Каракубанское 9	2000	65	48	51	95	74
Иваньковское	21	22	2	6—24	8—4	4—2
Угличское	22	19	2—3	8—20	4—6	2—4
Рыбинское	20	7	1—2	1—10	2—6	2—50
Горьковское	10	4	4—6	20—30	2—16	4—16
Можайское	80	8	3—8	20—40	3—9	6—10
Куйбышевское	—	—	5—15	30—60	10—20	10—20
Новосибирское	435	—	—	25—75	10—80	20—40
Мингечаурское	2010	60	1—12	8—31	8—31	1—12

Изменение мутности воды по длине водохранилищ характеризуется резким ее уменьшением по направлению к плотине. Причем уже на первых 200—500 м в верховье водохранилищ мутность воды уменьшается в 10—20 раз.

Распределение мутности по глубине водохранилищ зависит от поступления взвесей из основных водотоков. При большой мутности воды в ручье Борщень, превышающей 1—2 кг/м³, в при-

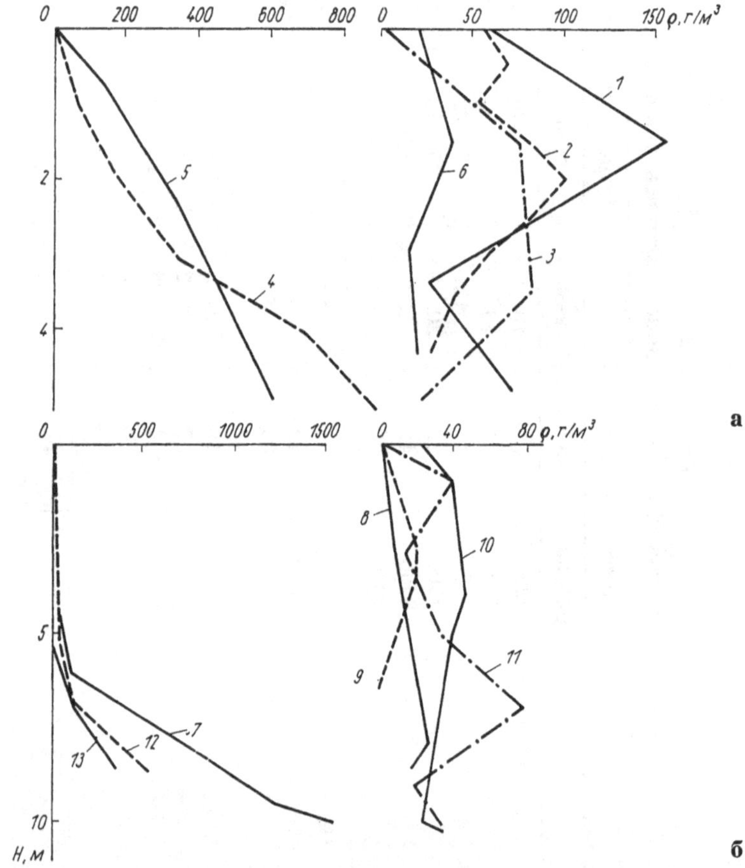

Рис. 2. Изменение мутности воды по глубине постоянной вертикали в Борщенском (**а**) и Успенском (**б**) водохранилищах. Дата измерения: *1* — 12. III. 1958, *2* — 17. III. 1958; *3* — 4. IV. 1958; *4* — 6. IV. 1958; *5* — 8. IV. 1958; *6* — 24. IV. 1958; *7* — 25. III. 1959; *8* — 12. IV. 1959; *9* — 31. III. 1960; *10* — 1. IV. 1960; *11* — 14. IV. 1960; *12* — 13. III. 1961; *13* — 14. III. 1961

плотинной части Борщенского водохранилища отмечается увеличение мутности воды по направлению от поверхности ко дну (рис. 2а—4, 5). Та же закономерность отмечается в приплотинной части Успенского водохранилища (рис. 2б—7, 12, 13). Мутность воды в придонной части достигает 0,9—1,5 кг/м³ и указывает на наличие ,,тяжелых" течений. Такие водохранилища должны быть оборудованы донными водоспусками для сброса наиболее мутных вод. Если из балок и ручьев поступает вода с небольшим содержанием взвесей, то мутность воды в приплотинной части водохранилищ распределяется по глубине относительно равномерно (рис. 2а — 1—3, 6; 2б — 8—11).

Водохранилище ,,Волчьи Ворота" получает из р. Томузловки в зимний период (XII-II) в среднем 5% годового стока наносов, весною (III-V) — 34%, летом (VI-VIII) — 53% и осенью (IX-XI) — 8%. Мутность речной воды в зимний сезон не превышает 130 г/м³, а мутность воды в приплотинной части водохранилища не более 15 г/м³. Весеннее наполнение водохранилища начинается еще при ледовом покрове. Мутность речной воды в отдельные дни превышает 1 кг/м³ и, чем она больше, тем дальше в глубь водохранилища проникают зоны повышенной мутности (рис. 3а). По мере

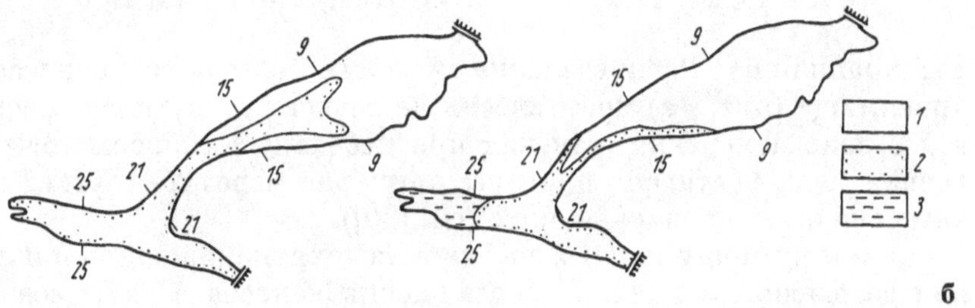

Рис. 3. Распределение средней мутности воды в водохранилище ,,Волчьи Ворота" при ледовом покрове 19., 20. III. 1964 г. (а) и 22. III. 1964 г. (б). Мутность воды [г/м³]: *1* — менее 20; *2* — 20—40; *3* — 40—60

наполнения водохранилища лед отрывается от берега, а в образовавшиеся закраины поступает талая вода с прилегающих склонов. Продукты склонового смыва формируют полосу повышенной мутности вдоль берегов (рис. 3б). Поскольку водохранилище еще покрыто дьдом, то размыва берегов не происходит. Изменение мутности по длине водохранилища характеризуется ее уменьшением по направлению к плотине. Наиболее интенсивное осветление потока происходит на первом километре, в самом верховье

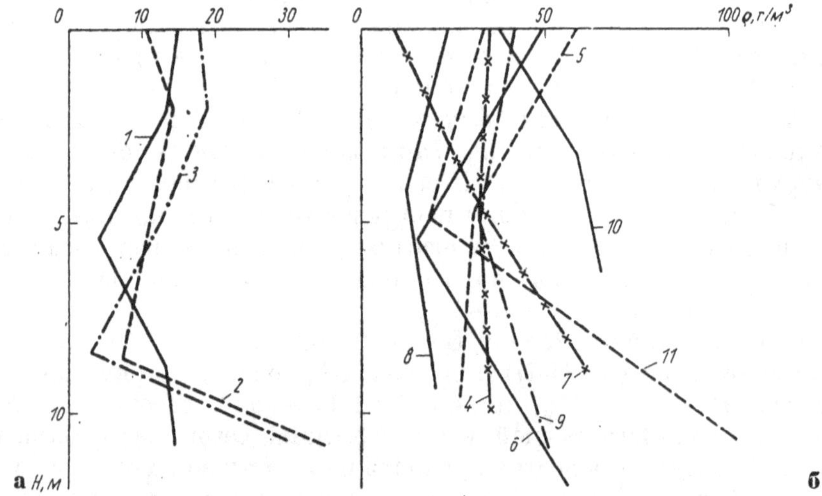

Рис. 4. Изменение мутности воды по глубине постоянной вертикали в водохранилищах „Волчьи Ворота" (**а**) и Отказненском (**б**). Дата измерения: *1* — 20. III. 1965; *2* — 30. III. 1965; *3* — 20. IV. 1965; *4* — 9. VII. 1966; *5* — 12. VIII. 1966; *6* — 4. VIII. 1967; *7* — 12. VI. 1968; *8* — 17. XI. 1968; *9* — 19. IV. 1969; *10* — 25. VI. 1969; *11* — 17. VI. 1970

водохранилища. Распределение мутности воды по глубине водохранилища (рис. 4а) практически не зависит от мутности речных вод в день измерения, так как при небольшой скорости течения речная вода достигнет плотины примерно через 2-е суток, значительно осветлившись по пути (см. [10]).

Съемки мутности на Отказненском водохранилище выполнялись для выяснения механизма перемещения наносов в чаше водоема в зависимости от его наполнения и водности впадающих рек. Для примера, на рис. 5 показана схема распределения мутности в поверхностном (а) и придонном (б) слоях водоема 17 июня 1970 г. (см. [9]). На схеме отчетливо прослеживается уменьшение мутности воды по длине водохранилища. В поверхностном горизонте речной поток, заполняя Кумской и Золкинский заливы, достигал створа 3, а в придонном слое он, перемещаясь вдоль бывшего русла р. Кумы, приближался к плотине, постепенно осветляясь. В день съемки мутности содержание взвесей в р. Куме составляло 2,7 кг/м³. Разгрузка потока от речных наносов происходит главным образом в Кумском заливе, где формируется конус выноса из них. Мутность воды в Золкинском заливе водохранилища в спокойную

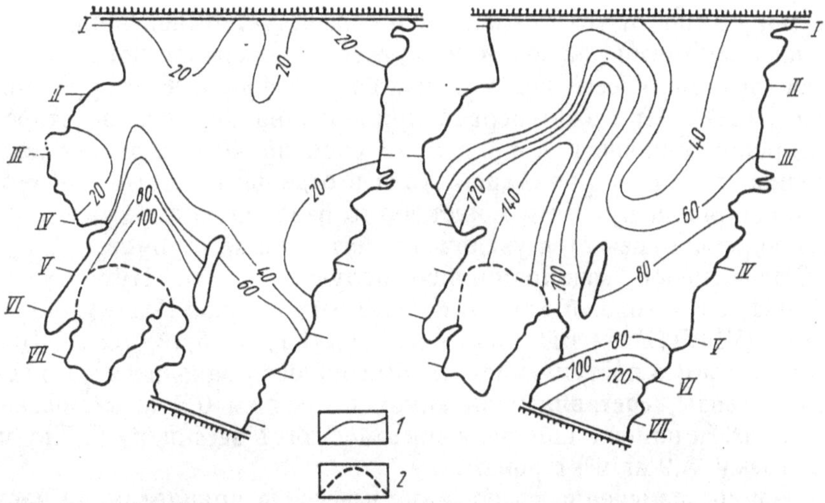

а б

Рис. 5. Распределение мутности воды [г/м³] в поверхностном (а) и придонном (б) слоях Отказненского водохранилища 17. VI. 1970 г. *1* — изолинии мутности, *2* — граница конуса выноса наносов в Кумском заливе

погоду меньше, чем в Кумском, но больше, чем в открытой части водоема. Поток речной воды поступает в Золкинский залив из Кумского и содержит небольшое количество наносов, хотя мутность воды в р. Куме выше водохранилища достигает 1—7 кг/м³. Ветровое волнение производит взмучивание поверхностного слоя отложений в Золкинском заливе, в такие дни мутность воды в заливе больше, чем в Кумском. Ветровыми течениями часть наносов из Золкинского залива выносится в открытую часть водоема. В результате объем отложений в заливе уменьшился от 310 тыс. м³ в 1967 г. до 80 тыс. м³ в 1970 г. Наиболее интенсивно заносится Кумской залив, где к 1970 г. отложилось 4830 тыс. м³ наносов. Этому способствуют густые заросли высшей водной растительности (тростник, рогоз, гречиха). В приплотинной части водохранилища (плотина — створ 4) в 1970 г. объем отложений составил 2290 тыс. м³ (см. [8]). Из приведенных данных следует, что распределение мутности в водохранилище отражает изменение мощности и объема отложений.

Распределение мутности по глубине самой глубокой вертикали, расположенной в правобережной части створа 2, характеризуется большим разнообразием (рис. 4б), но чаще отмечается увеличение мутности в поверхностном и придонном слоях. По данным 11 съемок мутности установлено, что существует тесная корреляция между средними значениями мутности поверхностного слоя и всей водной массы водохранилища (коэффициент корреляции равен 0,92). При этом первая примерно на 6% меньше второй. Содержание наносов в придонном слое на 40% больше, чем в среднем для водохранилища. Хотя в отдельных частях водохранилища эпюра мутности может иметь различную форму, в целом для водоема отмечается увеличение мутности по глубине.

Отказненское водохранилище получает из р. Кумы зимой (XII-II) 1,5% годового стока наносов реки, весной (III-V) — 32%, летом (VI-VIII) — 61% и осенью (IX-XI) — 5,5% (см. [8]). В соответствии с поступлением речных наносов находится мутность речной воды, составляющая зимой в среднем 0,3 кг/м^3, осенью 0,6 кг/м^3. Ее наибольшие значения относятся к весеннему (2,7 кг/м^3) и летнему (3,9 кг/м^3) сезонам.

Сезонное изменение содержания взвесей в приплотинной части водохранилища (табл. 2) в значительной степени согласуется с их поступлением из р. Кумы. Зимой мутность воды в этой части водохранилища является наименьшей в году и составляет 20—25 г/м^3. Основным источником взвесей в этот сезон являются речные наносы, хотя некоторое количество взвесей образуется за счет размыва поверхностных отложений конуса выноса в Кумском заливе, где при низком уровне в водохранилище устанавливается естественный режим транспорта наносов. Весной происходит заполнение водохранилища. Поступающая из р. Кумы мутная вода способствует увеличению мутности в приплотинной части водоема до 35—60 г/м^3. Дополнительным источником взвесей в этот сезон является продукция фито- и зоопланктона (см. [8]). Летом мутность воды в водохранилище практически не отличается от ее значений в весенний сезон. Источниками взвесей, помимо речных наносов, являются продукция фито- и зоопланктона, продукты размыва берегов и взмучивания донных отложений на мелководьях. Осенью мутность воды в приплотинной части водохранилища уменьшается до 20—50 г/м^3 в связи с ограниченным поступлением в водоем речных наносов. Водохранилище обычно наполнено до НПУ, и продукты размыва правого высокого берега являются существенным источником взвесей в этот сезон, как и продукты взмучивания донных отложений на мелководьях.

В отличие от сезонного изменения мутности речных вод содержание взвесей в водохранилище изменяется в течение года более равномерно (табл. 2). Этому способствуют дополнительные источники взвесей в водоеме, а также изменяющаяся в теление года наносоудерживающая способность водохранилища, зависящая от его проточности и мутности речных вод. Зимою водохранилище задерживает 70% речных наносов, а 30% их идут на сброс, формируя мутность воды в приплотинной части водоема. Наносоудерживающая способность водохранилища весной равна 97%, летом — 99% и осенью — 86%.

Взвеси самых малых водохранилиш-прудов до последнего времени не были изучены. Наблюдениями, выполненными в 1973—1976 гг. на прудах каракубанского каскада (рис. 1 д), установлено, что мутность поверхностного горизонта воды в приплотинной части водоема, измеряемая на постоянной вертикали, тесно коррелирует со средней мутностью воды водоема. Поэтому режимные наблюдения над мутностью воды в приплотинной части прудов позволили оценить мутность воды, идущей на сброс, и сезонные изменения мутности воды в водоемах.

Средняя годовая мутность воды в приплотинной части прудов каскада составляет 45—94 г/м³ (табл. 2). Ее наименьшее значение относится к пруду № 4, заросшему подводной растительностью, а наибольшее — к самому большому пруду каскада (№ 6), отличающемуся постоянным развитием ветрового волнения, приводящего к взмучиванию поверхностного слоя донных отложений и повышению мутности воды.

Взвеси прудов в зимний сезон (XI-II) представляют остатки взмученных с осени донных отложений и смыва почвы с прилегающих склонов поздними дождями. Мутность воды в приплотинной части прудов в среднем составляет 30—73 г/м³ и является наименьшей в году. Весной (III-V) мутность воды в прудах практически не отличается от таковой в зимний сезон и равна 34—71 г/м³. Некоторому увеличению мутности воды способствует таяние снега и льда, содержащего до 100—560 г/м³ эоловых наносов. В связи с небольшими и неустойчивыми снегозапасами на водосборе прудов поверхностный сток от снеготаяния не образуется и продукты эрозии весной в пруды почти не поступают. Этим и объясняется небольшая мутность воды в прудах. Некоторое количество взвесей образуется в прудах в связи с размывом берегов, земляной плотины. Летом (VI-VIII) содержание взвесей в прудах является наибольшим в году и составляет в среднем 70—124 г/м³. Их образованию способствуют сильные ливни, производящие смыв почвы в прилегающих к водоемам садах и огородах, развитие фитопланктона и взмучивание донных отложений. Осенью (IX-X) мутность прудовой воды уменьшается до 52—94 г/м³ и только пруд № 6 имеет самую высокую в году мутность воды (159 г/м³) благодаря постоянному развитию на нем ветрового волнения. Формирование взвесей в этот сезон происходит главным образом за счет редкого склонового смыва почвы осенними ливнями, взмучивания донных отложений и развития фитопланктона.

Распределение мутности воды по длине большинства прудов каскада характеризуется ее увеличением по направлению к плотине. Соотношение между мутностью воды в верховье прудов №№ 5—8, обычно заросшем тростником, и мутностью в приплотинной части составляет 0,68—0,84. В прудах №№ 4 и 9 отмечается осветление потока по направлению к плотине. Этому в пруду № 4 способствует подводная растительность, защищающая дно от воздействия ветрового волнения, а в пруду № 9 — значительная глубина у плотины, превышающая 2 м. Распределение мутности в большинстве прудов каскада определяется развитием ветрового волнения, вызывающего взмучивание донных отложений в береговой зоне, размыв берегов и плотины. Наблюдениями на пруду № 6 установлено, что при скорости ветра 3—7 м/с воздействию ветрового волнения подвергалась прибрежная зона, где глубина была меньше 1 м. Ширина полосы повышенной мутности составляла 5—15 м. Мутность воды на расстоянии 0,5—1,0 м от уреза достигала 1,0—1,9 кг/м³ и резко уменьшалась до 0,1—0,3 кг/м³ в 10 м от уреза.

Взвеси прудов содержат в среднем 22—38% органического вещества (потеря при прокаливании), количество которого растет с уменьшением коэффициента водообмена прудов (коэффициент корреляции —0,80).

Из сопоставления данных табл. 2 можно заключить, что водохранилища лесостепной зоны Борщенское и Успенское содержат наибольшее количество взвесей весной, когда впадающие водотоки транспортируют 70—95% годового стока наносов. В степном Отказненском водохранилище максимум мутности воды приходится на весенне-летний период, как и наибольший сток наносов р. Кумы. Степные пруды на б. Каракубанской получают продукты эрозии во время сильных ливней, выпадающих главным образом летом и осенью. К этому периоду относится наибольшее содержание взвесей в прудах. Следовательно, сезонное изменение мутности воды в изученных водохранилищах отражает сезонный характер стока наносов водотоков. Другие источники взвесей (размыв берегов, взмучивание донных отложений, продуцирование фитопланктона) оказывают второстепенное влияние на изменение мутности воды водоема в течение года, хотя в отдельные сроки наблюдений их влияние на содержание взвесей является решающим. Мутность воды в приплотинной части прудов превышает таковую, например, в Отказненском водохранилище в зимний, летний и осенний сезоны, а также в среднем за год, хотя мутность наполняющих эти водоемы водотоков почти одинакова. Это обусловлено небольшой длиной прудов, в пределах которой не успевает осаждаться взвесь, а также их мелководностью, способствующей взмучиванию донных отложений. В связи с последним в прудах в отличие от водохранилищ распределение мутности по длине водоема характеризуется ее увеличением по направлению к плотине и находится в соответствии с распределением мощности отложений. Таким образом, исследования Института озероведения позволили выявить зональные особенности взвесей водохранилищ, проявляющиеся в сезонном изменении мутности воды в водоеме, и влияние на их содержание размера водоема.

Сопоставим результаты исследований Института озероведения с данными других авторов по взвесям крупных водохранилищ (табл. 2). Водохранилища лесной зоны Иваньковское [4], Угличское [4], Рыбинское [3], Горьковское [1] и Можайское [2] характеризуются сравнительно небольшой мутностью наполняющих их рек. Мутность воды в этих водохранилищах значительно меньше таковой в водохранилищах, изученных Институтом озероведения и расположенных в лесостепной и степной зонах. Поэтому небольшую мутность воды в водохранилищах лесной зоны можно рассматривать как зональный признак взвесей. Кроме того, в отличие от водохранилищ степной зоны наибольшая мутность воды в водохранилищах лесной зоны наблюдается весною, когда реки транспортируют основную массу наносов. Летом мутность воды в водохранилищах заметно уменьшается, а главным источником взвесей становятся абразия берегов и дна, продуцирование фитопланктона. Осенью содержание взвесей в водохранилищах вновь увеличивается в связи с поступлением их из небольших притоков и усилением штормов. Наименьшее содержание взвесей отмечается зимой.

Водохранилища лесостепной зоны Куйбышевское [12] и Новосибирское [7], как и водохранилища лесной зоны наибольшее количество взвесей содержат весной. При этом мутность воды в малых водохранилищах Борщенском и Успенском той же зоны значительно больше, чем в Куйбышевском водохранилище, особенно весной.

Расположенное в горной области Мингечаурское водохранилище [11] по сезонному распределению взвесей сходно с Отказненским водохранилищем, что обусловлено сходством режима стока наносов рек, наполняющих эти водоемы. В то же время при относительно одинаковой мутности рек Отказненское водохранилище в связи с небольшими размерами по сравнению с Мингечаурским водохранилищем имеет более мутную воду.

Мутность воды, сбрасываемой из водохранилищ, различается меньше, чем мутность притока (табл. 2). Разница между ними, характеризующая отстойный эффект водохранилищ, возрастает при переходе из лесной зоны в лесостепную и степную.

Таким образом, содержание взвесей в водохранилищах, их режим зависят от размещения водоемов в разных природных зонах и их размера. При этом взвешенное вещество водохранилищ реагирует на изменение стока наносов водотоков и взмучивание донных отложений тем сильнее и быстрее, чем меньше водоем. Это обстоятельство необходимо иметь в виду при разработке методики исследований взвесей водохранилищ разного размера.

Литература

[1] Буторин, Н. В., О прозрачности и мутности воды Горьковского водохранилища. Тр. Инст. биологии водохранилищ АН СССР **2/5** (1959), 204—211.

[2] Виноградова, Н. Н., Некоторые вопросы трансформации взвешенного вещества в малых водохранилищах. — В кн.: Круговорот вещества и энергии в озерах и водохранилищах, сб. 1, Лиственичное на Байкале 1973, 57—59.

[3] Зиминова, Н. А., Количественная характеристика взвесей Рыбинского водохранилища. — В кн.: Биологические аспекты изучения водохранилищ, Ленинград 1963, 230—249.

[4] Зиминова, Н. А., Количественная трансформация стока взвешенных наносов Волги каскадом верхневолжских водохранилищ. Тр. Инст. биологии внутренних вод АН СССР **26/29** (1974), 68—80.

[5] Лопатин, Г. В., Изучение процесса заиления малых водоемов в условиях Курской области. — В кн.: Гидрологический режим малых водоемов Курской области, Москва/Ленинград 1961, 150—184.

[6] Лопатин, Г. В., Процесс заиления Успенского водохранилища. — В кн.: Вопросы гидрологии Успенского водохранилища, Москва/Ленинград 1963, 212—268.

[7] Лысенко, В. В., Режим взвешенных наносов и формирование донных отложений Новосибирского водохранилища. — В кн.: Региональные исследования водных ресурсов бассейна р. Оби, Новосибирск 1968, 10—22.

[8] Отказненское водохранилище. Заиление и гидробиология. Под ред. М. Я. Прытковой, Ленинград 1973, 183с.

[9] Прыткова, М. Я., и Е. А. Юдин, Количественный учет и режим взвесей. — В кн.: Отказненское водохранилище, Ленинград 1973, 85—103.

[10] Прыткова, М. Я., Юдин, Е. А., и О. А. Шеховцов, Перемещение наносов в водохранилище ,,Волчьи Ворота''. — В кн.: Заиление водохранилища ,,Волчьи Ворота'' и цепочек прудов на его водосборе, Ленинград 1971, 193—207.

[11] Тарвердиев, Р. Б., Заиление Мингечаурского водохранилища, Баку 1974, 156с.

[12] Широков, В. М., Некоторые вопросы режима прозрачности и мутности воды на примере Куйбышевского водохранилища. Изв. Казанского филиала АН СССР, Серия энергетики и водного хозяйства **3** (1961).

Acta Hydrophysica, Berlin	Bd. XXVII	H. 3/4	(1982)	S. 301–313

Zu einigen hydrodynamischen Prozessen und ihrer Messung bei beschaffenheitsbeeinflussenden Maßnahmen in geschichteten Gewässern

Von H. Klapper und H. Kanowski[1])

Zusammenfassung: Die bei technischen Maßnahmen zur Restauration von Seen und Talsperren durchgeführten Beschaffenheitsuntersuchungen erlauben auch Aussagen zu hydrodynamischen Prozessen: 1. Das beim Verfahren der Tiefenwasserableitung abfließende Wasser entstammt exakt der horizontalen Lamelle in der Tiefe des Rohreinlaufes. 2. Beim Verfahren der Tiefenwasserbelüftung kann von einem Punkt aus der Hypolimnionbereich bis mehrere Kilometer sperrenaufwärts erreicht werden. 3. Durch die Destratifikation können die Konzentrationsspitzen von metalimnisch eingeflossenen Schadstoffen innerhalb weniger Tage ausgeglichen werden. 4. Zur heterotrophen Nitratdissimilation unter anaeroben Bedingungen wird organischer Kohlenstoff ins Tiefenwasser eingebracht. Die Substanzen verteilen sich sperrenaufwärts im gesamten Hypolimnion. Mit radioaktiven Tracern wurden die Wasserbewegungen im Meßbereich unter 1 mm/s exakt nachgewiesen.

Summary: Investigations on water quality performed on the occasion of technological activities aiming at the restoration of lakes and reservoirs allow to describe certain hydrodynamical processes: 1. Using the deep water diversion technology, the outflowing waters originate exactly in the horizontal layer at the depth of the tube inlet. 2. With the method of deep water aeration it is possible to reach, from a single aeration point, hypolymnetic regions up to some kilometres upstream of the weir. 3. By means of destratification the concentration peaks of pollutants having been carried into the metalimnetic layers are able to be equalized within only a few days. 4. For heterotrophic nitrate dissimilation under anaerobic conditions organic carbon is added at the deepest point of the hypolimnion. The substances are distributed in the whole of the hypolimnion. By means of radioactive tracers water movements in a scale of less than 1 mm/s have been evidenced exactly.

Резюме: При технических мероприятиях для реставрации озер и водохранилищ проводенные исследования качества воды тоже позволяют выводы

---

[1]) Dr. sc. nat. Helmut Klapper, Dr.-Ing. Horst Kanowski, Institut für Wasserwirtschaft, Abt. Wassergüte, DDR-3010 Magdeburg, Domplatz 1.

о гидродинамических процессах: 1. Сточные воды при методе отведения глубинных вод происходят точно от горизонтального слоя глубины конца трубы. 2. При методе аэрации глубинных вод можно достигнуть от одной точки всю область гиполимниона до нескольких километров наверх водохранилища. 3. Посредством дестратификации могут выравниваться пики концентрации металимнически втекающих вредных веществ в сроке несколько дней. 4. Для гетеротрофной диссимиляции нитрата при анаэробных условиях приводится органический углерод в глубинные воды. Субстанции распределяются наверх водохранилища в целом гиполимнионе. С помощью радиоактивных веществ удавалось точно доказывать движения воды в измерительном диапазоне меньше 1 мм/с.

1. Einleitung

Im letzten Jahrzehnt wurden in der DDR eine Reihe von „ökotechnischen" Maßnahmen zur Sanierung von Seen und Talsperren entwickelt bzw. aus der Literatur bekannte Verfahren in der Praxis erprobt. Zum Nachweis der Effektivität wurden Sondermeßnetze betrieben, die anhand von Gütedaten auch Aussagen zu hydrodynamischen Prozessen gestatten. Einige dieser Resultate sind von generellem Interesse, obwohl sie rein empirisch gefunden wurden. Hierfür werden vier Beispiele aus der Sicht der Praxis zur Nutzanwendung bei ähnlichen Aufgabenstellungen mitgeteilt:

1. selektive Entnahme von Wasser aus Seen und Talsperren aus einem bestimmten, für die Gütebewirtschaftung vorgegebenen Schichtungshorizont im Zusammenhang mit dem Verfahren der Tiefenwasserableitung;
2. Verteilung von Sauerstoff im Hypolimnion von Talsperren bei der Tiefenwasserbelüftung einschließlich des Problems der gegenseitigen Beeinflussung mehrerer Belüfter;
3. Verteilung, d. h. Abbau von Konzentrationsspitzen metalimnisch eingeflossener Schadstoffe in Talsperren durch Destratifikation;
4. Verteilung von sauerstoffzehrenden Kohlenstoffverbindungen im Hypolimnion einer Talsperre zum Zwecke der Denitrifikation (Nitratdissimilation).

2. Tiefenwasserableitung

Die Tiefenwasserableitung wird in der DDR seit 1976 am Arendsee praktiziert. Sie soll maximalen Nährstoffexport bewirken. Mit einer Reihe von

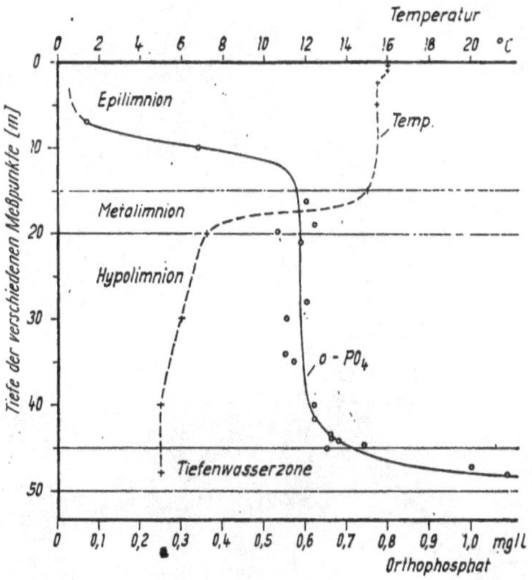

Abb. 1. Phosphatkonzentration und Temperatur bei sedimentnah entnommenen Proben verschiedener Tiefen am Arendsee; Meßtermin 26. 8. 1977

Tiefenserien konnte nachgewiesen werden, daß es praktisch keine horizontalen Unterschiede in der Phosphorverteilung gibt. Sedimentnah entnommene Proben aus gleicher Tiefe zeigen unabhängig von der Entnahmestelle die gleichen PO_4-Konzentrationen. Erst im tiefsten Seebecken werden wegen der Rücklöseprozesse bei fast völligem Sauerstoffschwund deutlich höhere Werte gefunden (Abb. 1). Die Effektivität ist also dann am höchsten, wenn es gelingt, selektiv das phosphorreichste Tiefenwasser abzuleiten. Gleichzeitig muß im Abgabeplan berücksichtigt werden, daß die Nährstoffkonzentration im Tiefenwasser mit der Stagnationsdauer zunimmt (Abb. 2).

Anders als erwartet sinken aber die Konzentrationsdifferenzen zwischen Oberflächen- und Tiefenwasser während der Herbstteilzirkulation, beginnend im Oktober, bereits wieder ab. Einerseits erhöhen sich die epilimnischen Werte durch Einmischen von phosphorreicherem Wasser des oberen Hypolimnions, andererseits müssen hypolimnische Zirkulationen angenommen werden, da in den tiefsten Schichten bereits vor Beginn der Herbstvollzirkulation die O_2-Gehalte steigen und die PO_4-Werte entsprechend sinken. Zeitlich sollte also die größte Wassermenge im September zum Abfluß kommen.

Daß das Wasser aus der größten Tiefe des gesamten Sees von einer einzigen Entnahmestelle abgeleitet werden kann, war durch hydromechanische Berechnungen vor Baubeginn gesichert und konnte in praxi bestätigt werden. Eine morphometrische Voraussetzung ist das Vorhandensein eines einheit-

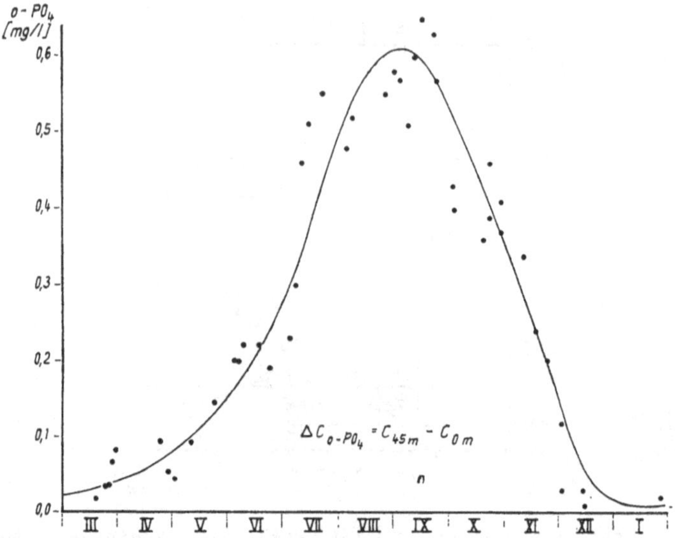

Abb. 2. Mittlerer Jahresgang der Differenz der Phosphatkonzentration zwischen Tiefen- und Oberflächenwasser am Arendsee

lichen Seebeckens. Besitzt der See weitere, durch unterseeische Barrieren abgetrennte Becken, so bleiben diese von der Tiefenwasserableitung zunächst unbeeinflußt.

Die Tiefenausdehnung der Entnahmeschicht bleibt in einem inhomogenen, auf Grund eines Dichtegradienten stabil geschichteten Hypolimnion gering. In unmittelbarer Nähe der Entnahmeöffnung kann idealisiert gleiche Dichte angenommen werden. Die Zuströmungsgeschwindigkeit $\bar{v}$ zur Entnahmeleitung ergibt sich dann als Durchfluß Q dividiert durch die Oberfläche einer Kugel mit dem Radius r um den Mittelpunkt der Entnahmeöffnung:

$$\bar{v} = \frac{Q}{4\pi r^2}.$$

Bei den sehr geringen Fließgeschwindigkeiten, die sich bei räumlichem Zufluß schon in 1 ... 2 m Entfernung vom Einlauf einstellen, wird die „hydraulische Senke“, die sich über dem Rohrmund ausbildet, durch seitlichen Zustrom von Wasser der entsprechenden Dichte aufgefüllt. Die Dicke der Entnahmeschicht liegt im Arendsee während der Sommerstagnation in der Größenordnung von 1 bis 3 m. Das bedeutet, daß die Entnahmeschicht nicht tiefer als etwa 2 m unter die Entnahmeöffnung reicht und daß die Entnahme bei Tiefenwasserableitungen so tief wie technisch vertretbar angeordnet werden sollte. Durch die Verwendung von spiralgewickelten PVC-Rohren, die sich ohne großen technischen Aufwand verlegen lassen, können diese Forderungen relativ einfach erfüllt werden. Das Verfahren der Tiefenwasserableitung wird inzwischen an weiteren Seen praktiziert, meist in Kombination mit der landwirtschaftlichen Verwertung des nährstoffreichen Tiefenwassers.

3. Tiefenwasserbelüftung

Für die Tiefenwasserbelüftung wurde in der DDR ein Gerät entwickelt, das energetisch günstig, dabei wartungsarm und umweltfreundlich arbeitet (Wilinski, Glass u. Klapper [6]), so daß das Verfahren mehrfach zum Einsatz kommen konnte. Hydraulisch interessant sind wiederum die Wasserbewegungen im Hypolimnion.

Grundlegende Kenntnisse wurden schon 1972 beim Betrieb einer Pilotanlage an der Rappbode-Vorsperre gewonnen (Klapper [3]). Das mit der Pumpe aus dem unteren Bereich des Hypolimnions geförderte Wasser besaß stets die gleiche Beschaffenheit wie die gesamte, der Ansaugtiefe entsprechende Wasserlamelle. Mit den im Sondermeßprogramm entnommenen Tiefenserien wurde bestätigt, daß die Ansaugtiefe nur unwesentlich über die Tiefe des Pumpensaugrohres hinausreicht und das Wasser also überwiegend horizontal nachströmt. Ebenso konnte für das ausströmende belüftete Wasser die streng horizontale Ausbreitung in der Ausmündungstiefe der Ausströmungsrohre nachgewiesen werden (Abb. 3).

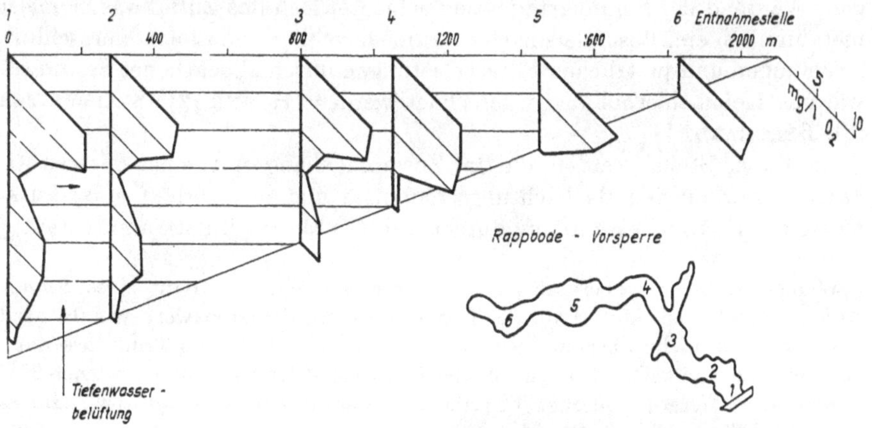

Abb. 3. O_2-Schichtungen in der Rappbode-Vorsperre 9. 8. 1971 (1 Monat nach Beginn der Tiefenwasserbelüftung)

Der bei längerer Belüftung eintretende Temperaturausgleich im Hypolimnion erleichtert schließlich auch Zirkulationsströme innerhalb des Hypolimnions. So wurde nach mehrwöchigem Betrieb der Tiefenwasserbelüftung an der Talsperre Sosa auch der tiefste Bereich bis zum Grundablaß mit sauerstoffhaltigem Wasser versorgt, obwohl dieser mehr als 6 m unter der Ansaugtiefe des Belüfters lag.

Verallgemeinernd kann festgestellt werden, daß die Strömungsprozesse kurzfristig (in Tagen und Wochen) wie bei der Tiefenwasserableitung allein durch die Dichte bestimmt sind und demzufolge in den Lamellen gleicher Temperatur erfolgen. Langfristig (nach Monaten) werden aber insbesondere bei größerem Wasserdurchsatz hypolimnische Zirkulationswalzen induziert.

An der Bleilochtalsperre wurden 13 Tiefenwasserbelüfter mit je 9200 m^3/h Durchsatzleistung eingesetzt. Um die Effektivität der Belüfter nicht dadurch zu verringern, daß das bereits belüftete Wasser auf kurzem Wege wieder den Ansaugrohren der Belüfter zuströmt, mußte der zwischen je zwei Geräten liegende Abstand ausreichend groß sein. Der mit halbtechnischen Versuchen ermittelte Mindestabstand von 50 m hat sich im praktischen Betrieb als richtig erwiesen.

4. Zerstörung der Schichtung durch Lufteintrag

Häufiger, als allgemein bekannt, durchfließen Schadstoffe nahezu unvermischt den Wasserkörper thermisch geschichteter Talsperren und erscheinen dann in unerwünscht hohen Konzentrationen an den Entnahmeeinrichtungen. Während der Sommerstagnation schichtet sich das Zuflußwasser meist metalimnisch ein. Besonders nach Starkniederschlägen muß mit Kurzschlußströmungen und plötzlichen Filterbelastungen durch allochthones Seston sowie mit Keimzahlerhöhungen gerechnet werden (HÖHNE [2]; SAALBREITER [5]; BERNHARDT [1]).

An dieser Stelle werden die im Zusammenhang mit einer Schadstoffhavarie gewonnenen Beobachtungsergebnisse und der Verlauf einer kurzfristig zur Havariebekämpfung durchgeführten Destratifikation mitgeteilt.

Wenige Kilometer oberhalb einer Talsperre waren etwa 10 m^3 eines Schadstoffes ausgelaufen. Unterhalb der Talsperre durfte der Grenzwert von 0,1 mg/l dieses Stoffes nicht überschritten werden, um dort gelegene Trinkwasserentnahmen nicht zugefährden. Obwohl die Talsperre Mitte September nur noch 2° C Temperaturdifferenz zwischen Oberflächen- und Tiefenwasser aufwies, kam es nicht zur Einmischung. Die theoretische Aufenthaltszeit von 35 Tagen wurde nicht annähernd erreicht. Die Schadstoffwolke erschien bereits nach vier Tagen metalimnisch an der Sperrmauer. Die Stabilität der Schichtung war aber bereits

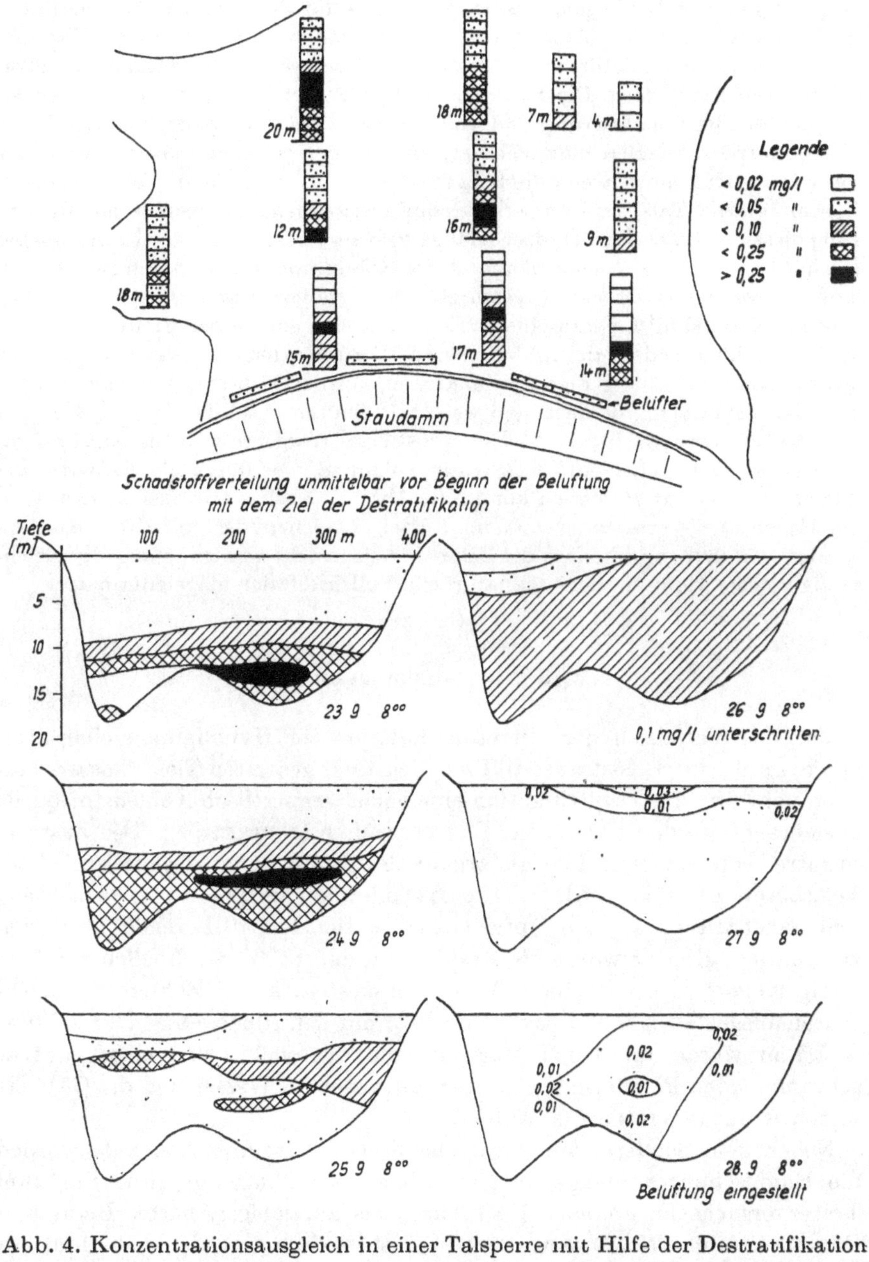

Abb. 4. Konzentrationsausgleich in einer Talsperre mit Hilfe der Destratifikation

so gering, daß bei Betätigung des Grundablasses die „Schadstoffwolke" heruntergezogen wurde und die Konzentration sich auf 0,3 mg/l im Ablauf erhöhte. Der Ablauf der Talsperre mußte unter Nutzung des Hochwasserschutzraumes vorübergehend gesperrt werden. Die nach einem Raster entnommenen Tiefenserien ermöglichten die Lokalisierung und volumetrische Schätzung des kontaminierten Wasserkörpers. Die Berechnungen zeigten, daß der geforderte Grenzwert eingehalten werden konnte, wenn die Schadstoffe mit dem größeren Volumen nichtkontaminierten Talsperrenwassers durchmischt würden. Zur technischen Realisierung dieser Aufgabe wurden drei Stränge gelochter Stahlrohre von der Staumauer aus in 15 m Wassertiefe eingehängt. Jeder Rohrstrang wurde durch zwei Dieselkompressoren mit Druckluft versorgt. Die aerohydraulische Gesamtförderung war mit 250000 m^3/h veranschlagt. Es bildete sich eine in den Stauraum zunehmend rückwirkende Mischwalze, deren Fortschreiten mittels Färbeversuch nachweisbar war. 300 g Fluoreszeinnatrium, vor der Mauer eingebracht, erzeugten eine Farbwolke, die nach je 5 weiteren Minuten in 30, 50, 70 und 80 m vor der Mauer auszumachen war. Die künstliche Wasserumwälzung ergriff fortschreitend auch weiter entfernte Wasservolumina, was durch die Meßwerte der Tiefenserien bestätigt werden konnte (s. Abb. 4). Nach viertägiger Destratifikation lagen alle Werte unter 0,05 mg/l. Bei Erreichen der mittleren Konzentration von 0,02 mg/l konnte die Belüftung eingestellt werden, zumal die gleichzeitig erzielte Homothermie die natürliche Vollzirkulation eingeleitet hatte.

5. Nitratdissimilation

Für das Verfahren der Nitratdissimilation im Hypolimnion einer Talsperre mußte der Gelöstsauerstoff möglichst des gesamten Tiefenwassers aufgebraucht und zur Denitrifikation eine leicht verwertbare Kohlenstoffquelle eingebracht werden (Klapper, Fichtner u. Kanowski [4]). Der Zustrom nitratreichen Wassers, dem als organisches Substrat ein Gemisch niederer Fettsäuren zugefügt wird, war im Hypolimnion in Teilströme aufzulösen, und gleichzeitig war eine Aufwuchsfläche für denitrifizierende Bakterien zu schaffen. Hierfür wurde als Reaktor ein mit 13000 Strohballen gefüllter Käfig gebaut, der mit einem Verteilungssystem aus gelochten Welldränrohren ausgestattet war. Der Strohreaktor mit den Abmessungen $60 \times 20 \times 1{,}5$ m wurde auf den Talsperrengrund abgesenkt. Von einer darüber schwimmenden Plattform aus werden nitratreiches Wasser und die C-Quelle in den Reaktor gefördert (s. Abb. 5).

Neben dem Sondermeßnetz zur chemischen Verfahrenskontrolle wurden die Einmischungsvorgänge mittels radioaktiver Tracer geprüft. Für zwei Tracerversuche im Sommer 1980 wurde als kurzlebiger, harter Beta- und Gamma-Strahler Na-24 eingesetzt. Es ist toxisch unbedenklich, und bei

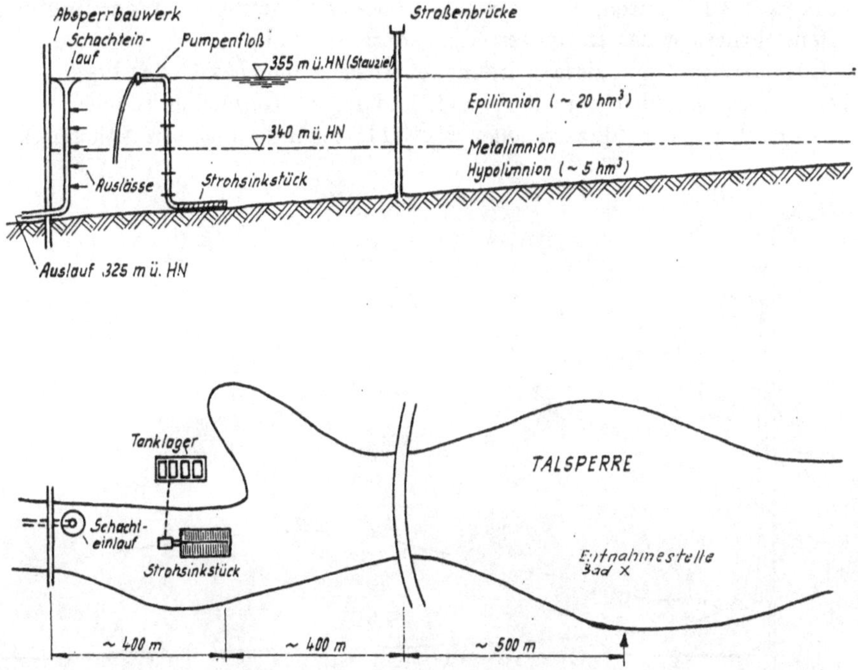

Abb. 5. Talsperre mit Denitrifikationsanlage; oben: Längsschnitt, unten: Draufsicht

einer Halbwertszeit von 15 h beträgt die Gesamtstrahlung bereits nach 6 Tagen nur noch 1 ‰ des Anfangswertes. Die Versuche wurden mit 4000 bzw. 2000 MBq (∼ 100 bzw. ∼ 50 mCi) durchgeführt. Da keine wasserdruckgeschützten Sonden zur Verfügung standen, wurden zwei VA-S-50 in Motorradschläuche einvulkanisiert und über ein 50-m-Kabel mit den Strahlungsmeßgeräten und Ergebnisdruckern verbunden. Die Zugabe des Tracers erfolgte über den Saugstutzen der Unterwasserpumpe. Die Meßpunkte lagen direkt auf dem Reaktor, d. h. etwa 0,5 m über dem Stroh.

Da mit relativ hohen Aktivitäten gearbeitet wurde, ergaben sich auch hohe Zählraten, die zu charakteristischen Zählratenkurven führten (s. Abb. 6). Die Kurve am Meßpunkt S_2 wurde bei der ersten Messung im Mai aufgenommen. Das erste Maximum nach 8,5 Minuten ist auf eine Kurzschlußströmung zurückzuführen, das zweite, erst nach 4 Stunden auftretende, entspricht der projektierten Aufenthaltszeit des Wassers im Reaktor. Die bei der zweiten Messung im August aufgenommenen Kurven geben noch deutlichere Hinweise auf Kurzschlußströmungen. Die Zählratenkurve der Sonde 3 zeigt den

Peak nach 40 Minuten, die der Sonde 4 bereits 4 Minuten nach der Impfung. Offensichtlich ist das Hauptverteilungsrohr beschädigt.

Interessante Ergebnisse wurden bei Tastversuchen mit der Sonde 3 in Vertikalprofilen über dem Sinkstück und im angrenzenden Bereich erzielt (s. Abb. 7). Die drei Skizzen sollen die Zählratenänderungen in Abhängigkeit

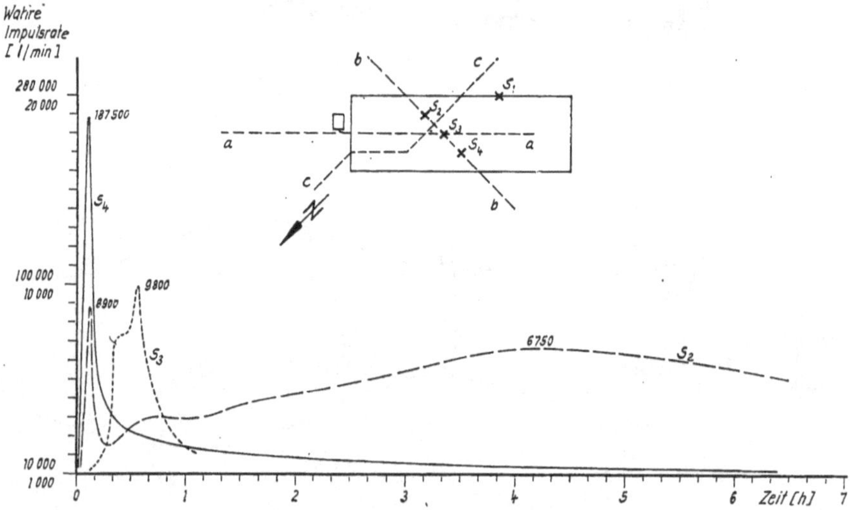

Abb. 6. Verlauf der Impulsratenkurven für die Meßpunkte S_1, S_2, S_3 und S_4 am Denitrifikationsreaktor

von der Zeit im reaktornahen Bereich des Hypolimnions verdeutlichen. Im Profil b—b wurde 4 m über der Talsperrensohle eine Bewegung in östlicher Richtung mit etwa 2,9 m/h, d. h. weniger als 1 mm/s, gemessen, im Profil c—c in nördlicher Richtung 3,5 m/h und im Profil a—a in nordöstlicher Richtung 5,1 m/h.

Die Tracermessungen erlaubten also den sicheren Nachweis von geringfügigen hypolimnischen Wasserbewegungen im Bereich von 1 mm/s. Hauptursache für diese Bewegung ist der an der Oberfläche angreifende Wind. Die epilimnische Wasserwalze induziert über das Metalimnion eine in umgekehrter Richtung laufende hypolimnische Walze. In Grundnähe, also dem durch die Tracermessungen erfaßten Bereich, entspricht die Bewegungsrichtung wieder der Windrichtung. Diese hypolimnische Zirkulation ist auch der Grund dafür, daß trotz der nachgewiesenen unerwünschten Kurzschlußströmungen die verfahrensgemäße Denitrifikation, vom Reaktor ausgehend, das gesamte Hypolimnion erfaßte (s. Abb. 8). Im Hypolimnion des Talsper-

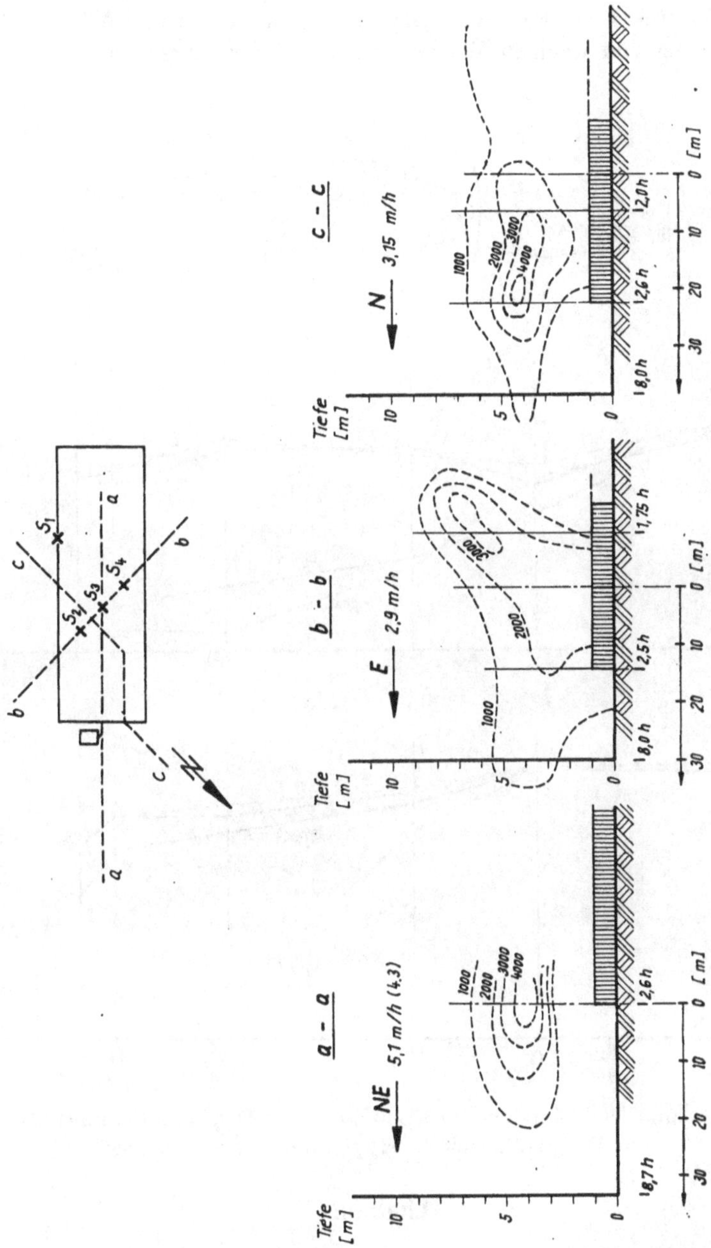

Abb. 7. Isolinien der Impulsrate über dem Strohsinkstück in Abhängigkeit von der Zeit

renabschnittes Y erfolgt der Rückgang von Sauerstoff und Nitrat mit einer Verzögerung von wenigen Wochen gegenüber dem direkt behandelten Abschnitt Z.

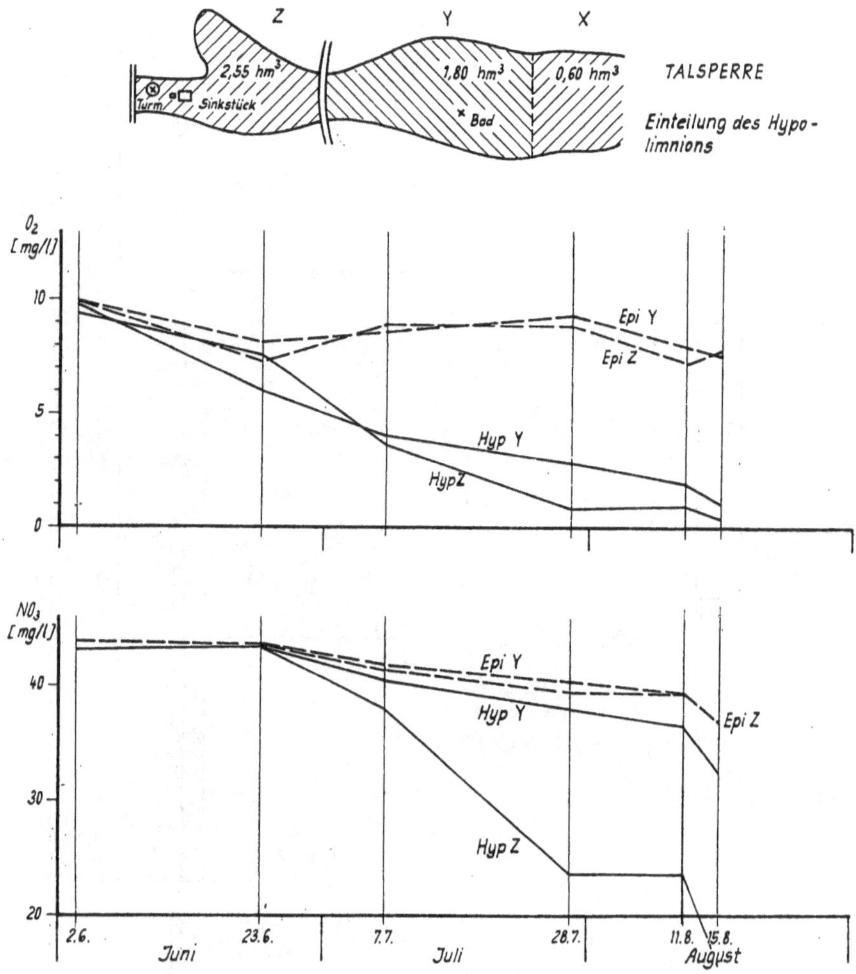

Abb. 8. O_2- und NO_3-Ganglinie im Epilimnion und Hypolimnion einer Talsperre mit Denitrifikation im Hypolimnion, Sommer 1980

Literatur

[1] BERNHARDT, H., Aufbereitung von Wasser aus Seen und Talsperren. DVGW-Schriftenreihe Wasser **206** (1980), 23-1–23-40.

[2] Höhne, E., Die räumliche und zeitliche Verteilung des Sestons in Trinkwassertalsperren des Erzgebirges. Verh. internat. Verein. Limnol. **18** (1972), 801–812.

[3] Klapper, H., Die künstliche Tiefenwasserbelüftung und ihr Einfluß auf den Stoffhaushalt einer nährstoffreichen Talsperre. Limnologica (Berlin) **10** (1976), 607–616.

[4] Klapper, H., Fichtner, N., u. H. Kanowski, Verfahren und Vorrichtung zur Entfernung von Stickstoffverbindungen aus dem Wasser. DDR-Pat. 140031.

[5] Saalbreiter, R., Räumliche und zeitliche Verteilung von Fäkalbakterien in Trinkwassertalsperren. Fortbildungstagung „Naturwiss. Grundlagen der Gütebewirtschaftung von Talsperren und Speichern", Karl-Marx-Stadt 1974, Tagungsmaterialien, 69–74.

[6] Wilinski, E., Glass, K., u. H. Klapper, Einrichtung zur Sauerstoffeintragung in Wasser, insbesondere in Oberflächengewässer. DDR-Wirtschaftspat. WP E 02b 159797–94329

Acta Hydrophysica, Berlin	Bd. XXVII	H. 3/4	(1982)	S. 315—328

Водообмен и динамика вод в водохранилищах

А. С. Литвинов и И. Ф. Фомичев[1])

Резюме: В работе рассматриваются процессы внешнего и внутреннего водообмена Рыбинского водохранилища. Показано, что интенсивность внешнего водообмена определяется объемами притока вод в водоем и сбросов через гидроузел. В экстремальные по водности годы время смены вод в водохранилище может изменяться более чем в два раза — от 4 до 9,7 месяца. Во внутригодовом распределении интенсивности водообмена максимум приходится на апрель, а минимум — на сентябрь. Наибольшая межгодовая изменчивость коэффициентов водообмена отмечается в мае и апреле, наименьшая — в августе/сентябре. — Внутренний водообмен в безледный период определяется ветровой циркуляцией, и лишь в русловых участках водохранилища смена вод происходит под воздействием стоковых течений. В подледный период интенсивность внутреннего водообмена определяется стоковыми течениями и морфометрией водоема, которая определяет траектории перемещения потоков. — Для оценки интенсивности водообмена в безледный период использовались расчетные схемы интегральной циркуляции вод. Показано наличие в водохранилище устойчивых циркуляционных образований, обусловленных главным образом морфометрическими особенностями водоема. — Интенсивность водообмена в участках центральной части Главного плеса зависит в основном от ветровой активности. Для них характерно усиление водообмена к осени, тогда как в русловых и прилегающих к ним участках водохранилища наибольшая интенсивность отмечается весной.

Zusammenfassung: Gegenstand der Arbeit ist der äußere und innere Wasseraustausch im Rybinsker Stausee. Es wird gezeigt, daß die Stärke des äußeren Austausches von den Volumina des Zuflusses zum Speicher und dem Wasserauslaß bestimmt wird. In Jahren extremer Füllung kann der Zeitraum für eine Wassererneuerung im Staubecken um mehr als das Zweifache variieren (von 4 bis zu 9,7 Monaten). Das Maximum der Austauschintensität innerhalb eines Jahres

[1]) А. С. Литвинов и И. Ф. Фомичев, Академия наук СССР, Институт биологии внутренних вод, 152742 п/о Борок, Некоузкий район, Ярославская область, СССР.

tritt im April und das Minimum im September auf. Im langjährigen Mittel wird die größte Veränderlichkeit des Koeffizienten des Wasseraustausches im April und die geringste im August/September beobachtet. — Der innere Wasseraustausch ist in der eisfreien Periode eine Funktion der Windzirkulation und wird nur in den flußähnlichen Abschnitten des Staubeckens von Durchflußströmungen beeinflußt. In der Vereisungsperiode hängt der innere Wasseraustausch von Strömungen und von der Morphologie des Reservoirs ab, die die Trajektorien der Strömungsversetzungen bestimmt. — Zur Abschätzung der Intensität des Wasseraustausches in der eisfreien Periode wurden Berechnungsschemata der Wasserzirkulation benutzt. Es wurden ständige Zirkulationsströmungen im Staubecken nachgewiesen, die hauptsächlich durch dessen morphometrische Besonderheiten bedingt sind. — Die Stärke des Austausches in den zentralen Abschnitten des Hauptbeckens hängt in erster Linie von der Windtätigkeit ab. Für sie ist eine Verstärkung des Wasseraustausches zum Herbst hin charakteristisch, während er in den flußartigen und den angrenzenden Gebieten im Frühjahr am intensivsten ist.

Summary: In the present paper the external and internal water exchange processes of Rybinsk storage reservoir are considered. The intensity of the external exchange is shown to be determined by the volumes of water inflow into the storage work and of the rate of discharge. In years of extremal filling the period of time necessary for water renewal in the basin may vary between 4 and 9.7 months. The maximum of exchange intensity within a year occurs in April and the minimum in September. At a long-time average, the maximum and minimum variabilities of the coefficient of water exchange are observed in April or August/September respectively. — In the ice-free period, the internal water exchange is a function of wind circulation, affected only in the river-like sections of the reservoir by flow streams. During the glaciation period, the internal exchange depends both on stream flow and the reservoir morphology, the latter determining the trajectories of the current displacements. — For estimating the intensity of water exchange in the ice-free period, computation schemes of the water circulation were made use of. Continuous circulating currents were evidenced in the storage reservoir, which are mainly due to its morphometric peculiarities. — The intensity of exchange in the central sections of the main basin predominantly depends on wind activity. For these areas an increase of water exchange towards autumn is a characteristic feature, while in the river-like and adjacent regions it exhibits its greatest intensity in spring-time.

Для каждого водоема можно выделить два аспекта водообмена: внешний и внутренний. Внешний водообмен, при котором воды с присущими им физико-химическими характеристиками поступают извне и выходят за его пределы, определяется водным балансом водоема, то есть процессами стока и влагооборота, и представляет водообмен с бассейном водосбора, грунтами и атмосферой.

Внутренний водообмен или водообмен между водными массами одного и того же водоема отражает перемещение частиц воды внутри водоема в результате течений, вертикального обмена и турбулентного перемешивания. Он обеспечивает обмен веществом и энергией между различными частями водоема и является одним из факторов формирования его водных масс. Интенсивность внешнего водообмена, определяя гидродинамические условия существования стоковых течений в водоеме, оказывает влияние на внутренний водообмен.

Водообмен каждого водоема, будучи неразрывно связанным с водным балансом данного водоема, не является величиной постоянной, а изменяется в зависимости от изменения составляющих водного баланса.

Для количественной оценки интенсивности водообмена используется коэффициент условного водообмена ($K_{\text{в}}$), который различными авторами определяется по разному (см. [2]). На наш взгляд наиболее верно интенсивность внешнего водообмена водохранилищ характеризуется коэффициентом, вычисляемым как полусумма притока в водохранилище и стока из него, отнесенная к среднему объему водохранилища за расчетный период (см. [5]).

$$K_{\text{в}} = \frac{V_{\text{п}} + V_{\text{ст}}}{2W}, \tag{1}$$

где $V_{\text{п}}$ — объем притока, $V_{\text{ст}}$ — объем стока и W — средний объем водохранилища за расчетный период.

При расчете коэффициента условного водообмена малопроточных или бесточных водоемов, в водном балансе которых велика доля осадков на зеркало, испарение и т. д., для более полного учета роли всех приходно-расходных элементов водного баланса во внешнем водообмене расчет необходимо производить по выражению

$$K_{\text{в}} = \frac{\sum V_{\text{пр}} + \sum V_{\text{р}}}{2W}, \tag{2}$$

где $\sum V_{\text{пр}}$, $\sum V_{\text{р}}$ — суммы приходных и расходных составляющих водного баланса, соответственно. Для водохранилищ с полным годовым регулированием стока оценки интенсивности годового водообмена по выражениям (1) и (2) дают фактически однозначные результаты, но при расчете интенсивности сезонного и месячного водообмена выражение (2) более полно отражает внешний водообмен водоема.

Рассчитанный нами средний годовой коэффициент условного водообмена Рыбинского водохранилища за период с 1948 по 1976 гг. равен 1,86, т. е. средний годовой объем воды в нем меняется за 6,4 месяца. Многолетний ход коэффициента условного водообмена хорошо соответствует кривой изменения величины годового притока в водохранилище (рис. 1). Наличие многоводной и мало-

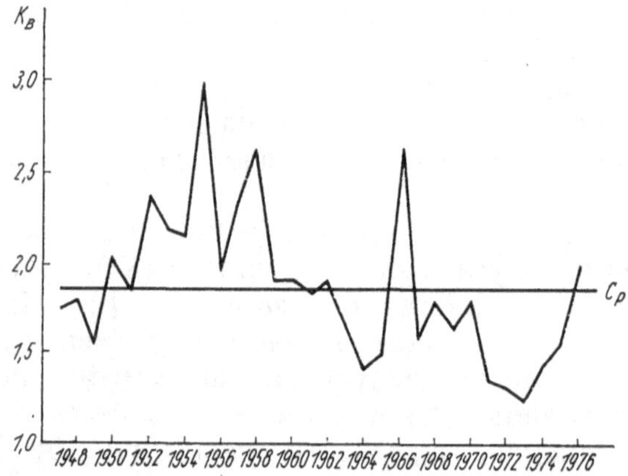

Рис. 1. Многолетний ход коэффициента условного водообмена

водной фаз за период существования Рыбинского водохранилища отразилось и на его внешнем водообмене. Если за многоводную фазу (с 1949 по 1962 гг.) средний коэффициент условного водообмена был равен 2,07 и средний объем воды менялся за 5,8 месяца, то за маловодную фазу (с 1963 по 1976 гг.) коэффициент условного водообмена снизился до 1,63, а время обмена среднего объема возросло на полтора месяца.

Внешний водообмен Рыбинского водохранилища резко изменяется в экстремальные по водности годы. Так, в многоводный 1955 г. с обеспеченностью притока 2,3%, коэффициент условного водообмена достигал 2,99 (время обмена среднегодового объема — 4 месяца), тогда как в маловодные 1972 и 1973 гг. с обеспеченностью притока 98,9% и 95,5% коэффициент водообмена снизился до 1,33 и 1,24 соответственно, т. е. объем водной массы водохранилища сменялся за 9 и 9,7 месяца. Такие значительные колебания в интенсивности водообмена в отдельные годы не могут сказаться на формирование качества воды в водоеме и на условия обитания гидробионтов.

В течение года в зависимости от объема притока и сброса, интенсивность водообмена водохранилища может значительно изменяться от сезона к сезону и по месяцам. Максимальных значений коэффициент условного водообмена достигает в апреле, когда он превышает среднемесячное за год в 2,6 раза. Это увеличение интенсивности водообмена Рыбинского водохранилища в самом начале весны обусловливается уменьшением объема водохранилища в результате зимней сработки и резким увеличением притока за счет вод весеннего половодья. С наполнением водохранилища и снижением объема половодья значения коэффициента начинают уменьшаться.

В течение летних месяцев $K_в$ находится на некотором стабильном уровне. Минимальная интенсивность водообмена на протяжении года отмечается в сентябре. С октября начинается незначительное увеличение значений коэффициента условного водообмена, связанное с дождевыми паводками и началом зимней сработки водохранилища (табл. 1). В среднем за тридцатилетний период наибольшая изменчивость месячных коэффициентов водообмена в Рыбинском водохранилище отличается в мае и апреле, а наименьшая — в августе/сентябре.

Таблица 1

Изменчивость среднемноголетних месячных коэффициентов условного водообмена Рыбинского водохранилища

Месяц	$K_в$ средний	Пределы колебаний	C_V
январь	0,140	0,063—0,202	0,18
февраль	0,139	0,050—0,213	0,30
март	0,162	0,076—0,332	0,36
апрель	0,397	0,151—0,721	0,37
май	0,198	0,099—0,605	0,50
июнь	0,119	0,075—0,292	0,37
июль	0,115	0,090—0,266	0,29
август	0,107	0,076—0,153	0,17
сентябрь	0,103	0,076—0,141	0,17
октябрь	0,127	0,086—0,292	0,35
ноябрь	0,131	0,092—0,242	0,26
декабрь	0,137	0,090—0,223	0,24

Попытка определения сменности вод отдельных участков водохранилищ предпринималась и ранее (см. [1]). При этом коэффициент сменности объемов участков определялся как отношение среднего годового притока в участок ($V_{пр}$) к объему участка ($W_{уч}$):

$$K_{ст} = \frac{V_{пр}}{W_{уч}} . \quad (3)$$

Такое определение коэффициента сменности, как показателя интенсивности внутреннего водообмена, учитывает сменность вод под влиянием стоковых течений. Оно пригодно только для расчетов в русловых участках водохранилищ и в зимний период. В безледный период, когда на большей части акватории водохранилища преобладают ветровые течения, применение этого метода нецелесообразно.

Нами была сделана попытка определения внутреннего водообмена в Рыбинском водохранилище с использованием схем интегральной циркуляции его вод (схем распределения функции полных потоков). Основанием для этого служило то, что разность значений функций полных потоков в двух любых произвольно взятых точках дает расход воды между вертикалями, проведенными через эти точки. Для получения схем интегральной циркуляции применена математическая модель расчета установившихся течений в мелководных водоемах на основании теории полных потоков (см. [3], [4]). Данная модель позволяет учесть три основных фактора (ветер, рельеф дна, приходно-расходные части водного баланса), формирующие циркуляцию вод в мелководном водоеме и получить интегральный перенос вод через любой, произвольно взятый участок водохранилища.

С учетом направления интегрального переноса интенсивность внутреннего водообмена для каждого конкретного участка можно оценить выражением

$$M_{в} = \frac{\Sigma Q_{пр} + \Sigma Q_{ст}}{2 W_{уч}} , \quad (4)$$

где $M_в$ — коэффициент мгновенного водообмена, $\Sigma Q_{пр}$ — сумма расходов воды, втекающих в участок, $\Sigma Q_{ст}$ — сумма расходов воды, вытекающих из участка, $W_{уч}$ — объем воды, заполняющей участок. Коэффициент $M_в$ показывает, какая часть водной массы сменяется за 1 с. Величина, обратная $M_в (1/M_в)$, дает время, необходимое для того, чтобы вся водная масса, заполняющая участок, сменилась на новуюпри условии неизменности циркуляционных процессов в водоеме.

Поскольку применяемая модель дает возможность расчета установившейся интегральной циркуляции при неизменном объеме как отдельных участков, так и всего водоема в целом, то для любого замкнутого участка i его объем $W_{\text{уч}} = \text{const}$, и тогда $\Sigma Q_{\text{пр}} = \Sigma Q_{\text{ст}}$, а коэффициент мгновенного водообмена можно выразить как

$$M_{\text{в}} = \frac{\Sigma Q_{\text{пр}}}{W_{\text{уч}}}. \qquad (5)$$

Для расчета интенсивности водообмена отдельных участков Рыбинского водохранилища в подледный период нами были использованы схемы результирующего переноса вод, рассчитанные при отсутствии ветра, т. е. чисто стоковых течений. В качестве граничных условий на контуре водохранилища использовались среднемноголетние значения притока в феврале за 1948—1976 гг. Уровень водохранилища для этого расчета брался соответствующим среднемноголетнему февральскому уровню за указанный период.

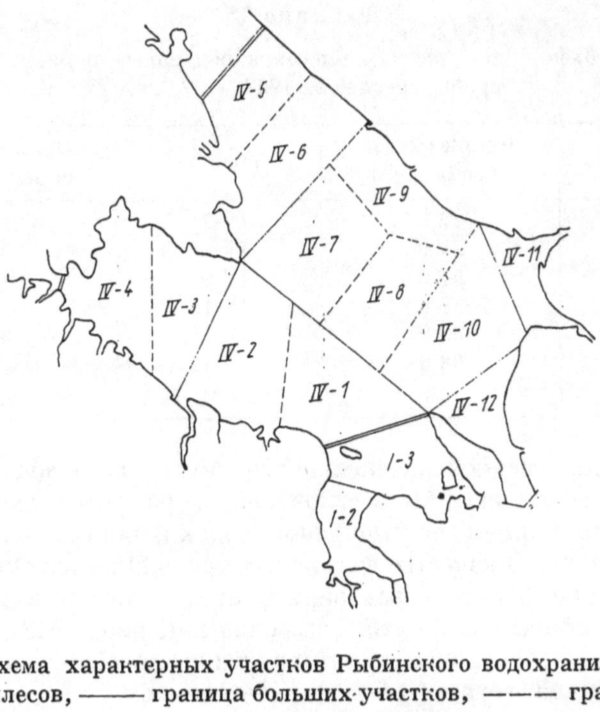

Рис. 2. Схема характерных участков Рыбинского водохранилища; ═══ граница плесов, ——— граница больших участков, – – – граница малых участков

Согласно полученной расчетной схеме, наиболее интенсивный интегральный перенос в это время происходит в русловых участках водохранилища. Скорости течений в этих участках (Волжском, Моложском, Шекснинском) достигают 3—6 см/с. С выходом в Главный плес скорости потока падают до 3—0,5 см/с и вновь возрастают до 10—15 см/с в горле сбросного участка Главного плеса.

В подледный период интенсивность внутреннего водообмена определяется только стоковыми течениями, т. е. в конечном счете, объемами притока и сброса, а также морфометрией водоема, которая обусловливает траектории перемещения потоков. Наиболее проточными в этот период являются участки IV-4, IV-1, I-3, IV-10, IV-11, IV-12, прилегающие к речным плесам и сбросному участку Главного плеса (рис. 2). В этот период интенсивность внутреннего водообмена в водохранилище невелика, время смены объемом для отдельных участков составляет от 8 до 116 суток (табл. 2).

Таблица 2

Сменность объемов по участкам плесов в подледный период, сутки (февраль, среднее за 1948—1976 гг.)

Участок	Время смены объема воды	Участок	Время смены объема воды
IV-4	12,9	IV-7	115,7
IV-3	57,9	IV-8	57,9
IV-2	57,9	IV-9	115,7
IV-1	38,6	IV-10	28,9
IV-3	28,9	IV-11	38,6
IV-5	38,6	IV-12	8,3
I-6	57,9		

Для оценки средней интенсивности внутреннего водообмена в безледный период нами были использованы расчетные схемы интегральной циркуляции вод Рыбинского водохранилища для 6 мес. с мая по октябрь. В качестве граничных условий на контуре водохранилища при расчетах задавались среднемноголетние объемы притоков и сбросов для каждого месяца за период 1948—1976 гг.

В расчетах задавались характеристики преобладающего для каждого месяца ветра (табл. 3). Материалом для вычисления послужили таблицы повторяемости ветра по месяцам [%] на станции „Пункт открытого моря“ (ПОМ), расположенной в центральной части водохранилища.

Расчет осредненной за многолетний период преобладающей циркуляции вод Рыбинского водохранилища показал, что в мае в водохранилище формируются две зоны циркуляции, локализованные в открытых участках западной и северной частей Главного плеса. Расходы в направлении интегрального переноса в этих зонах достигают 250 м³/с между вертикалями, проведенными через 1 км. Воды моложского потока, подпираемые волжскими водами, огибают мыс Центральный и вовлекаются в антициклонную циркуляцию в северной части Главного плеса. Шекснинские воды, участвуя в антициклональном движении северной части Главного плеса, доходят до устъев рек Согожи и Ухры, а затем вместе с волжскими водами поступают в приплотинный участок Главного плеса. Самый мощный, волжский поток — выходя в Главный плес, направляется в северу, где небольшая его часть образует циклонический вихрь, основная же масса огибает мыс Рожновский и также поступает в приплотинный участок (рис. 3).

Таблица 3

Характеристики преобладающего ветра для станции ПОМ

Месяц	Направление, град.	Скорость, м/с
май	323	4,8
июнь	256	5,4
июль	298	5,6
август	310	6,7
сентябрь	293	6,8
октябрь	253	7,0

В июне, при уменьшении притока в водохранилище и сброса из него, формируются три циркуляционные зоны. Существовавшие в мае антициклональные вихри в западной и северной частях Главного плеса несколько смещаются к юго-востоку, в открытые участки центральной части Главного плеса. Третье циркуляционное образование, с циклональным перемещением вод, формируется в центральной части Главного плеса. Интегральный перенос в этом вихре выражен менее четко, расходы в нем не превышают 160 м³ на 1 км. Воды волжского потока, как и в мае огибают мыс Рожновский и поступают в приплотинный участок.

Схема интегральной циркуляции вод водохранилища в июне (рис. 3б) имеет много общих черт с таковой в октябре. Совпадение

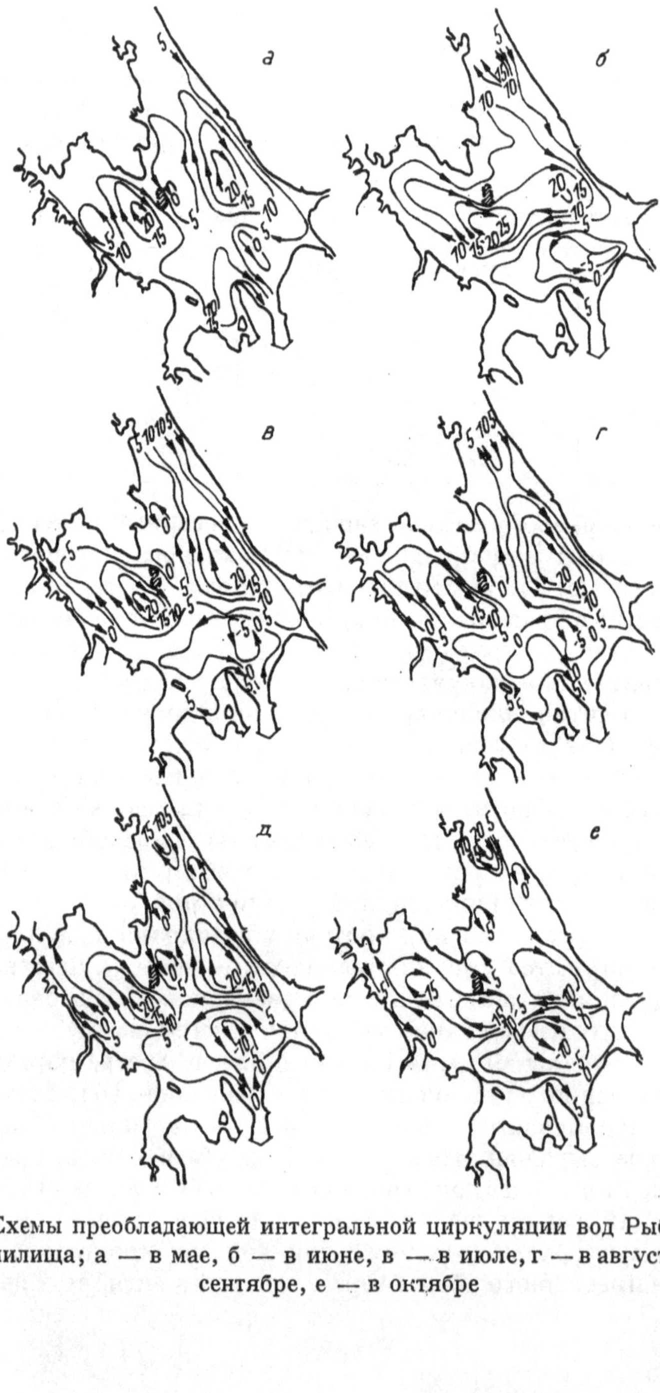

Рис. 3. Схемы преобладающей интегральной циркуляции вод Рыбинского водохранилища; а — в мае, б — в июне, в — в июле, г — в августе, д — в сентябре, е — в октябре

преобладающих ветров по направлению, несмотря на различие по скорости в 1,3 м/с, а также близкие величины притока в водохранилище, обусловливают формирование одинаково расположенных и имеющих одинаковый порядок величин результирующего переноса. Но уменьшение притока в октябре приводит к тому, что мощности волжского потока становится недостаточно, чтобы перекрыть путь моложским водам к приплотинному участку (рис. 3e).

В июле — сентябре при аналогичных параметрах преобладающего ветра и небольшой изменчивости притока в водохранилище формируется устойчивая, сохраняющаяся практически постоянной в течение трех месяцев циркуляции. Она состоит из трех крупных вихревых образований, локализованных в западной и северной частях Главного плеса — антициклональные зоны, и в центральной части Главного плеса — циклональная. В отдельные месяцы экстремальных по водности лет схемы интегральной циркуляции могут претерпевать значительные изменения.

Для всего навигационного периода в Рыбинском водохранилище характерно наличие двухслойного течения. Изменение вектора течения на противоположный происходит в слое 1—3 м. Этот слой характеризуется наибольшей изменчивостью скоростей течения и разбросом по направлению.

Расчеты интегральной циркуляции при различных ветровых условиях, при переменном уровне и для различных величин приходно-расходных элементов водного баланса показали, что существующая схема циркуляции обусловлена главным образом морфологическими особенностями водоема. Изменения параметров ветра приводят к некоторому смещению циркуляционных зон и к изменению расходов в направлении интегрального переноса. Увеличение притока в водохранилище и сброса через гидросооружения в экстремальные по водности годы может привести к разрушению циркуляционных образований.

Использование описанных схем циркуляции для оценки водообмена отдельных участков водохранилища показало, что в безледный период для участков, в интенсивности водообмена которых основную роль играют стоковые течения (участок 1—3 Волжского плеса, 4—12 Главного плеса) проявляется четкая зависимость времени смены воды от объемов притока в водохранилище и сбросов из него в течение месяца. Так, среднее время смены объема воды участка 1—3 Волжского плеса в мае составляет 14,5 суток, а в многоводный год уменьшается до 5,3 суток. С уменьшением

Таблица 4

Время смены объемов отдельных участков Рыбинского водохранилища (сутки)

Участок	Среднее за 1949—1976 гг.						Многоводный (1955) год					Маловодный (1972) год				
	Месяцы															
	V	VI	VII	VIII	IX	X	V	VI	VII	VIII	X	V	VI	VII	VIII	X
IV-4	4,8	4,0	3,6	2,7	2,6	2,4	5,5	4,5	4,6	3,7	2,7	2,8	2,4	2,3	1,6	1,1
IV-3	8,9	7,2	6,4	6,1	6,1	7,2	10,5	8,3	7,2	6,8	7,7	8,3	5,8	7,7	4,5	4,5
IV-2	10,5	5,8	6,4	7,7	5,8	6,4	9,6	6,1	7,2	7,7	7,2	8,9	5,0	6,4	5,8	5,3
IV-1	12,5	6,1	8,9	14,5	8,9	5,3	6,8	6,5	11,6	28,9	6,1	10,5	5,8	6,8	16,5	4,1
I-3	14,5	23,1	19,3	19,3	57,9	28,9	5,3	12,9	23,1	38,6	57,9	14,5	19,3	16,5	19,2	19,0
IV-5	5,5	3,6	4,5	4,5	3,4	2,8	6,4	5,5	4,8	5,0	2,7	4,6	3,6	3,5	3,0	1,8
IV-6	5,8	12,9	5,8	4,6	5,8	9,6	12,9	19,3	9,6	8,9	4,0	4,5	8,9	4,1	3,5	7,7
IV-7	10,5	4,8	8,3	7,2	8,3	8,3	5,8	6,8	6,1	5,5	5,5	7,2	9,6	7,2	6,1	8,3
IV-8	8,9	7,7	6,8	6,8	6,1	6,1	11,6	10,5	7,7	7,2	5,5	8,3	6,4	6,4	5,8	3,9
IV-9	5,5	7,7	5,3	4,8	4,5	6,8	6,4	7,2	6,1	5,5	6,8	4,5	3,4	4,3	3,3	3,7
IV-10	5,8	8,9	8,3	8,3	6,1	6,4	5,8	7,7	8,9	8,9	5,5	7,7	14,5	7,7	6,4	5,5
IV-11	4,8	9,6	6,8	4,8	5,8	6,8	5,5	11,6	8,9	6,8	6,8	4,6	7,2	6,1	3,9	3,2
IV-12	3,5	8,3	8,9	7,2	6,8	8,3	2,8	3,7	8,3	8,3	12,9	5,8	12,9	8,3	7,7	12,9

объемов волжского притока в летние месяцы интенсивность водообмена этого участка резко уменьшается и среднее время смены объема воды в сентябре составляет уже 58 суток (табл. 4). В сбросном участке Главного плеса смена вод происходит быстрее также в весенние месяцы, при пропуске вод весеннего половодья. Среднее время смены объема водной массы этого участка в мае составляет 3,5 суток, уменьшаясь в многоводный год до 2,8 суток и возрастая в маловодный до 5,8 суток. На протяжении других месяцев безледного периода интенсивность его водообмена снижается к осени.

Для всех других участков Главного плеса интенсивность внутреннего водообмена определяется ветровой циркуляцией и в гораздо меньшей степени зависит от водности года. Для них характерно увеличение интенсивности водообмена к осени, что связано с уменьшением объема этих участков вследствии понижения уровня в течение лета и роста ветровой активности.

Заключение

1. Различие по водности отдельных лет за период эксплуатации Рыбинского водохранилища отразились на интенсивности его водообмена. Если по средней интенсивности водообмена за весь исследуемый период водохранилище относится к водоемам со ,,средней‘‘ степенью водообменности (период водообновления 0,50—0,99 года), то по интенсивности водообмена за многоводные годы оно относилось к водохранилищам с ,,большой‘‘ степенью водообменности. Время смены среднего годового объема воды в экстремальные по водности годы может отличатся от средних многолетних значений более чем в 2 раза.

2. Предложенный метод расчета водообмена отдельных участков, учитывающий как роль стоковых течений, так и ветрового переноса, позволил выделить водохранилище зоны с различной интенсивностью внутреннего водообмена и провести анализ его сезонной и межгодовой изменчивости. Последнее весьма важно при исследовании процессов трансформации водных масс и формирования качества воды в целом.

Литература

[1] Бакулин, К. А., Морфометрические характеристики Рыбинского водохранилища. — В кн.: Биологические и гидрологические факторы местных перемещений рыб в водохранилищах, Ленинград 1968, 72—87.

[2] Богословский, Б. Б., Внешний водообмен водоемов и некоторые особенности водных масс пресных озер. — В кн.: Режим озер, Вильнюс 1970, 237—259.
[3] Литвинов, А. С., и И. Ф. Фомичев, Опыт расчета установившихся ветровых течений Рыбинского водохранилища. Биология внутренних вод, Информ. бюлл. **40** (1978), 50—54.
[4] Фельзенбаум, А. И., Теоретические основы и методы расчета установившихся морских течений, Изд. АН СССР, Москва 1960, 126.
[5] Штефан, В. Н., К расчету водообмена долинного водохранилища. Вест. н. МГУ, Сер. геогр. 1975, № 5.

Acta Hydrophysica, Berlin	Bd. XXVII	H. 3/4	(1982)	S. 329—340

Измерение вихревых движений вод в переменных Лагранжа в Ладожском озере

Ю. Д. Михайлов

Резюме: Посредством наблюдений за дискретно плавающими индикаторами судовой радиолокационной станцией с корабля, стоявшего на якоре, в верхнем 5—25 метровом прогретом слое озера обнаружены циклональные и антициклональные вихревые (круговые) движения вод с периодами 19—37 часов, диаметром 1,5—5 км и средней скоростью течения внутри вихрей 10—15 см/с. Ниже термоклина кинематика течений по синхронным измерениям характеризуется движениями типа ломаной линии и скоростями течений в 1,5—2 раза меньшими, чем в верхнем прогретом слое. Высказывается предположение, что термическая структура наряду с морфологическими особенностями озера оказывают решающее влияние на кинематическую структуру течений, в частности, на генерацию вихрей.

Zusammenfassung: Durch Beobachtungen mit Hilfe von diskret driftenden Indikatoren von einer Meßstation aus, die sich an Bord eines vor Anker liegenden Schiffes befand, wurden in der oberen 5—25 m tiefen erwärmten Schicht des Ladogasees zyklonale und antizyklonale (kreisförmige) Wirbelbewegungen des Wassers mit Perioden von 19—37 h, einem Durchmesser von 1,5—5 km und einer mittleren Strömungsgeschwindigkeit innerhalb der Wirbel von 10—15 cm/s festgestellt. Unterhalb der Sprungschicht wird die Strömungskinetik nach Synchronmessungen durch Bewegungen vom Typ eines Polygonzuges und um das Anderthalb- bis Zweifache geringere Geschwindigkeiten im Vergleich zur oberen, erwärmten Schicht charakterisiert. Vermutlich üben die thermische Struktur und die morphologischen Gegebenheiten des Sees gemeinsam den entscheidenden Einfluß auf die kinematische Struktur der Strömungen aus, insbesondere auf die Bildung von Wirbeln.

Summary: On the basis of observations of discretely floating indicators, which were made from a measuring station installed aboard an anchored ship, cyclonic and anticyclonic (circular) eddy motions of the water, having periods of 19—37 h,

[1]) Ю. Д. Михайлов, Академия наук СССР, Институт озероведения, Ленинград 197046, Петровская наб. 4, СССР.

diameters of 1.5—5 km, and a mean current velocity of 10—15 cm/s, were ascertained in the upper heated 5—25 m layer of Lake Ladoga. Below the thermocline, according to synchronous measurements the kinetics of currents is characterized by motions of the traversal type and by velocities one and a half to two times minor to those existing in the upper heated layer. Presumably, it is the thermal structure along with the morphological properties of the lake which decisively influence the kinematic structure of the currents, in particular, the generation of vorticity.

Так как поле течений обладает диффузионными свойствами, то представляется целесообразным проводить измерения течений в переменных Лагранжа с помощью дискретно плавающих индикаторов — свободно дрейфующих драг. Это особенно важно, если для исследования процесса турбулентной диффузии исходить из статистической теории, являющейся физически более обоснованной. Кроме того, изучение течений в переменных Лагранжа позволяет более строго исследовать их кинематическую структуру и надежно определить пространственный масштаб вихрей l, который имеет существенное значение при оценке параметров турбулентной диффузии, необходимых для решения целого ряда практических задач по рациональному использованию и охране вод озер от загрязнения.

В этой связи в сентябре 1978г. Институтом озероведения АН СССР в северной части Ладожского озера с НИС ,,Талан" были начаты первые измерения течений свободно дрейфующей драгой, в результате чего был обнаружен антициклональный вихрь.

Драга представляла собой систему, состоящую из двух частей. Верхняя несущая часть, плавающая по поверхности, состояла из вехи с радиолокационным отражателем высотой над водной поверхностью 3 м. Для обеспечения вертикального положения веха была продета в пенопластовый круг и снабжена грузом-противовесом. Нижняя часть, подвешиваемая к верхней на тонком стальном тросе, состояла из двух взаимно перпендикулярных рам, размером 4 м^2 каждая, обтянутых плотной материей. Такие рамы выполняли роль подводного паруса, влекомого течением на заданной глубине. Площадь сопротивления потока верхней части системы относилась к нижней как 1:100.

Драга была запущена в озеро с судна, стоявшего на якоре, а путь ее движения, продолжавшийся около двух суток, определялся с помощью судового радиолокатора с дискретностью 1 час и наносился на крупномасштабную навигационную карту. По пройденному расстоянию и времени дрейфа драги вычислялась скорость течения. Описанная методика неоднократно применялась при изучении течений и турбулентной диффузии в океанах, морях и озерах (Немченко [7]; Никитин [8], [9]; Помыткин [10]).

Измерения течения драгой были проведены в шхерной северо-западной части Ладожского озера в районе расположения глубоководной впадины с глубинами около 220 м на горизонте 5 м при штилевой погоде. Одновременно с корабля, стоящего на якоре в двух точках, проводились ежечасные измерения течений морской вертушкой ВММ также на горизонте 5 м. Кроме того, в точке выпуска драги (глубина 41 м) было выполнено вертикальное зондирование температуры термозондом, показавшее почти полную гомотермию с небольшим перепадом температуры от поверхности до дна в 0,7 °С.

На рис. 1 представлена траектория движения драги, полученная по наблюдениям 7.—9. 09. 78 г. и прогрессивно-векторные диаграммы течений в двух точках по измерениям вертушкой ВММ.

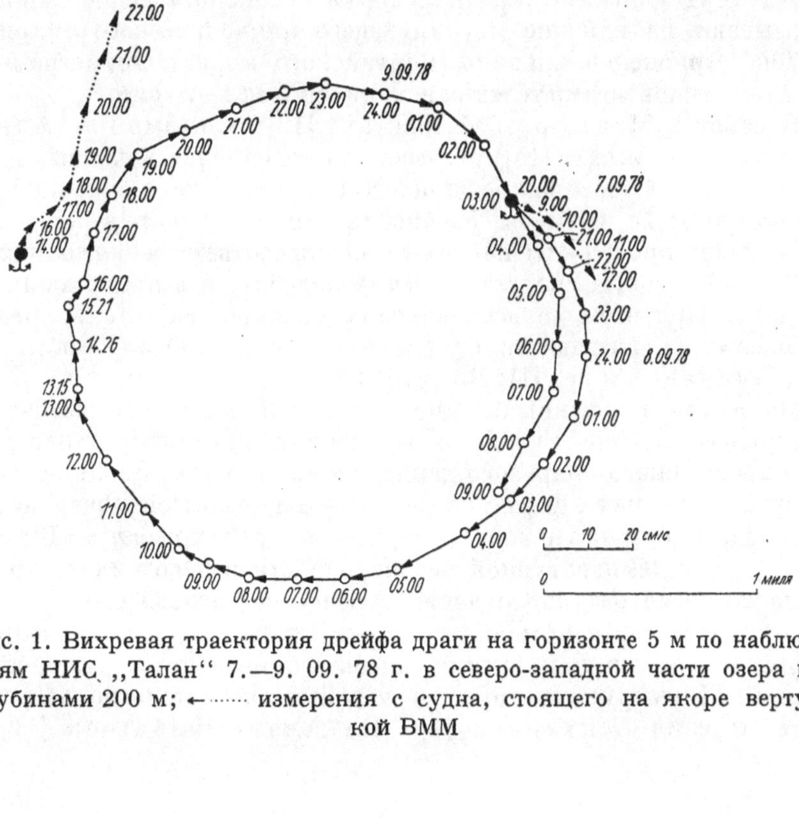

Рис. 1. Вихревая траектория дрейфа драги на горизонте 5 м по наблюдениям НИС „Талан" 7.—9. 09. 78 г. в северо-западной части озера над глубинами 200 м; ←······ измерения с судна, стоящего на якоре вертушкой ВММ

Как видно из рисунка, драга совершила правильное кольцевое движение в направлении по часовой стрелке со средней скоростью 13 см/с, придя точно в исходное место выпуска через 31 час. Последующие 6 часов драга следовала в том же направлении по близкой траектории с небольшим ее смещением внутрь кольца. Из рисунка также видно, что диаметр кольца составлял 5 км, а скорость течения держалась устойчиво на всем пути дрейфа, изменяясь в небольших пределах — 10—15 см/с. Из этого рисунка также следует, что скорость течения по наблюдениям ВММ на двух якорных станциях составляла 10—14 см/с, а направление практически совпадало с движением драги по кольцу, то есть по часовой стрелке.

В последние годы, как в нашей стране, так и за рубежом, появилось большое количество работ, в которых обсуждаются вопросы генерации и структуры мезомасштабных и синоптических вихрей в море и океане по измерениям течений в переменных Эйлера, а также на основании анализа океанологических данных.

Маттеус и Швабе [3], анализируя океанологические данные, указывают на наличие мигрирующего циклонического вихря в районе Арконской впадины Балтийского моря с диаметром 12 до 18 км и скоростями течения внутри вихря 12—24 см/с.

В работах МэкКарсы (McCarthey [13]), Соломон и Алнэс (Solomon and Ahlnäs [15]) указывается на наличие холодных ядер в центральной части вихрей при антициклональном движении вод. Диаметральные размеры океанских вихрей лежат в пределах 37—400 км, продолжительность их жизни соответственно составляет 12—45 суток, а скорость течений колеблется в пределах 10 до 15 см/с. При этом во всех случаях указывается, что вихревые движения охватывают толщу вод до глубины 1000 м (Кошляков [2]; Булкаков и др. [1]; Royer [14]).

На основе полученных эмпирических данных можно высказать следующее предположение о возможном механизме генерации мезомасштабного вихревого движения вод в озере. Вдоль берегов округлого по своей форме озера в период открытой поверхности ото льда, в результате неравномерностей структуры ветра (Штокман [12]) и температурной неоднородности вод возникает крупномасштабный результирующий перенос по часовой стрелке или против нее. На некотором удалении от берега, с увеличением глубины, где влияние трения на движущийся поток становится меньше, формируется струя повышенных скоростей вдольберегового течения (Михайлов [4]). По данным Филатова [11] в

Ладожском озере отмечается также постепенное увеличение средней скорости течения с удалением от берега в сторону открытой его части. При прохождении этой струи над впадиной или банкой, окруженной островами или мелями, могут формироваться локальные круговороты в результате воздействия на набегающий поток морфологических особенностей бассейна.

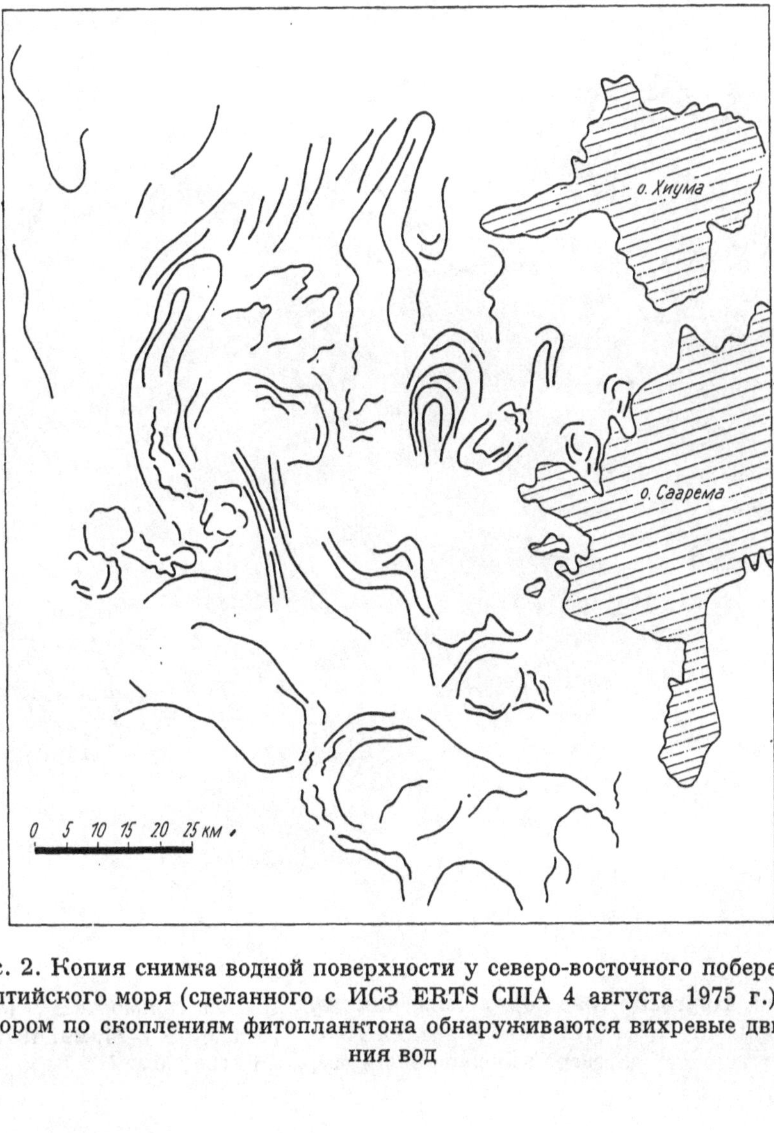

Рис. 2. Копия снимка водной поверхности у северо-восточного побережья Балтийского моря (сделанного с ИСЗ ERTS США 4 августа 1975 г.), на котором по скоплениям фитопланктона обнаруживаются вихревые движения вод

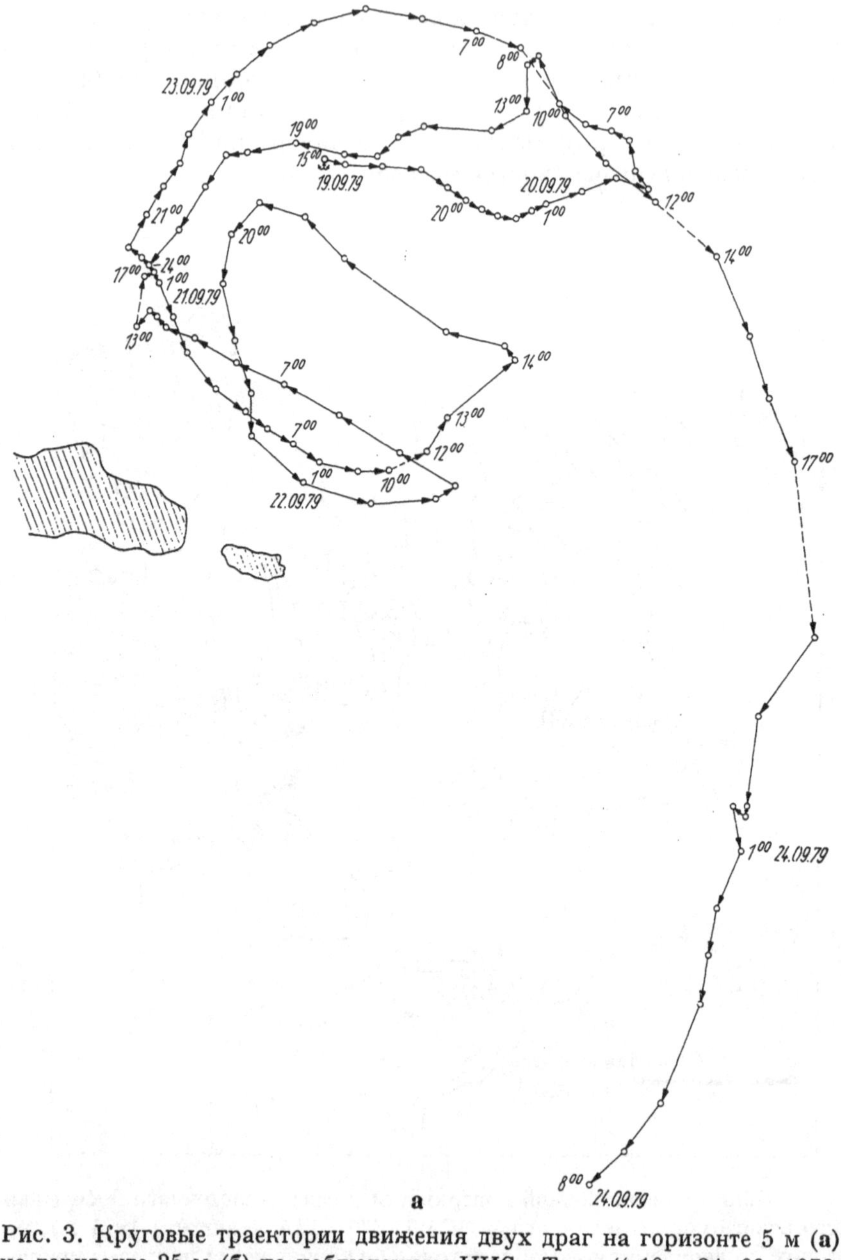

a

Рис. 3. Круговые траектории движения двух драг на горизонте 5 м (а) и на горизонте 25 м (б) по наблюдениям НИС „Талан“ 19.—24. 09. 1979 г. в северо-западной части озера; М 1:25000

Обнаруженный вихрь в северо-западной части озера располагался в зоне глубоководной впадины (глубины 150—200 м), окруженной с севера и юга группой островов. При этом расстояние от западного берега до вихря составляло примерно 16 км, где, судя по глубинам, может проходить струя повышенных скоростей вдольберегового течения.

Формирование вихревых движений в результате воздействия на вдольбереговые потоки морфометрических особенностей может быть проиллюстрировано копией снимка водной поверхности у северо-восточного побережья Балтийского моря, сделанного 04. 08. 75 с ИСЗ ERTS США (рис. 2) (Михайлов и Филатов [6]). На этом снимке четко видна завихренность поля скоростей и отдельные вихревые образования по траекториям движения скопле-

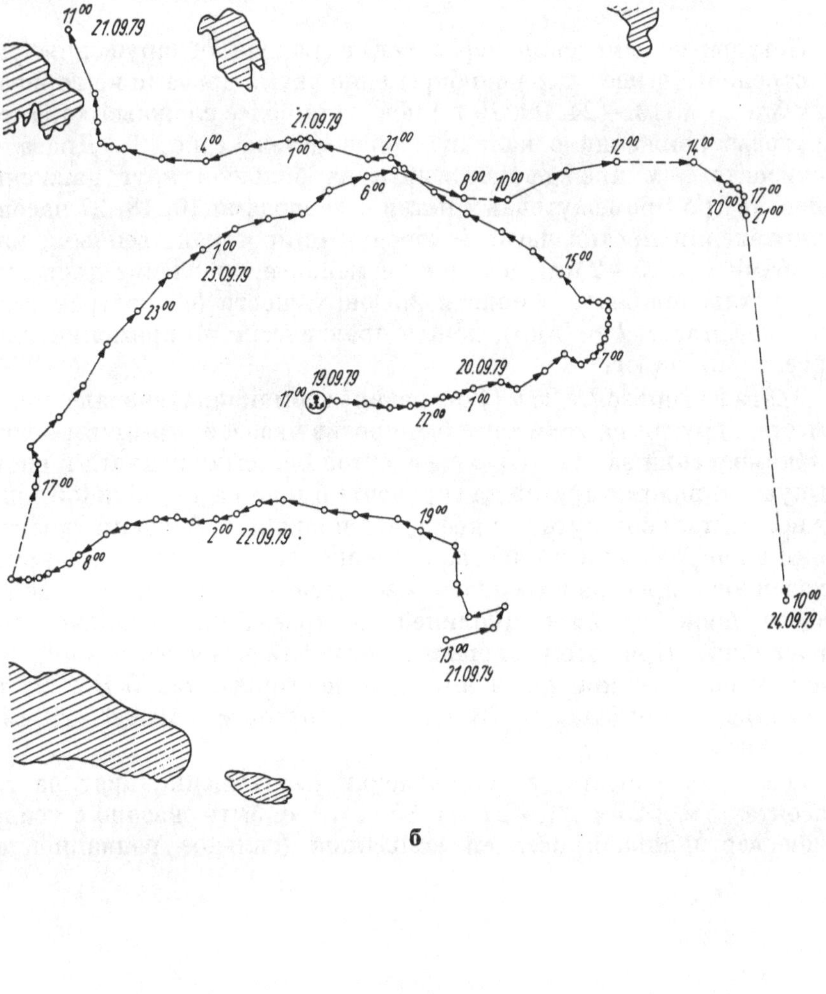

б

ний фитопланктона (сине-зеленых водорослей) с пространственными размерами 2—25 км. Этим снимком также подтверждается достоверность оценок горизонтальных размеров вихрей l, сделанных для северо-восточного района Балтийского моря ранее на основании использования закономерностей инерционного интервала (Михайлов [5]).

В навигационные периоды 1979—1980 гг. были продолжены экспериментальные исследования вихревых движений вод в Ладожском озере одновременно двумя или четырьмя аналогичными свободно плавающими индикаторами, прежде всего в верхнем слое (на горизонте 5 м), а также и в более глубинных слоях (на горизонтах 10 м и 25 м).

Для получения сравнимых данных экспериментальные работы с драгами проводились в условиях штиля или при слабых ветрах до 5 м/с.

Повторные измерения через год в районе обнаружения рассмотренного выше вихря одновременно двумя драгами на горизонтах 5 и 25 м (19.—24. 09. 79 г.) показали более сложный характер круговых движений с наличием ряда петель (рис. 3). Драга на горизонте 5 м прежде чем выйти на большой круг движения описала три промежуточных петли с периодами 10, 18, 27 часов в направлении против часовой стрелки (с пространственными масштабами $l \sim 1{,}5—2$ км), а затем, изменив направление движения на противоположное и описав 2/3 окружности (с пространственным масштабом $l \sim 5$ км), пошла практически по прямолинейной траектории на юг.

Драга на горизонте 25 м (у основания термоклина) вначале пошла вместе с другой на горизонте 5 м против часовой стрелки и вошла в Якимварский залив. Через двое суток она была поднята и вновь выпущена рядом с драгой на горизонте 5 м на расстоянии 0,5 мили от нее. Остальной путь эти две драги прошли по близким траекториям в направлении по часовой стрелке, т. е. по большому кругу указанного пространственного масштаба с выходом под конец своего движения на прямолинейную траекторию в южном направлении. При этом скорости отличались существенной неравномерностью при движении драг на горизонтах 5 м и 25 м, изменяясь в пределах 5—31 см/с на горизонте 5 м и 4—22 см/с на горизонте 25 м.

Указанное сходство в направлении перемещения драг на горизонтах 5 м и 25 м 22.—24. 09. 80 г. может быть связано с усилением вертикальной осенней конвекции (сильное радиационное выхолаживание отмечалось 22.—24. 09. 80 г.) во второй половине эксперимента, что привело к существенной эрозии и заглублению термоклина и созданию квазиоднородной водной массы в слое 5—25 м, которая и стала двигаться в одном направлении.

Два правильных круговых (вихревых) движения были зарегистрированы 17.—19. 07. 80 г. на горизонте 5 м в шхерном районе у северо-западного побережья озера (рис. 4). Выпущенные на расстоянии 0,5 мили, эти драги одновременно описали самостоятельные круговые траектории: одна замкнула кольцо через 19 часов с пространственным масштабом $l \sim 1{,}5$ км, а другая обошла остров и замкнула кольцевую орбиту через 31 час с горизонтальным масштабом $l \sim 3{,}5$ км. В дальнейшем эти две драги вышли из кольцевого движения, перемещаясь в более мористую часть озера.

Две другие драги, выпущенные одновременно 17. 07. 80 г. в этом же районе на горизонте 10 м (у основания термоклина), пошли со значительно более слабой скоростью по ломаной линии с периодом между точками перегиба около 8—9 часов.

Из рассмотренных выше синхронных наблюдений на горизонтах 5 м и 10 м следует, что они связаны прежде всего с генерацией плоских вихрей в термоклине. Ниже термоклина движения существенно отличаются по своей структуре и скорости от движений верхнего слоя. Поэтому между этими двумя слоями имеет место сдвиг средней скорости, а поэтому в результате динамической неустойчивости могут генерироваться вихри с горизонтальными осями и внутренние волны.

На основании изложенного выше можно сделать следующие выводы:

1. В шхерной и глубоководной северо-западной части озера под действием горизонтальной неустойчивости поля течений при сложной морфологии дна и берегов могут возникать вихревые движения циклонического и антициклонического типа в пределах 19—37 часов и пространственными масштабами в 2—5 км.
2. Термическая структура наряду с морфометрическими особенностями озера, по-видимому, оказывают решающее влияние на кинематическую структуру течений, т. е. кинематика движений в озере в теплый период года в значительной мере определяется наличием двух водных масс: прогретыми водами термоклина и холодными водами нижнего слоя озера.
3. Наиболее плоские вихри возникают в термоклине с соотношением вертикального масштаба к горизонтальному 0,001. Ниже термоклина кинематика течений характеризуется движениями

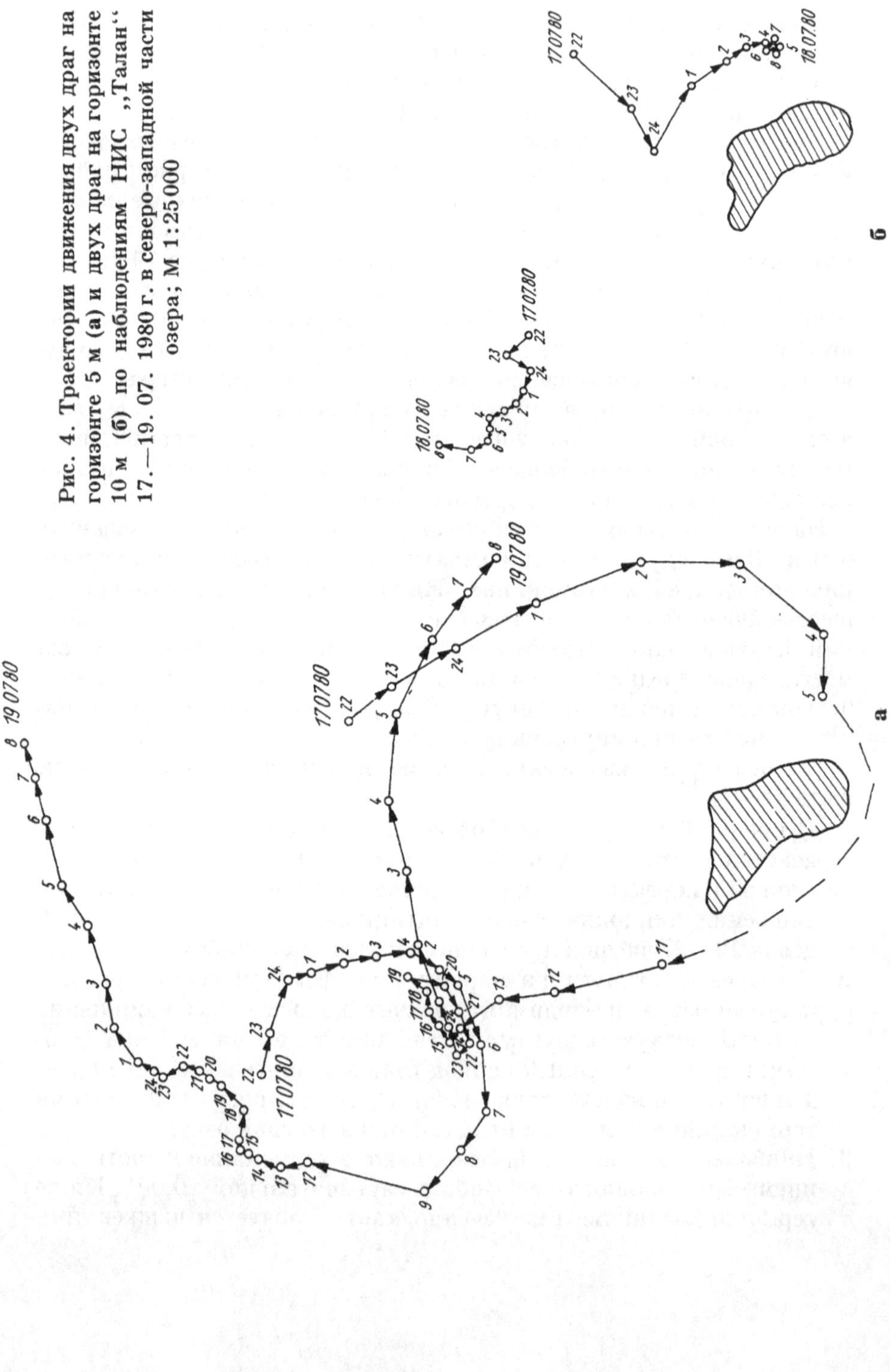

Рис. 4. Траектории движения двух драг на горизонте 5 м (а) и двух драг на горизонте 10 м (б) по наблюдениям НИС „Талан“ 17.—19. 07. 1980 г. в северо-западной части озера; М 1:25000

типа ломаной линии с точками перегиба и уменьшением скоростей течений в 1,5—2 раза.

4. За счет сдвига средней скорости по вертикали в результате динамической неустойчивости могут генерироваться вихри с горизонтальными осями и внутренние волны. Можно полагать, что развитие турбулентных процессов в слое скачка также может быть порождено формированием вихрей при движении жидкости вдоль границы раздела двух разнородных водных масс. Это движение, вероятно, вызвано крупномасштабной озерной циркуляцией, обусловленной внешними силами.
5. Плоские вихри, по-видимому, являются наиболее мощными источниками генерации и диссипации горизонтального и вертикального турбулентного обмена, а также играют существенную роль в диссипации энергии крупномасштабного кругового течения в озере.
6. Полученные результаты по кинематической структуре течений должны быть учтены при моделировании экосистемы Ладожского озера.

Литература

[1] Булкаков, Н. П., Джиганшин, Г. Ф., и Л. М. Белоусов, Инструментальные измерения течений в синоптическом вихре. Морские гидрофизические исследования 1977, № 4, 30—39.

[2] Кошляков, М. Н., Научные результаты ,,Полигон-70'' и других советских экспедиций синоптической изменчивости океана, Москва 1977, 13—45.

[3] Маттеус, В., и Р. Швабе, Временная изменчивость океанологических параметров в районе мезомасштабных вихрей в Арконском бассейне. Сб. докладов XI Конференции балтийских океанографов, Ленинград 1981.

[4] Михайлов, Ю. Д., Вероятностные характеристики прибрежных течений Балтийского моря. Труды ГОИН **110** (1972), 76—97.

[5] Михайлов, Ю. Д., Статистические характеристики турбулентного поля скоростей течений и их оценка в прибрежной зоне Балтийского моря. Труды ГОИН **122** (1974), 90—107.

[6] Михайлов, Ю. Д., и Н. Н. Филатов, Оценка характеристик турбулентного перемешивания в Балтийском море и крупных озерах. Сб. докладов международного симпозиума по исследованию турбулентности и турбулентной диффузии в море, Варнемюнде 1980.

[7] Немченко, В. И., Исследование горизонтальной турбулентной диффузии в Атлантическом океане. Океанология 1964, № 4, 805—808.

[8] Никитин, И. С., Радиолокационный метод изучения морских течений. Метеор. и Гидрол. 1957, № 4, 47—50.

[9] Никитин, И. С., Методика изучения течений в водохранилищах радиолокационными средствами. Метеор. и Гидрол. 1963, № 5, 29—36.

[10] Помыткин, Б. А., Некоторые сведения о течениях в южной части Байкала. Метеор. и Гидрол. 1962, № 11, 47—50.

[11] Филатов, Н. Н., Изменчивость течений в крупных озерах. — В кн.: Изменчивость гидрофизических полей в озерах, Ленинград 1978, 6—88.

[12] Штокман, В. Б., Избранные труды по физике моря, Ленинград 1970, 152.

[13] McCarthey, M. S., Worthington, L. V., and W. J. Schmitz Jr., Large Cyclonic Rings from the Northeast Sargasso Sea. J. geophys. Res. **83** (1978), 901–914.

[14] Royer, T. C., Ocean Eddies Generated by Seamounts in the North Pacific. Science **199** (1978), 1063–1964 (No. 4333).

[15] Solomon, H., and K. Ahlnäs, Eddies in the Kamchatka Current. Deep-Sea Res. **25** (1978), 403–410.

Acta Hydrophysica, Berlin	Bd. XXVII	H. 3/4	(1982)	S. 341 – 346

Картирование седимента озера Балатон

Ф. Матэ[1])

Резюме: В связи с поставлением карты седимента озера Балатон статья дает краткий обзор о методике и некоторых результатах исследования пространственного распределения параметров верхнего, вступающего в самый интенсивный контакт с водой слоя седимента озера. Рассматриваются фракции фосфата, механический состав отложений, органический углерод, карбонат кальция, калий, магний, марганец, медь и цинк.

Zusammenfassung: Im Zusammenhang mit der geplanten Kartierung des Sediments des Balatonsees gibt der Beitrag einen kurzen Überblick über die Methodik und einige Ergebnisse von Untersuchungen über die räumliche Verteilung der Parameter der obersten, in unmittelbarem Kontakt mit dem Wasser stehenden Sedimentschicht des Sees. Dabei werden die Phosphatfraktionen, der mechanische Zustand der Ablagerungen, organischer Kohlenstoff, Kalziumkarbonat, Kalium, Magnesium, Mangan, Kupfer und Zink berücksichtigt.

Summary: With a view to charting the sediment of Lake Balaton the paper gives a concise survey on the methodology and some results of investigations on the spatial distribution of the parameters of the upper sediment layer of the lake having the most intense contact with the water. The statements refer to the phosphate fractions, the mechanical conditions of the deposits, organic carbon, calcium carbonate, potassium, magnesium, manganese, copper and zinc.

Общеизвестно, что седимент оказывает большую роль на жизнь мелководных озер, на качество воды, состав и на распространение живого мира. Это особенно справедливо в отношении озера Балатон, поверхность которого приблизительно составляет 600 км^2 со средней глубиной воды более, чем 3 метра. Давние наблюдения говорят о том, что озеро не один раз в год, при сильном ветре смешивается до самого дна и тогда вся водная масса вступает в контакт с седиментом.

[1]) Dr. Ferenc Máté, Biologiai kutatointezet, H-8257 Tihany.

В венгерской литературе имеются обширные данные о седименте озера Балатон, на основе которых стало возможным детальное исследование седимента. Хотя были предприняты попытки выяснения пространственного распределения седимента, но все же не удалось с необходимой точностью картировать седимент различного характера и провести съемку географического распределения седимента. Вообще литературные источники содержат много данных о седименте, но информаций относительно прибрежной зоны и открытых водоемов существует мало, а поэтому была поставлена задача составления подробной карты седимента. Надеемся, что с помощью этой карты можно понять круговорот веществ в озере Балатон, получить представление о качестве и составе воды, пространственном распределении живого мира, а также правильно понять другие явления.

В начале работы одним из главных вопросов являлся выбор масштаба составляемой карты. Ввиду того, что имеющиеся точные карты, созданы в масштабе 1:10000, то и нами был выбран такой же масштаб. Учитывая опыт составления тематических карт (в международной литературе нет подробных методических указаний по картированию дна озер), нужно было для карты заданного масштаба провести взятие и обработку 10-ти проб седимента с одного квадратного километра. Карту составили на основе вышеуказанной частоты отбора проб.

Далее возник вопрос допустимой точности карт выбранного масштаба. Учитывая трудности определения точек взятия проб на воде, определения места отбора проб с берега с помощью двух точных теодолитов, точность определения любого места взятия проб получилась равной $\pm 2-3$ метр.

В результате картографических работ, начатых в 1978-ом году, у нас имеются серии подробных карт третей части западного бассейна оз. Балатон, составленных на основе двух тысяч исследуемых точек. Картографирование проводилось лишь верхнего слоя седимента, вступающего в самый интенсивный контакт с водой озера. Съемка более глубоких слоев седимента проводилась лишь позже для характерных, отделимых по типу отложений, районов.

Возникал вопрос изображения пространственного распределения каких-то параметров. Старались получить как можно больше характерных свойств седимента используемых при лимнологической оценке. Однако же изображать на карте целесообразно более или менее постоянные свойства. По собранным пробам воз можно позже изучить те свойства отложений, исследование которых до сих пор не проводилось. Исследования проводили на высушенных при комнатной температуре, размельченных и проходящих через сито размером 0.25 мм, образцах. Такая обработка проб конечно вызывает какое-то изменение в свойстве проб, но для уменьшения ее необходимо обеспечить постоянные условия измерений. Эти изменения в первом приближении маловажны по сравнению с постоянными свойствами изображаемыми на карте.

Свойства проб, изображенных на серии карт, определяли в лабораторных условиях по методикам исследования грунта. При выборе лабораторных методик часто сверялось несколько взаимно противоположных точек зрения. Для удовлетворения требований картирования исследовалось множество параметров многочисленных образцов. При обработке многочисленных образцов исключались трудоемкие способы измерения. Закономерность географического распределения отложений возможно получить на основе большого количества способов исследования образцов. С помощью детальных, трудоемких методик анализируются те образцы, которые выбираются с характерных пятен подробных карт, составленных на основе многочисленного анализа. Методы исследования грунта в некотором отношении добавляют методы применимые в лимнологии. Хорошим примером этого является фосфор, который, как известно, играет ведущую роль в процессе евтрофизации. В лимнологической литературе широко применяется количество суммарного фосфора как характеристика отложения. При одинаковом содержании суммарного фосфора могут быть большие расхождения между илами в отношении фосфора, так как его растворимость и биологическая доступность в большой мере могут различаться. Количество в буфере смеси растворимого фосфора, определенного в агрохимических лабораториях, дает больше интересных с лимнологической точки зрения информаций, чем дает суммарное содержание фосфора. Хотя в отечественной лимнологической литературе имеются данные о фракционном анализе по содержанию фосфора отложений оз. Балатон, однако в специальной литературе по гидробиологии не имеется исследований, которые бы давали информацию о различных, биологически доступных для живого мира, фракций фосфата. В связи с этим был разработан нетрудоемкий метод определения растворимого фосфора. Этот метод широко используется в области хозяйственно полезных растений. На основе фракционированного анализа нескольких образцов детально характеризуется распределение фосфора в районах распределенных на карте легкорастворимого фосфора.

Для целей картографирования необходимо заметить тот факт, что некоторые значения изучаемых свойств в данном районе практически могут принять любое значение между двумя крайними значениями, поэтому при картировании необходимо установить эти крайние значения. Было предпринято то, чтобы крайние значения отражали частоту повторяемости одних и тех же параметров, однако эти лимиты в некоторой степени произвольны. Вероятно, если картирование всего озера Балатон или же большинства его площади завершится, то надо будет, учитывая частоту повторяемости некоторых параметров по всему озеру, заново определить крайние значения. Это же одновременно приведет к изменению контурных линий западной части озера. Все-таки кажется целесообразным опубликовать составленные карты в неокончательном виде хотя бы для того, чтобы использование их не пропало. — Ниже рассмотрим серии карт изображающие некоторые свойства седимента.

Для разделения отдельных пятен карты использовали гигроскопическую влажность седимента, так как это свойство показало хорошую зависимость с механическим составом седимента. Для более точной характеристики механического состава отделенных пятен проводили подробные исследования на репрезентативных образцах.

Определение органического углерода проводили путем бихроматной гонки, на основе титра окислительного вещества. При оценке данных необходимо иметь в виду то, что часть органического вещества при сильной углефикации, при условиях измерений, не окисляется. В случае высушивания образцов при комнатной температуре часть, а именно свеже отмершее органическое вещество, разлагается в ходе приготовления образцов к анализу. Поэтому данные в некоторой степени неточные по сравнению с данными полученными сухой гонкой или по свежим образцам. Несмотря на это методика, используемая нами дает хорошо репрезентируемые данные и представляет ту часть органического углерода, которая в первую очередь может иметь интерес. Большинство данных, изображенных на карте, варьируют между 0,5—2,5% и это соответствует 1—5% содержания органического углерода. Самое низкое содержание органического углерода было установлено вблизи южного берега, тогда как самое высокое — у северного берега озера.

Содержание карбоната кальция определяли с помощью кальциметра с измерением объема выделяемой углекислоты при воздействии с кислотой. По этой методике измеряется суммарное содержание карбонатов и после этого результат пересчитывается на карбонат кальция. На исследуемой территории, как известно, карбонаты почти в полной мере состоят из карбонатов кальция. Содержание карбоната кальция отложений изменяется между 10% и 75%. Содержание извести относительно низкое в южной зоне залива (около 20—25%). Содержание извести на юге от центральной линии бассейна составляет 40—50%, на севере — 50 до 60%.

Пространственное распределение количества общего азота очень подобно распределению органического углерода. Это можно было ожидать, так как азот в основном находится в органической связи. Содержание азота изменялось между 0,1% и 0,35%.

Среди питательных веществ растений был уже упомянут фосфор. При очерчении контурных линий карты использовали данные о количестве фосфора извлеченного в буфере лактат аммиачно-уксусной кислоты (AL-P). Эту фракцию фосфора можно называть как легко усваиваемой, или ассимилирующей фракцией. Однако последнее наименование неточно в отношении отложений озер, так как об усвоении фосфора водными организмами (особенно в случае оз. Балатон) имеется мало данных. Содержание фосфора отложений варьировало между 50 и 150 мг/кг. На образцах для районов охарактеризованных различными значениями извлеченного в буфере фосфора, провели анализ на суммарное содержание фосфора или на его фракции, эти данные дают более детальную характеристику отношений фосфора данного района, а также сравнение результатов, нанесенных на карту, нежели данные других исследований.

Содержание калия и магния определяли также в экстракте приготовленного буфером лактат аммиачно-уксусной кислоты. Содержание марганца, меди и цинка в отложениях определили из фракций растворимых в комплексоне.

Представляется возможным по характерным комбинациям исследуемых параметров объединить отложения картируемой местности в типы и на основе такой комплексной оценки составить карты по типам отложений. Это кажется тем более возможным, так как в пространственном распределении некоторых параметров наблюдается так называемый параллелизм с одной стороны глубинных линий, с другой продольной оси. Все-таки кажется, что такую комплексную оценку целесообразно давать лишь после окончания картографических работ всего озера, так как в этом случае обладая массой данных будем иметь более полное представление о закономерностях этого района.

Acta Hydrophysica, Berlin	Bd. XXVII	H. 3/4	(1982)	S. 347–356

Sauerstoff- und Phosphorgehalte im Müggelsee als Indikatoren für Austauschprozesse

Von G. MOTHES[1])

Zusammenfassung: Bestimmungen der pelagischen Temperatur, des Sauerstoffgehalts, der Phosphatkonzentration und der Sedimentationsraten im polymiktischen Müggelsee lassen erkennen, daß im Sommer auch Schichtungsperioden von einigen Tagen bis zu mehreren Wochen auftreten können. Die Durchmischung des Pelagials erfolgt in Abhängigkeit von der Windgeschwindigkeit und der thermischen Stabilität.

Summary: Determinations of pelagic temperature, oxygen content, phosphate concentration and rates of sedimentation in polymictic Lake Müggelsee reveal that in summer stratification periods of some days up to several weeks can appear. Mixing of the pelagial depends on wind velocity and thermal stability.

Резюме: Определение пелагической температуры, седиментации, концентрации кислорода и фосфата показывает, что в полимиктическом озере Мюггельзе летом периоды стратификации продолжаются от несколько дней до немногих недель. Перемешивание пелагиала происходит в зависимости от ветра и термической стабилизации.

Der Müggelsee gilt als eutrophes, polymiktisches Gewässer (s. [1]). Hier soll der Frage nachgegangen werden, was „polymiktisch" im Falle des Müggelsees bedeutet: Wie oft wird sein Pelagial in der sommerlichen Vegetationsperiode durchmischt? Erreichen die Zirkulationen immer die tief im See gelegenen Sedimente an ihrer Oberfläche? Kommt es während der Vegetationsperiode im Pelagial zu einer zeitweisen Trennung in einen trophogenen und einen tropholytischen Wasserkörper, und wie lange währt die Trennung? Wie groß ist der Austausch zwischen beiden Wasserkörpern, wie groß der zwischen Pelagial und Sediment? Diese Fragen sind Ausgangspunkt für ein Forschungsprogramm im Institut für Geographie und Geoökologie der AdW

[1]) Dr. rer. nat. habil. GEORG MOTHES, Akademie der Wissenschaften der DDR, Institut für Geographie und Geoökologie, Bereich Hydrologie, DDR-1162 Berlin, Müggelseedamm 260.

der DDR. Auswirkungen von Austauschprozessen werden an Meßdaten des Jahres 1980 vom Müggelsee demonstriert (zur Methodik vgl. [1], [3]).

Der Jahresgang morgendlicher Temperaturmessungen im Müggelsee ergibt Zeiten der Homothermie während der Frühjahrserwärmungs- und der herbstlichen Abkühlungsphase und Temperaturschichtungen geringer Stabilität zur Zeit der Eisbedeckung und in der warmen Sommerperiode. Vor allem während der Sommerperiode werden die Temperaturschichtungen immer wieder von Zeiten der Homothermie unterbrochen (Abb. 1).

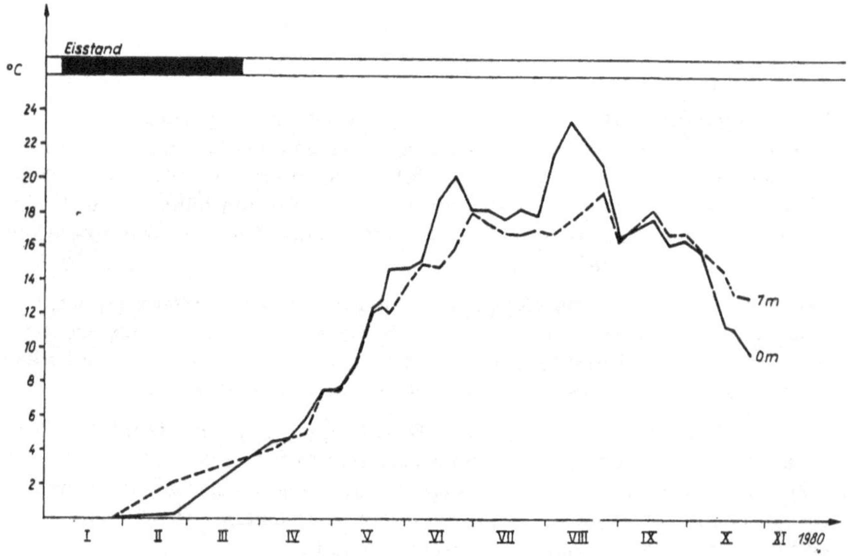

Abb. 1. Gang der Wassertemperatur des Müggelsees an der Oberfläche und in 7 m Tiefe im Jahre 1980

Der Sauerstoffgehalt des Müggelsees weist regellos auftretende, starke Konzentrationsschwankungen auf (Abb. 2). Der Bereich oberhalb 4 m Tiefe (Juni auch 2 m Tiefe) erfährt durch die erhebliche Primärproduktion eine Sauerstoffzufuhr, die oft zu hohen Übersättigungen führt. Der Tiefenbereich unterhalb 5 m zeigt dagegen deutliche Sauerstoffzehrungen. Trotz der beträchtlichen Zehrungsraten von 1 bis 2 g O_2/m^3 d (s. [4]) kommt es im tiefen Pelagial nur kurzzeitig zum völligen Sauerstoffschwund. Zeiten des Konzentrationsrückganges wechseln mit solchen der Zunahme. Da die Sauerstoffzunahme in der Tiefe nicht mit einer Algenproduktion in dieser Schicht oder mit einer Einschichtung des Zuflusses erklärbar ist, müssen Zeiten überwiegender Stagnation mit solchen überwiegender Zirkulation abwechseln. In

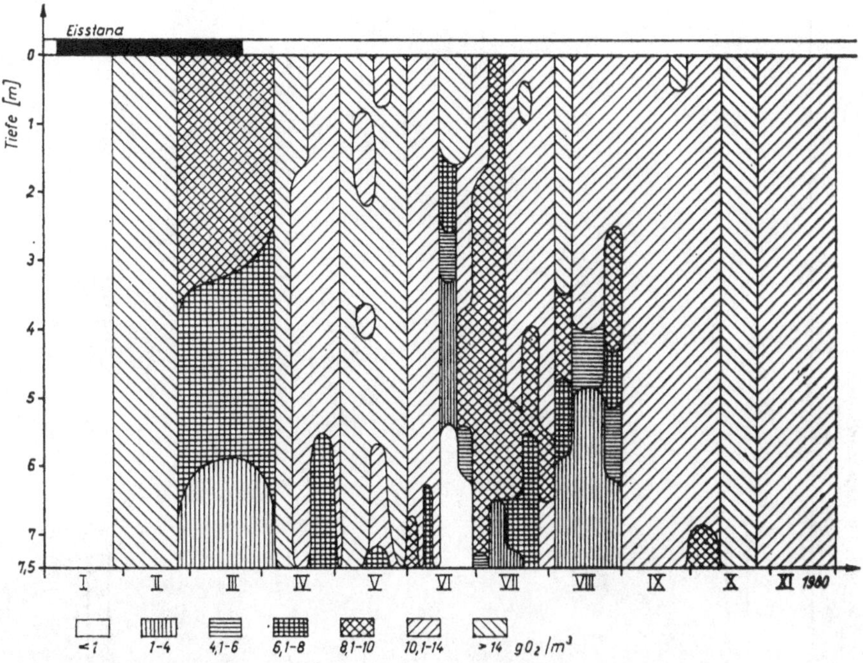

Abb. 2. Hypsographische Verteilung der Sauerstoffkonzentration nach Messungen am Morgen im Müggelsee im Jahre 1980

der Vegetationsperiode 1980 erfolgten mindestens 7 erhebliche Sauerstoffzufuhren in die Tiefe des Sees.

Die hier als Stagnationsperioden bezeichneten Zeiten geringen Austausches fallen mit solchen geringer mittlerer Windgeschwindigkeit zusammen und umgekehrt solche mit deutlich meßbarem Sauerstofftransport in die Tiefe mit höherer mittlerer Windgeschwindigkeit (Abb. 3). Aus dem vorliegenden Material läßt sich jedoch keine Grenze der Windgeschwindigkeit ermitteln, die zwischen Stagnation und Zirkulation entscheidet. Windrichtung, Wirkdauer des Windes und Stabilität der Schichtung blieben bisher unberücksichtigt.

Aus den Ergebnissen erhalten wir folgende Antworten auf obige Fragen:

1. Polymiktisch heißt für den Müggelsee, daß die sich im See bildenden Stabilitäten nie so groß werden, daß eine Zirkulation ausgeschlossen ist.
2. Stagnation im Sinne eines geringen Austausches liegt hier vor, wenn die Destruktionsvorgänge in der Tiefe echte chemische Konzentrationsgradienten schaffen. Damit kommt es zeitweise zur Trennung des Pelagials in eine trophogene und eine tropholytische Zone. Zeiten verminderten Austausches können mehrere Wochen hindurch andauern (August).

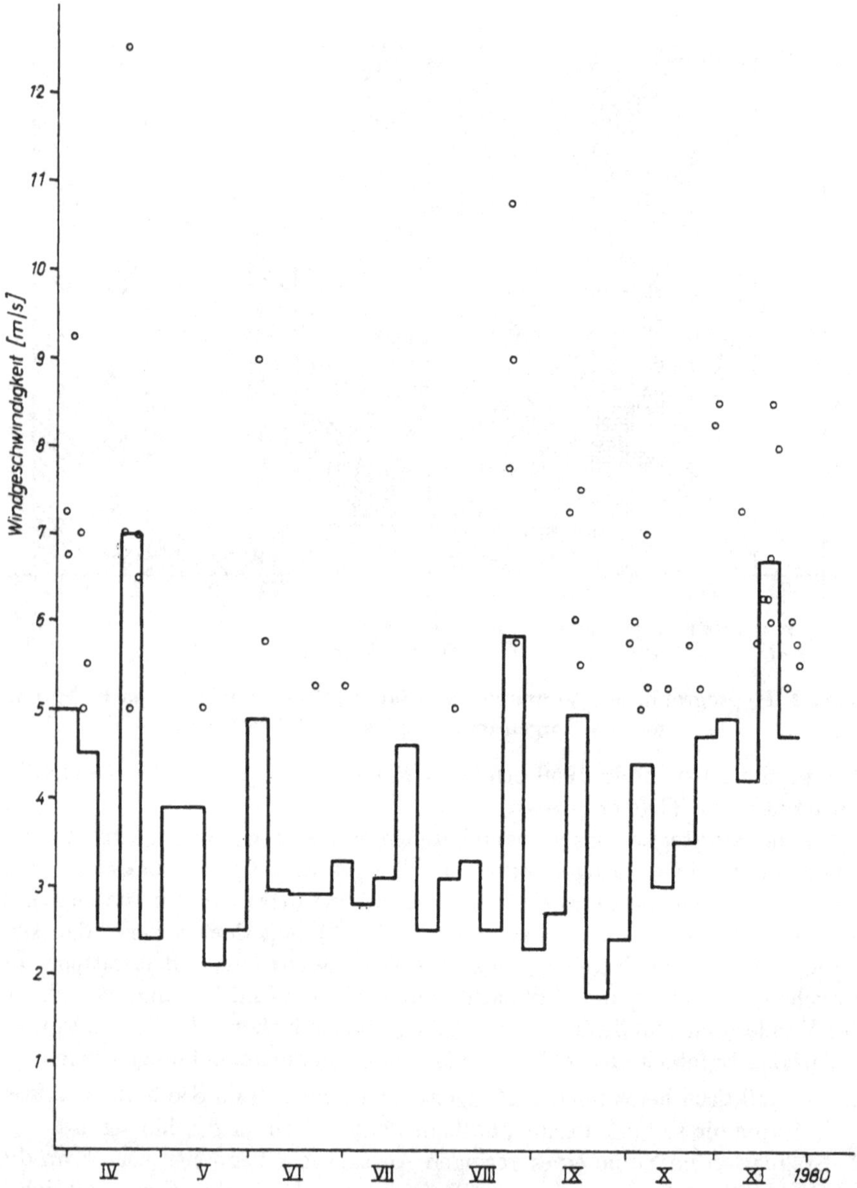

Abb. 3. Mittlere Windgeschwindigkeiten pro Meßperiode (durchgezogene Linie) und mittlere Windgeschwindigkeit für Tage mit Werten über 5 m/s (Kreise) im Jahre 1980, gemessen an der Station Flughafen Schönefeld bei Berlin

3. Mittlere Windstärken unter 4 m/s im Mai können zur völligen Durchmischung führen, solche über 4,5 m/s im Juli lassen das nicht erkennen.

Unbeantwortet bleiben mit diesen Aussagen Fragen nach der Intensität des Austausches zwischen tropholytischer und trophogener Zone während der Stagnationsperioden (z. B. Juli) oder nach der Wirkung der Turbulenz während der Zirkulationsperioden auf das Sediment oder generell nach dem Stoffaustausch zwischen Sediment und Pelagial.

Hohe Turbulenz an der Sedimentoberfläche führt zur Sedimentaufwirbelung und läßt sich im Pelagial als Erhöhung des Gesamtphosphats bzw. seines partikulären Anteiles messen. Eine Abschätzung des Austausches zwischen Sediment und Pelagial wurde daher mit Hilfe einer Gesamtphosphatbilanz versucht, in die als Meßgrößen folgende Parameter eingehen:

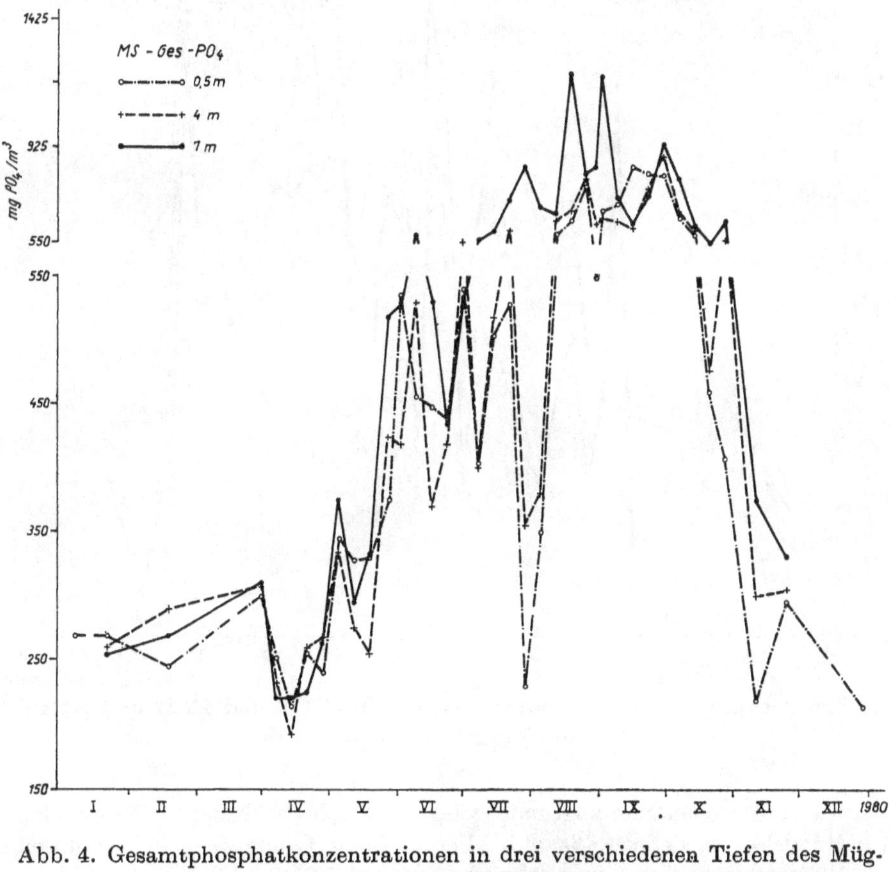

Abb. 4. Gesamtphosphatkonzentrationen in drei verschiedenen Tiefen des Müggelsees im Jahre 1980

1. die Gesamtphosphatänderung im Müggelsee zwischen zwei Meßterminen in wöchentlichem Abstand unter der Voraussetzung, daß die Meßstelle für den gesamten See repräsentativ ist (Abb. 4);
2. Zu- und Abflußbilanz des Gesamtphosphates des Müggelsees aus Tageswerten des Durchflusses (übernommen von der Wasserwirtschaftsdirektion Oder — Havel), Wochenwerten der Konzentration (Abb. 5). Der Bilanz

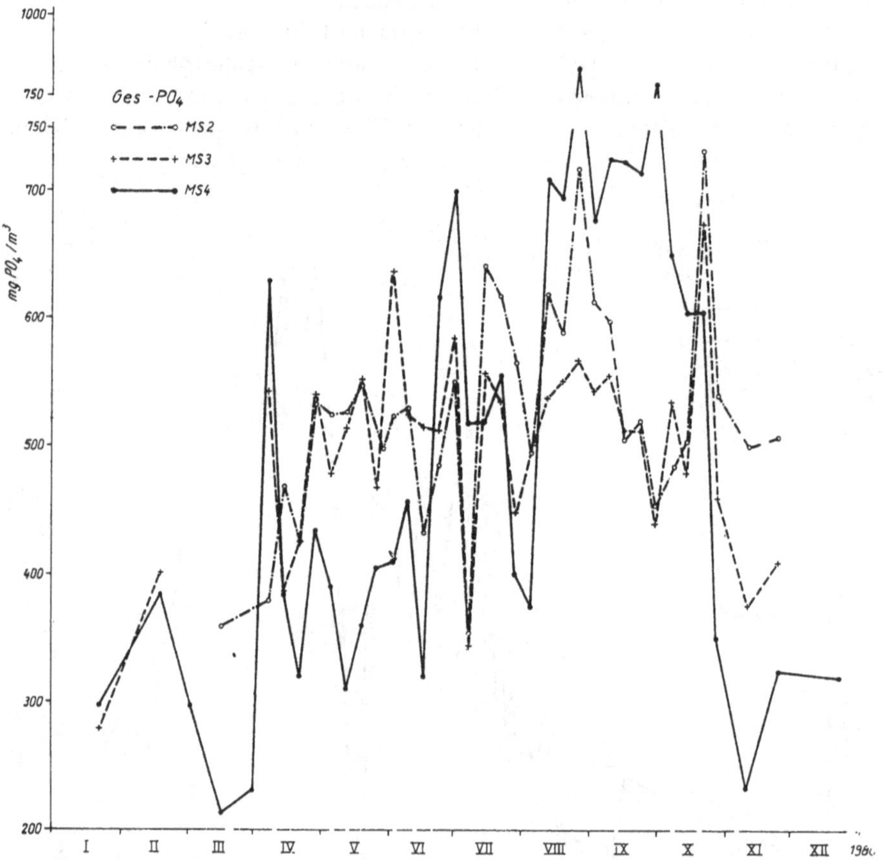

Abb. 5. Gesamtphosphatkonzentrationen im Zu- (MS2 und MS3) und Ablauf (MS4) des Müggelsees im Jahre 1980

wurde die Annahme zugrunde gelegt, daß alles zufließende Wasser den Müggelsee wieder verläßt, d. h., Verdunstung, Grundwasserfiltration und Wasserstandsschwankungen werden vernachlässigt.

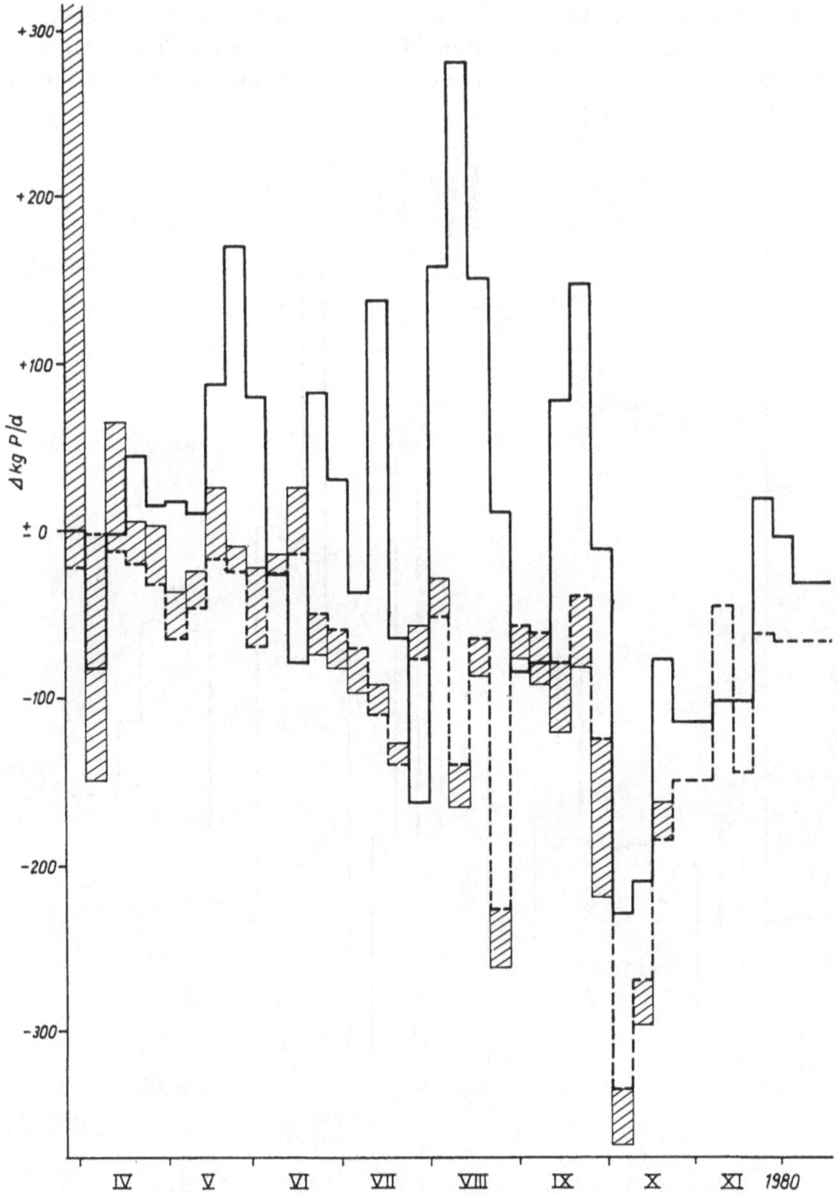

Abb. 6. Gesamtphosphatbilanz im Müggelsee (Kalkulation für den gesamten Wasserkörper) im Jahre 1980; durchgezogene Linie: pelagische Gesamtphosphatänderung, gestrichelte Linie: Sedimentation; Schraffur: Gesamtphosphatänderung aus der Zu- und Abflußbilanz

3. Die Sedimentation in 5 m Tiefe dient als Näherungswert für die Sedimentation im gesamten See, da sich im Mittel oberhalb dieser Tiefe kein organisches Dauersediment bildet (Abb. 6). Es wurde eine wöchentliche Summenbestimmung vorgenommen.

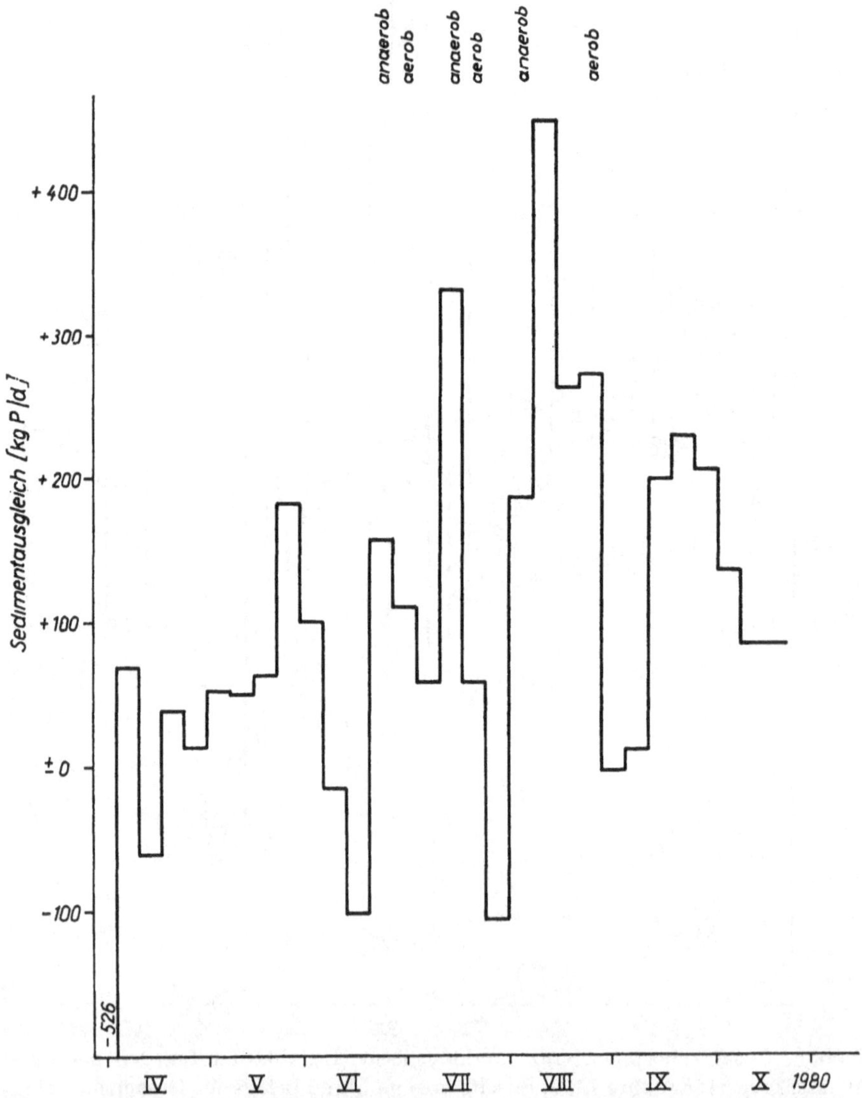

Abb. 7. Jahresgang des Sedimentausgleichs 1980 im Müggelsee und Angabe des Wechsels von anaerobem und aerobem Wasser über dem Sediment

Alle Restgrößen werden dem Sedimentausgleich zugeteilt, auch solche wie Niederschlagsimport, Eutrophierung durch Gewässernutzung usw. Als Zusammenhang zwischen den Größen gilt:

Sedimentausgleich/d = pelagische Gesamtphosphatänderung/d
— Gesamtphosphat(-import — -export)/d
+ Phosphorsedimentation/d.

Die Beiträge für den Sedimentausgleich schwanken zwischen positiven und negativen Werten (Abb. 7). Für positive Werte, also P-Abgabe des Sedimentes, rechnen wir mit drei Mechanismen:

1. aktive P-Entnahme aus dem Sediment durch gut wachsende, P-limitierte Algen (s. [3]) — das wäre im Müggelsee höchstens im Frühsommer zu erwarten;
2. passiver P-Ausstrom aus dem Sediment bei Anaerobie des Sedimentes;
3. Aufwirbelung partikulären Sedimentes.

Für negative Werte gibt es nur *eine* Erklärung: Sedimentation partikulären Materials in Flachwasserbereichen oberhalb 5 m Tiefe bei geringer Turbulenz. Alle negativen Werte des Sedimentausgleiches treten zu Zeiten geringer Windstärke auf (vgl. Abb. 3 und 7). Der Durchschnitt für die Meßperiode lag immer unter 3 m/s, Tageswerte über 5 m/s traten nicht auf. Der ungewöhnlich hohe negative Wert zu Beginn der Meßperiode beruht auf einem Meßfehler. Generell erscheint die Sedimentation partikulären Materials in Tiefenbereichen flacher als 5 m bei so geringer Turbulenz möglich.

Mäßig positive Werte um 100 kg P/d sind meist mit höheren Windgeschwindigkeiten verbunden und werden als Aufwirbelung von Detritus gedeutet (keine Konzentrationsgradienten gelösten Phosphates zum Grunde, Zunahme der pelagischen Fraktion partikulären Materials).

Der Zusammenhang zwischen Windwirkung und optischem Verhalten des Müggelseewassers ist bereits früher untersucht worden (s. [2]). Der hohe positive Wert Ende August dürfte auf eine Kombination von Aufwirbelung und passivem P-Ausstrom aus dem Sediment zurückzuführen sein. Hohe positive Werte beobachtet man vor allem im Sommer bei Windgeschwindigkeiten um 3 m/s. Vor den hohen Werten befindet sich jeweils ein niederer Sedimentausgleichswert mit noch geringerer Windgeschwindigkeit, bei der eine „Stagnationsperiode" eingeleitet wurde, deren Ergebnis ein deutlicher Sauerstoffschwund über dem Grunde ist. Offensichtlich handelt es sich bei den hohen positiven Sommerwerten um das überwiegende Wirken des passiven P-Ausstroms aus dem Sediment bei Anaerobie. Darauf weisen die P-Gradienten im Pelagial mit Maxima über dem Sediment in dieser Zeit hin. Der hohe P-Strom aus dem Sediment in das Pelagial wird durch Perioden hoher Windgeschwindigkeit (über 4,5 m/s als Durchschnittswert) unterbrochen, die eine Zirkulationsperiode und einen Sauerstofftransport zum Sediment bewirken.

Nicht gut begründbar sind hohe positive Werte des Sedimentausgleiches Ende Mai und im September. Ersterer fällt mit der Phytoplanktonentwicklung zusammen, das hohe Biomassen erreichte, und letzterer sowohl mit stärkeren Winden als auch mit Baggerarbeiten im See. Die dargestellten Zusammenhänge lassen eine Reihe von Fragen unbeantwortet bleiben, wie:

— Bis in welche Tiefe reicht die Turbulenz, um Seston aufzuwirbeln?
— Welche Windstärken sind dazu nötig?
— Welche thermischen Stabilitäten im See können Aufwirbelung von Sediment wie lange verhindern?
— Welche Sauerstoffmengen werden pro Tag bei „Stagnationsperioden" in die Tiefe verfrachtet, z. B. im August?
— Wie kommt es zur Anaerobie im Sediment unter Berücksichtigung des Sauerstoffschwundes im Pelagial, wie zu seiner Oxydation?
— Bis in welche Tiefe des Sedimentes muß die Oxydation erfolgen, damit der „passive P-Ausstrom" aus dem Sediment unterbunden wird?

Diese und weitere Fragen stehen am Anfang eines neuen Forschungsprogramms, das die direkte Analyse der Austauschprozesse zum Ziele hat. Die vorgelegten Ergebnisse sind nur Abschätzungen solcher Prozesse. Für das Verständnis der Stoffumsätze und -transporte in einem polymiktischen See ist die Kenntnis der Austauschprozesse eine Voraussetzung.

Literatur

[1] Acta hydrophys. **26** (1981), Heft 3–4.
[2] Hoeg, S., u. G. Schellenberger, Über Änderungen der Lichtextinktion in einem eutrophen See und ihre Ursachen. Acta hydrophys. **13** (1968), 11–60.
[3] Mothes, G., Sedimentation und Stoffbilanzen in Seen des Stechlinseegebietes. Limnologica **13** (1981), 147–194.
[4] Nixdorf, B., Ein Methodenvergleich zur Messung der Primärproduktion im Müggelsee. Acta hydrophys. **26** (1981), 263–276.

Acta Hydrophysica, Berlin	Bd. XXVII	H. 3/4	(1982)	S. 357–370

Положение и проблемы моделирования массообмена между водой и седиментом

Х.-П. Коцерски[1])

Резюме: Рассматриваются результаты моделирования обмена веществ (особенно биогенных элементов) между водой и седиментом в мелководных водоемах. Указывается на проблемы описания различных процессов и на потребности дальнейших практических исследований.

Zusammenfassung: Der Beitrag beschäftigt sich mit dem erreichten Stand der Modellierung des Stoffaustausches zwischen Wasser und Sediment in Flachseen (besonders mit dem Nährstoffaustausch) und mit den bei der Modellierung auftretenden Problemen. Es wird auf die Ergebnisse näher eingegangen, die im Institut für Geographie und Geoökologie bei der Modellierung des Müggelsee-Ökosystems erreicht wurden. Die bisher nur anhand von Meßdaten pelagischer Größen möglichen Tests ergaben recht gute Ergebnisse. Die Hauptprobleme bei der Modellierung bestehen in der Tatsache, daß über zahlreiche wichtige Prozesse nur wenig bekannt ist und viele Modellansätze noch hypothetisch sind. Die vorhandenen Kenntnislücken werden konkret angesprochen und Hinweise auf notwendige experimentelle Arbeiten gegeben.

Summary: The paper deals with the actual state of modelling the processes of mass transfer (especially for nutrients) between water and sediment in shallow lakes and with related problems. Results of modelling the Lake Müggelsee ecosystem are presented. Testing of the model was possible up to now for pelagic components only. Tests evidenced that our relatively simple model seems to agree with the fundamental behaviour of the real system. The mean problem of exchange modelling consists in the considerable lack in knowledge on the processes and factors affecting it. The actual knowledge is analysed, and suggestions for further experimental investigations are given.

1. Введение

Влияние обмена веществ между седиментом и водой очень важно для экологических процессов в водах. Это показали между прочим

[1]) Dr.-Ing. Hans-Peter Kozerski, Akademie der Wissenschaften der DDR, Institut für Geographie und Geoökologie, Bereich Hydrologie, DDR-1162 Berlin, Müggelseedamm 260.

исследования Фи (Fee [5]) на ряде неудобренных экспериментальных озер с различной морфометрией. Он установил, что средняя первичная продуктивность в озере коррелирует с долью поверхности седимента, которая находится на верхнем слое перемешивания. Это означает, что продуктивность зависит непосредственно от возможности возвращения в воду проникших в седимент питательных веществ.

Седиментационный процесс, как первичная часть процесса обмена в озерах и водохранилищах, образует основу для самоочищения вод. Рядом с большим количеством аллохтонных органических и неорганических веществ полностью или частично на дне водоемов осаждаются прежде всего автохтонные материалы. Органический материал подлежит в осадке биохимическому распаду и одновременно отвечает за окислительно-восстановительный режим. С этой позиции анализа экосистемы, который мы представляем, особенно интересно, сколько питательных веществ таким образом элиминируется. В табл. 1 приведены некоторые примеры

Таблица 1

Элиминация фосфатов различных водоемов

Водоем	Аккумуляция притока фосфатов в водоеме, %	Автор
80 американские и европейские озера	25—50	Lerman [13]
Экспериментальное оз. 227	81	Schindler et al. [17]
Водохран. Hasselvorsperre	66	Klapper et al. [8]
Оз. Erie	84	Burns/Ross [4]
Оз. Vierwaldstättersee	95	Bloesch [2]
Оз. Rotsee	53	Bloesch [2]
Водохран. Saidenbachtalsperre	90	Höhne/Hedlich [6]
Цепь бодденов южнее Дарсса и Цингста	65	Kozerski [9]

элиминации фосфата. Речь идет здесь о долгосрочных средних величинах.

Для экологического процесса необходимо, наряду с причинами для представленных здесь различий, выяснить и промоделировать также сезонный ход P-освобождения и P-закрепления. Для берлинского озера Мюггельзе (Müggelsee), средняя глубина которого составляет 4,85 м, характерный годовой ход P-обмена показан

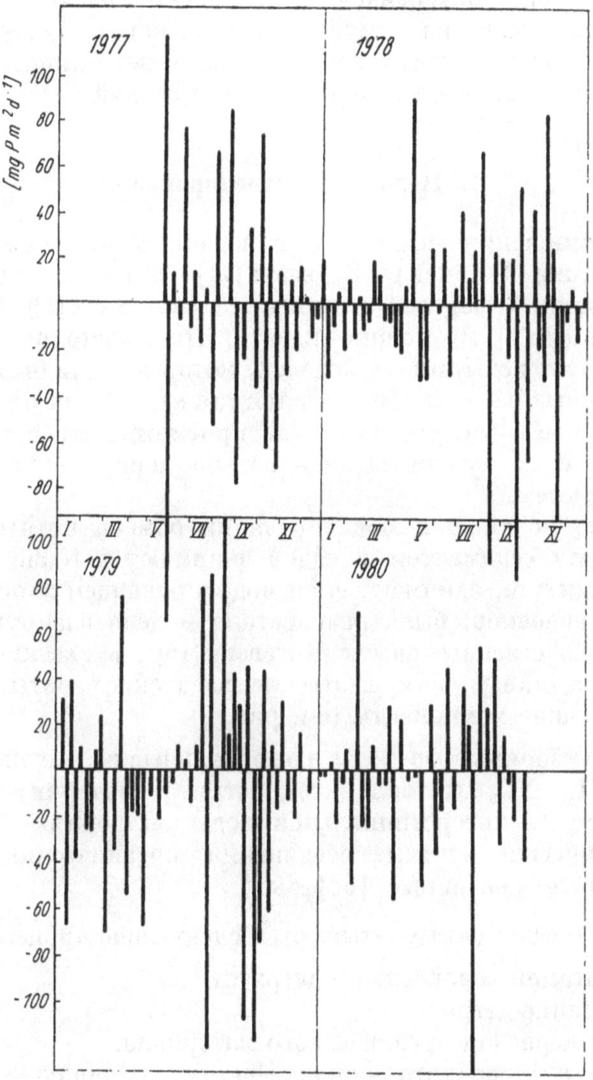

Рис. 1. Сезонный ход P-обмена между водйо и седиментом в озере Мюггельзе. Положительные значения: освобождение фосфатов; отрицательные значения: превышение элиминации фосфатов из воды. Использовано денные учреждения водного хозяйства „Wasserwirtschaftsdirektion Potsdam"

на рис. 1. При этом обнаруживается, что обмен в этом мелководном озере очень интенсивен и по времени очень непостоянен. Типичны выделения из седимента весной, когда образуются большие биомассы, и летом, когда по всей вероятности вступают анаэробные условия на поверхность отложений.

2. Положение моделирования

Из сопоставления всех до 1977 г. изданных модельных подходов для описания Р-обмена (Kozerski [11]) и на основании ранее опубликованных моделей Альбанезе (Albanese [1]) и Мейер и др. (Meyer et al. [14]) можно сказать, что в настоящее время еще не существует испытанных моделей, которые были бы применимы для различных веществ. Выясняется также, что для ряда проблем обходятся очень уж упрощенными приемами. Это в том случае, например, если нужно сделать весьма черновые рассмотрения крупных систем.

Ведущую позицию в моделировании обмена питательных веществ между седиментом и водой занимают датские ученые. В нашем институте, занимающемся моделированием экосистем мелководных водоемов, была разработана модель базирующаяся не только на собственные опыты (Kozerski [10]); Kozerski and Dvořakova [12]), а также преимущественно на датские работы. Она содержит следующие компоненты (см. рис. 2):

в воде: растворимые фосфаты и неорганические азотные соединения (NH_4^+, NO_3^-, фитопланктон, детрит и бактерии;

в седименте: в интерстициальной воде растворимые фосфаты и неорганические азотные соединения, органический материал, адсорбтивно связанные фосфаты.

В области седимента учитываются следующие процессы:

1. седиментация водорослей и детрита,
2. взмучивание детрита,
3. автолиз и распад органического материала,
4. переход от аэробного к анаэробному состоянию седимента в зависимости от интенсивности распада и кислородной диффузии в седимент,
5. адсорбция и десорбция фосфатов в зависимости от окислительно-восстановительного состояния,
6. диффузия растворимых веществ из седимента в воду,

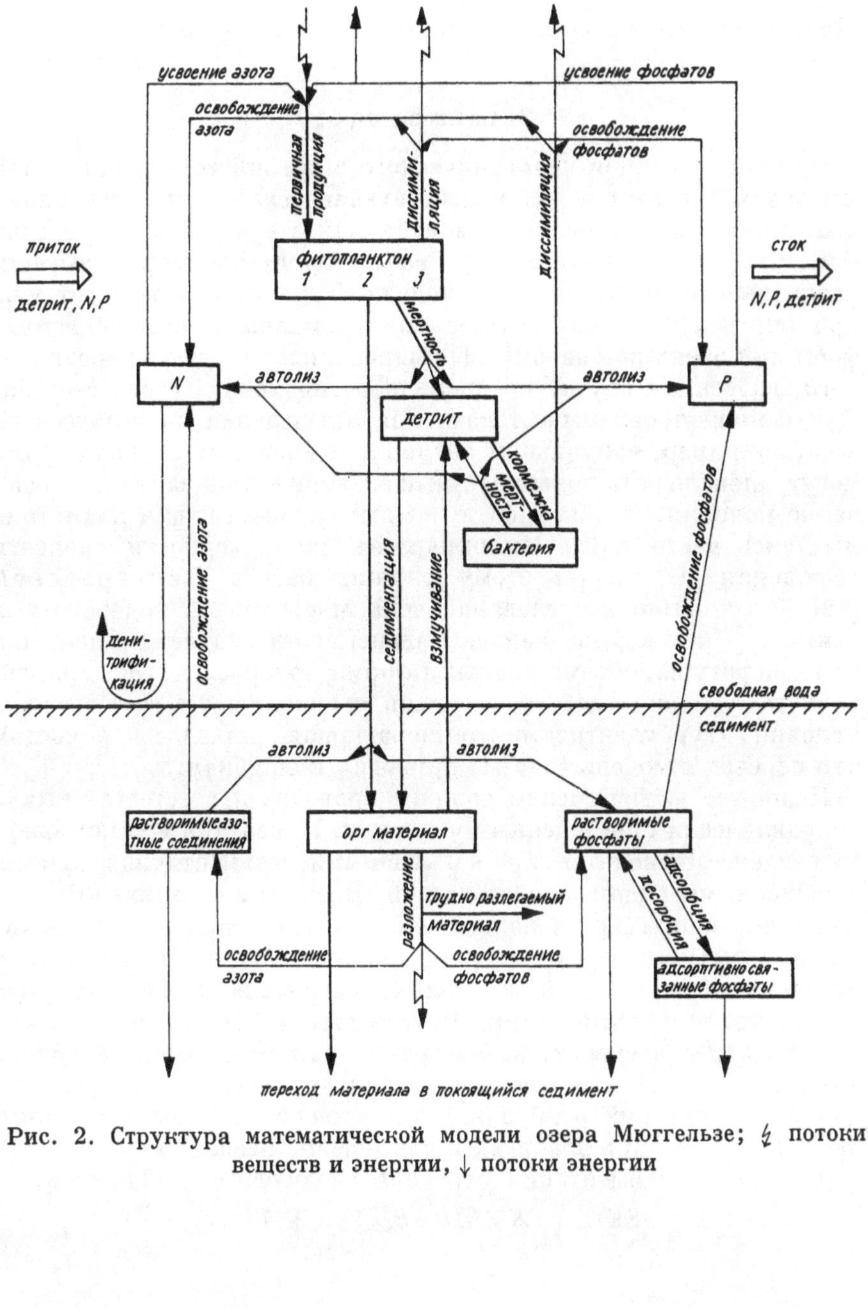

Рис. 2. Структура математической модели озера Мюггельзе; ↯ потоки веществ и энергии, ↓ потоки энергии

7. переход материала из верхнего слоя седимента (в модели рассмотренном) в покоящийся седимент.

Процессами обмена мы хотим заняться здесь подробнее.

3. Седиментация

При седиментации неорганического и органического материала мы знаем главным образом действующие силы как гравитацию, подъемную силу и трение, и можем, как это часто и происходит (см., например, Albanese [1]), из классической теории вывести различные седиментационные модели. Трудности возникают уже при определении репрезентативной величины и коэффициентов форм для очень по-разному сформированного и отчасти соединенного, во всяком случае по времени очень меняющегося сестона. Дальнейшие проблемы вытекают при определении специфического веса, например, вакуольных ведущих водорослей. Важную роль могут также играть поверхностный электрический заряд и образование колоний. Чтобы обойти все эти трудности, для планктона пытались часто найти эмпирические закономерности скорости осаждения. Примером этому служит работа Виноградовой [19]. Здесь было исследовано очень много видов водорослей в узких трубках и были найдены зависимости скорости осаждения от температуры, объема клетки и формы водорослей. Экспериментальные условия здесь так сильно отличались от естественных условий (турбулентность, температурная приспособляемость), что перевод в модель водоема приводил к ошибкам.

Подобные эксперименты должны проводится в естественных и гидравлически определенных условиях. Измерения в самом озере уже давно проводятся так называемыми седиментоуловителями, снабженными рядом ненадежностей (Bloesch and Burns [3]). Так известно, например, довольно мало о том, сколько материала снова выносится через турбулентное движение воды из бутылок, воронок или цилиндров и сколько материала расходуется зоопланктонами и бактериями. Результаты же самой ловли очень трудно передаваемы, т. к. материал ловится с очень различной скоростью. У Мотес (по сообщению) доля ресуспендированных донных отложений в воронках так высока, что количественные данные об оседании водорослей совершенно невозможны.

В модели седиментация передана следующим уравнением:

$$\mathrm{SED}_i = K\,\mathrm{SED}_i \cdot B_i \cdot (0{,}5 + T/36)\,.$$

Для отдельных видов водорослей и детрита (B_i) из литературы были взяты по времени постоянные седиментационные скорости K SED$_i$. Последний член уравнения воспроизводит в основном зависимость вязкости воды от температуры (T в °C).

В модели было также использовано уравнение седиментации детрита, учитывающее, из каких компонентов водорослей образуется детрит. Тем самым повышается скорость седиментации, если тяжелые диатомовые водоросли отмирают. Она доходит почти до нуля, если синезеленые водоросли образуют детрит.

4. Приток кислорода к седименту

Для передачи растворимых веществ используется, как правило, уравнение диффузии. Однако, трудности здесь состоят в том, что понижение концентрации протекает в не точно определяемой толщине пограничного слоя, так что указание градиентов концентрации невозможно. В нашу модель была поэтому включена, вместо турбулентных коэффициентов диффузии, скорость ионного обмена и вместо градиентов разность концентрации между интерстициальной водой и пелагиалем.

Скорость ионного обмена зависит от течения, таким образом с глубиной, от места к месту и по времени различно. — Здесь нам не достает основных положений, чтобы сделать применимыми уравнениями о вариабильности.

В модели дана постоянная скорость ионного обмена. Концентрация кислорода в воде подлежит также очень отчетливым колебаниям, которые нужно было бы учесть особой моделью. В модели считалось постоянным значением. Концентрация промежуточной воды была взята нулевая. Сравнения показали, что моделирование улучшается несущественно, если использовать измеренные в озере значения. Из этого следует, что преимущество постоянного значения концентрации кислорода почти не повышает ошибку модели.

Чтобы суметь в модели учесть различия скорости ионного объема в различных по глубине и величине озерах (SCHELLENBERGER et al. [16]) была разработана соответствующая формула. Она исходит из скоростей, возникающих при одноузловом сейши, причем амплитуда сейши получается из передачи энергии ветра на различную по длине поверхность озера.

5. Освобождение питательных веществ

При растворимых фосфатах и неорганических азотных соединениях как и при кислороде используется модифицированное уравнение диффузии, только здесь обе концентрации подсчитываются непосредственно в модели, в этой связи таким образом не требуются упрощения.

6. Взмучивание партикулярного материала

При взмучивании важную роль играют касательные напряжения, которые от текущей воды передаются на дно водоема и приводят к разрыхлению седиментационных отложений, а также процессы обмена в воде, удерживающие материал от влияния гравитации в суспензии.

Тервиндт исследовал в лаборатории воздействие касательного напряжения на флокулируемые мелкие седименты. Он нашел очень ясную связь между величиной касательного напряжения и находящейся в суспензии долью материала. Он нашел также, что критическое касательное напряжение с глубиной седимента увеличивается. Этот феномен объясним с глубиной увеличивающимся физическим, химическим и биологическим закреплением седимента (Pearl [15]; Kandia et al. [7]). Взмучивание — это не только функция наступательных сил, оно зависит также от постоянно меняющихся сопротивлений.

В нашей модели (Schellenberger et al. [16]) взмучивание, за неимением подходящей основы, представлено диффузионным уравнением. Как будет показано ниже, получились таким образом довольно удовлетворительные результаты моделирования. Более совершенный подход был разработан Альбанезем 1979 г. (Albanese [1]), который использовал соотношение зависящих от течения подъемных сил и им противодействующей гравитации как меру для интенсивности эрозии. В формулу включены кроме вязкости и трех коэффициентов прежде всего радиусы седиментационных частиц и их плотность как седиментационный параметр, таким образом параметры, которые не так легко определимы. За „движущую силу“ берется скорость течения. Закрепление седимента не принимается во внимание ни в каких существующих моделях.

Нужно констатировать, что процесс взмучивания еще не основательно моделирован, хотя именно этот процесс имеет большое значение.

О гидродинамических силах, действующих на пограничный слой седимента и воды, мы знаем пока мало. Измерений в полевых условиях для этой сферы почти не существует. Здесь открывается широкое поле для экспериментальной и теоретической работы, которая могла бы быть проведена в рамках проекта Комиссии академий наук социалистических стран по многосторонней обработке комплексной проблемы „Планетарные географические исследования".

7. Результаты моделирования

Если учитывать представленные здесь модельные предположения совместно с неназванными здесь гипотезами о химических и биологических процессах, тогда ожидания модельных результатов с самого начала не будут завышены. Все же видно, что модель может очень хорошо быть приспособлена к конкретным ситуациям. Она в состоянии хорошо передать лабораторные эксперименты Тессенова (Tessenow [18]) и описать измеряемый 4-е года сезонный ход концентрации сестона и питательных веществ в воде озера Мюггельзе.

На рис. 3 нанесено содержание сестона озера Мюггельзе. Отклонения в 1977 и 1979 гг. здесь не очень то зависят от обмена с седиментом, а больше от биопродуктивности. Для азотной концентрации получилось очень хорошее соответствие для почти всех периодов (рис. 4). Также очень хорошее соответствие могло быть достигнуто у фосфата (рис. 5).

В P-баланс вмещаются все процессы обмена в сфере седимента: седиментация, приток кислорода для распада органического материала, взмучивание и диффузия растворимых фосфатов. Важную роль играют также, сильно зависящие от кислородного баланса, сорбционные процессы.

Показанное на рис. 5 соответствие могло быть только тогда достигнуто, когда было сделано отклонение от первоначальной гипотезы, что скорость ионного обмена для растворимых веществ такая же как и для отдельных материалов, которая была установлена 0,004 м/д.

Если повысить скорость ионного обмена для растворимых веществ до фактора 100, тогда типичный для озера Мюггельзе сезонный ход P хорошо имитируем. Такая высокая скорость ионного обмена позволяет то, что требуемое для образования

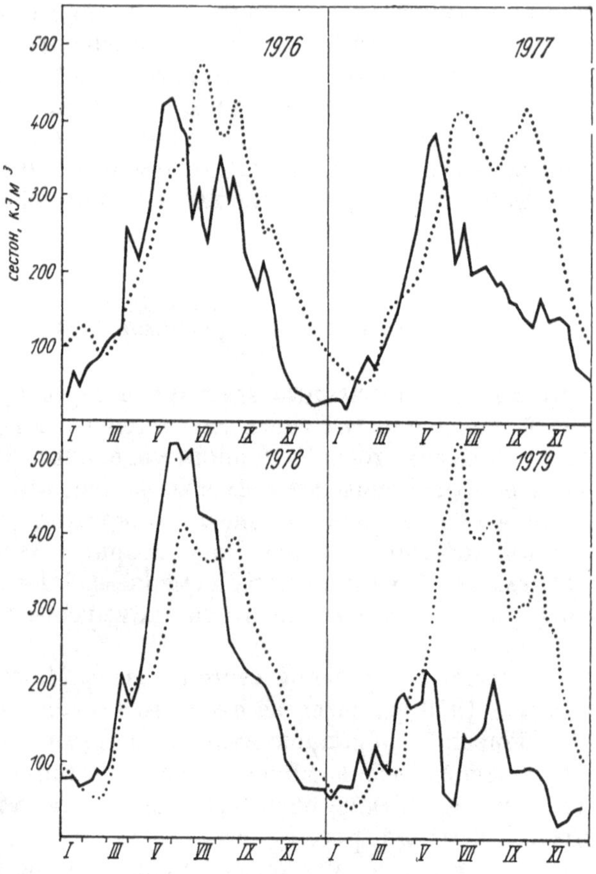

Рис. 3. Сезонный ход концентрации сестона в озере Мюггельзе; . . . . . по модельным просчетам, ——— по измерениям Хёга (Hoeg 1982)

биомассы количество может быть также освобождено из оксидированных седиментов и что анаэробные фазы только в немногие летние месяцы приводят к необходимому сильному освобождению Р. Кроме того будет действителен до сих пор пренебрегаемый процесс обмена, а именно, транспортирование растворимых фосфатов в аэробный седимент. Поставляемые в седимент фосфаты подлежат затем сорбцией. В эксперименте по имитированию, много раз подтвержденная гипотеза об очень интенсивном обмене между водой и седиментом имеет большое значение для классификации водоемов.

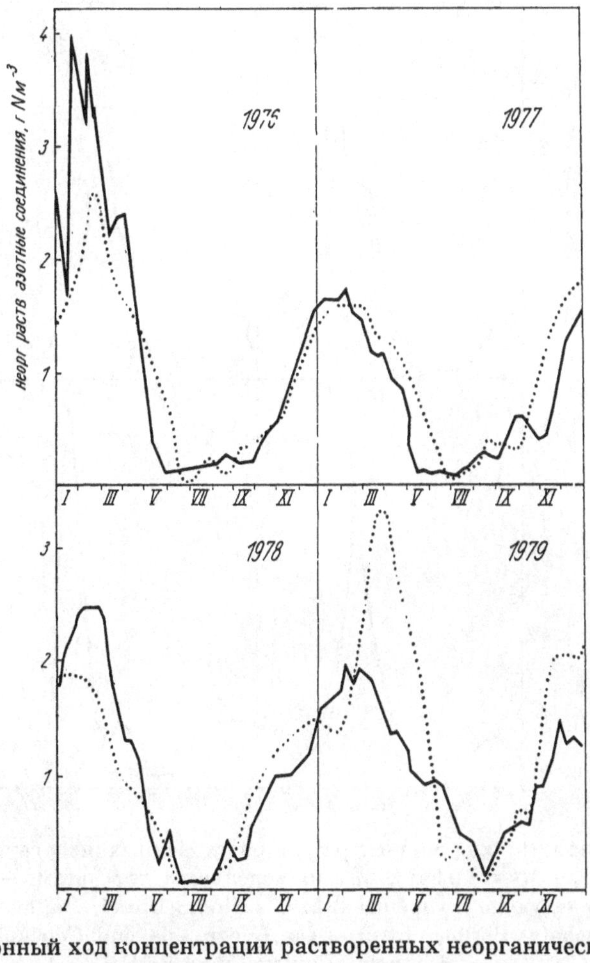

Рис. 4. Сезонный ход концентрации растворенных неорганических азотных соединений в озере Мюггельзе; . . . . по модельным просчетам, ——— по измерениям следующих учреждений: Oberflußmeisterei Berlin, Institut für Wasserwirtschaft (Berlin), Wasserwerk Friedrichshagen, Humboldt-Universität zu Berlin

8. Обсуждение

К сожалению эти заключения нужны использоваться с очень большой осторожностью, т. к. основы этих модельных подходов очень гипотетические. Проверка модели была до сих пор возмож-

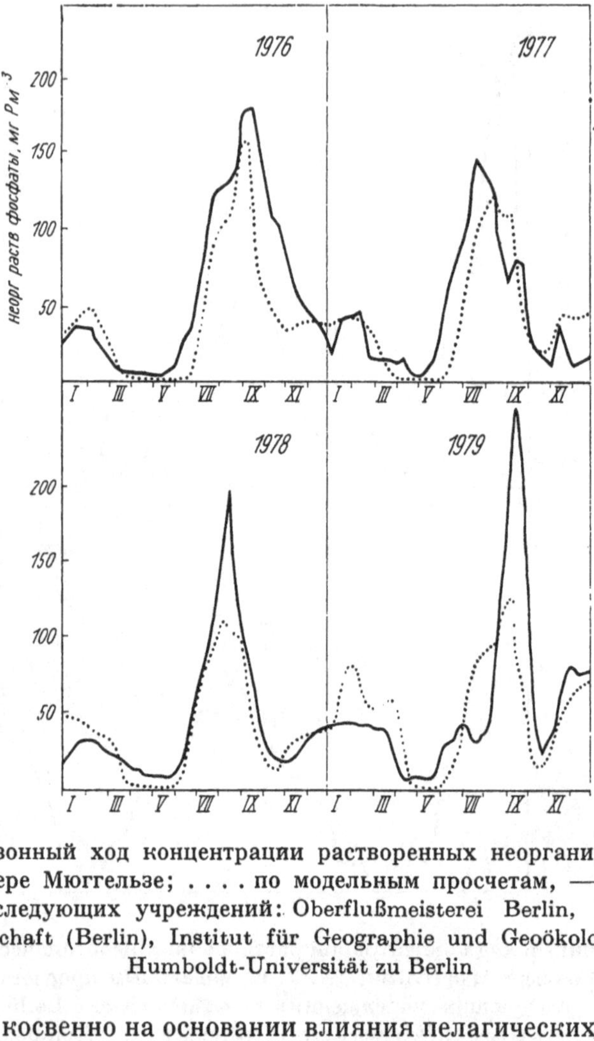

Рис. 5. Сезонный ход концентрации растворенных неорганических фосфатов в озере Мюггельзе; . . . . по модельным просчетам, ——— по измерениям следующих учреждений: Oberflußmeisterei Berlin, Institut für Wasserwirtschaft (Berlin), Institut für Geographie und Geoökologie (Berlin), Humboldt-Universität zu Berlin

на только косвенно на основании влияния пелагических процессов на концентрацию воды.

В распоряжении не было ни измерений непосредственно седиментных компонентов, ни самых процессов обмена, так что результаты модели были сделаны с некоторой неуверенностью. Несмотря на то, что уже целый ряд альтернатив в отношении в модели реализуемых каузальных цепей могли быть исключены путем соответствующих опытов, все же образование и подъем пузырьков метана и биотурбация, как дополнительная причина наблюдаемых явлений, остаются еще открытыми и делают выводы неопределенными.

Положение, достигнутое до сих пор в моделировании процессов обмена, еще неудовлетворительно. Недостаточно кроме соответствующих теоретических основ прежде всего данных, т. к. модель в общем может быть только тогда удачной, если в основе заложен хороший материал данных.

Составление модели может дать важные импульсы для целенаправленных экспериментальных исследований. Для этого необходимы во всяком случае многообразные гидродинамические проблемы. С решением этих вопросов будет дана возможность для объяснения различия в отношении отдельных водоемов и возможность подсчета с более высокой точностью временного протекания освобождения питательных веществ и взмучиваний.

Литература

[1] Albanese, J. R., A Simulation Model for Coastal Zoobenthic Ecosystems. Center for ecol. Modeling, Rensselaer Polytechnic Inst., Troy (N.Y.), Rep. **6** (1979).

[2] Bloesch, J., Sedimentation und Phosphorhaushalt im Vierwaldstättersee (Horwer Bucht) und im Rotsee. Schweiz. Z. Hydrol. **36** (1974), 71–186.

[3] Bloesch, J., and N. M. Burns, A Critical Review of Sedimentation Trap Techniques. Schweiz. Z. Hydrol. **42** (1980), 15–55.

[4] Burns, N. M., and C. Ross, "Project Hypo" Discussion of Findings. 14th Conf. Great Lakes Res., 1971, 761–767.

[5] Fee, E. J., A Relation between Lake Morphometry and Primary Productivity and Its Use in Interpreting Whole-Lake Eutrophication Experiments. Limnol. and Oceanogr. **24** (1979), 401–416.

[6] Höhne, E., u. R. Hedlich, Die Veränderungen der Wasserbeschaffenheit durch den Anstau von Fließgewässern in Abhängigkeit von der Nutzung und der Struktur des Einzugsgebietes. Symp. „Eutrophierung und Gewässerschutz", Reinhardsbrunn, DDR, 16.–20. Okt. 1973.

[7] Kandia, A., Loganathan, P., and R. B. Krone, Pore and Eroding Fluid Influences on Surface Erosion of Soil. J. Geotechn. Engin. Div. ASCE **101** (1975), 51–65.

[8] Klapper, H., Arnold, K. H., Beuscholdt, E., u. G. Mothes, Maßnahmen zum Schutz der Oberflächengewässer vor schädlichen Wirkungen aus der Mineraldüngung. Acta hydrochim. et hydrobiol. **2** (1974), 203–216.

[9] Kozerski, H.-P., Studie zur Modellierung des Phosphorkreislaufes. Inst. Meereskd. 1974 (unveröff.).

[10] Kozerski, H.-P., Ein einfaches Modell für den Phosphoraustausch zwischen Sediment und Freiwasser. Acta hydrochim. et hydrobiol. **5** (1977), 53–65.

[11] Kozerski, H.-P., Neuere Arbeiten zur mathematischen Modellierung des Nährstoffaustausches zwischen Sediment und Freiwasser. Acta hydrophys. **24** (1979), 5–16.

[12] Kozerski, H.-P., and M. Dvořakova, Simulation Experiments with a Phosphorus-Algae Sediment Model. Internat. Symp. "Simulation of Systems in Biology and Medicine", Prague, 17.–20. Nov. 1980.

[13] Lerman, A., Eutrophication and Water Quality of Lakes: Control by Water Resistance Time and Transport to Sediments. Hydrol. Sci. Bull. **19** (1974), 25–36.

[14] Meyer, M., Jørgensen, S. E., and L. Kamp-Nielsen, A Sediment Phosphorus Model. Task Force Meeting on Lake Balaton Modelling, IIASA, Veszprem, Hungary, 27.–30. 8. 1979.

[15] Pearl, H. W., Bacterial Sediment Formation in Lakes: Trophic Implications. In: H. L. Golterman (Ed.), Interactions between Sediments and Freshwater, The Hague 1977, 19–24.

[16] Schellenberger, G., Behrendt, H., Mohaupt, V., u. H.-P. Kozerski, Ein mathematisches Ökosystemmodell für eutrophe Flachgewässer. Acta hydrophys. **28** (1983) (im Druck).

[17] Schindler, D. W., Hesslein, R., and G. Kipphut, Interactions between Sediments and Overlying Waters in an Experimentally Eutrophied Precambrian Shield Lake. In: H.-L. Golterman (Ed.), Interactions between Sediments and Freshwater, The Hague 1977, 235–243.

[18] Tessenow, U., Lösungs-, Diffusions- und Sorptionsprozesse in der Oberschicht von Sedimenten, I: Ein Langzeitexperiment unter aeroben und anaeroben Bedingungen im Fließgleichgewicht. Arch. Hydrobiol. Suppl. **38** (1972), 353–398.

[17] Виноградова, Л. А., Экспериментальное определение скорост и гравитационного опускания морских планктонных водорослей. Океанология **17** (1977), 694 — 699.

Acta Hydrophysica, Berlin	Bd. XXVII	H. 3/4	(1982)	S. 371–378

Математическая модель прогноза качества воды в системе мелководных водоемов

Г. Шелленбергер[1])

Резюме: Была построена математическая модель экосистем мелководных соединяющихся между собой озер расположенных на восточной окраине г. Берлин. Экологическая модель одного сегмента включает в качестве блоков в толще воды: фитопланктон (3 группы), детрит, бактерии, зоопланктон (растительноядный), рыбы (мирные), растворенный фосфор и азот, в донных отложениях: детрит, фитобентос, зообентос, растворенные в интерстициальной воде фосфаты и соединения азота, седименто-сорбированные фосфаты. Система озер состоит из 5 водоемов протекших урегулированными речками Шпре и Даме а связающим каналом. Программа модели достаточно универсальна а может быть и использована для моделирования системы водоемов — или сегментов одного озера — связанных любым образом. Модельные просчеты показали, что и сезонная и многолетная динамика водорослей, сестона и биогенов хорошо согласуется с измерениями проведенными в оз. Мюггельзе с 1976 по 1979 г. В этом докладе рассуждается главным образом распределение протоков через систему берлинских озер и модельные результаты изменений качества воды при разных вариантах управления стоками.

Zusammenfassung: Für ein System flacher Berliner Seen wurde ein mathematisches Ökosystemmodell aufgestellt. Das ökologische Modell jedes Segmentes umfaßt 15 Komponenten, wovon 9 auf das Pelagial (3 Phytoplanktongruppen, Detritus, Bakterien, herbivores Zooplankton, Friedfische, Orthophosphat, anorganischer gelöster Stickstoff) und 6 auf den Bodenbereich entfallen (Detritus, Phytobenthos, Zoobenthos, Orthophosphat und Stickstoff im Interstitialwasser, im Sediment sorbierte Phosphate). Das Seensystem besteht aus 5 Wasserbecken, die als vollkommen durchmischt angesehen werden. Das Modellprogramm ist genügend allgemein abgefaßt, so daß es prinzipiell auch auf andere Seensysteme anwendbar ist. Die Modellsimulationen wurden mit Messungen im

[1]) Dr. rer. nat. Günter Schellenberger, Akademie der Wissenschaften der DDR, Institut für Geographie und Geoökologie, Bereich Hydrologie, DDR-1162 Berlin, Müggelseedamm 260.

Müggelsee von 1976 bis 1979 verglichen, wobei die Übereinstimmung als gut bezeichnet werden kann. In diesem Beitrag werden vor allem die Durchflußregulierung und ihre Auswirkung auf die Wasserqualität im Müggelsee diskutiert.

Summary: An ecosystem model for a set of shallow lakes near Berlin has been constructed. The system consists of 5 longitudinally and transversely connected lakes, which are thoroughly mixed. The ecological model of each lake (segment) comprises 15 components: 3 groups of phytoplankton, detritus, bacteria, zooplankton, fish, orthophosphate, inorganic dissolved nitrogen in the aquatic zone; detritus, phytobenthos, zoobenthos, orthophosphate and inorganic dissolved nitrogen, sediment-sorbed phosphorus in the deposits. The programme has been sufficiently generalized so that it can principally be applied to other lake systems. The modelling results were compared with measurements in Lake Müggelsee during 1976—1979; the agreement was relatively good. In this paper above all the control of discharge through the different parts of the lake system is considered and its effects on the water quality in L. Müggelsee are discussed.

По Берлину протекает речка Шпре (Spree). Вместе с ее притоком Даме (Dahme) они образуют на восточной окраине города систему мелководных озер. Самое обширное из них — оз. Мюггельзе (Müggelsee) с площадью зеркала 7,2 км² и средней глубиной 4,9 м. Равным образом оно является и важнейшим озером, так как на его берегу работает крупнейшая для водоснабжения города станция. Кроме того все озера являются любимыми местами отдыха для берлинцев.

Реки уже давно зарегулированы. Подпор, вызванный расположенными в центре города плотинами, достигает предела территории города. Поэтому уклон между соседними водоемами очень мал и достигает в крайнем случае немного сантиметров. Канализованная р. Шпре судоходна и протекает через оз. Мюггельзе. Выше оз. Мюггельзе существует канал соединяющий оз. Демерицзе (Dämeritzsee) с озером Седдинзе (Seddinsee), и поэтому только часть расхода Шпре течет через оз. Мюггельзе. Другая часть течет по каналу в бассейн р. Даме. Одер—Шпре-канал (Oder—Spree-Kanal) связывает бассейны Шпре и Одера. При строении этого канала было частично использовано русло р. Шпре, причем в нижних бъефах они имеют отдельные русла. Таким образом приблизительно одна треть расхода р. Шпре течет по Одер—Шпре-каналу в Седдинзе, две трети достигают оз. Демерицзе. Как уже было сказано, здесь происходит вторичное распределение стока, а всего одна треть расхода Шпре протекает через оз. Мюггельзе. Из-за регулирования можно управлять протоками по разным рукавам системы берлинских озер. Это далеко не все возможности регулирования стока: верхнее по течению функционирует паводочный канал (Обводный канал Даме/ Dahme-Umflut-Kanal), перебрасывающий воду из р. Шпре в бассейн р. Даме (см. рис. 1).

Качество воды в озере Мюггельзе имеет первостепенное практическое значение. С целью его прогноза и контроля мы построили математическую модель этой экосистемы. В самом деле нами была построена не только модель одной экосистемы оз. Мюггельзе, но и всей системы озер. Из-за управления стоком можно по меньшей мере частично направить расходы с повышенной нагрузкой в обход, мимо озера, и таким образом уменьшить импорт биогенов

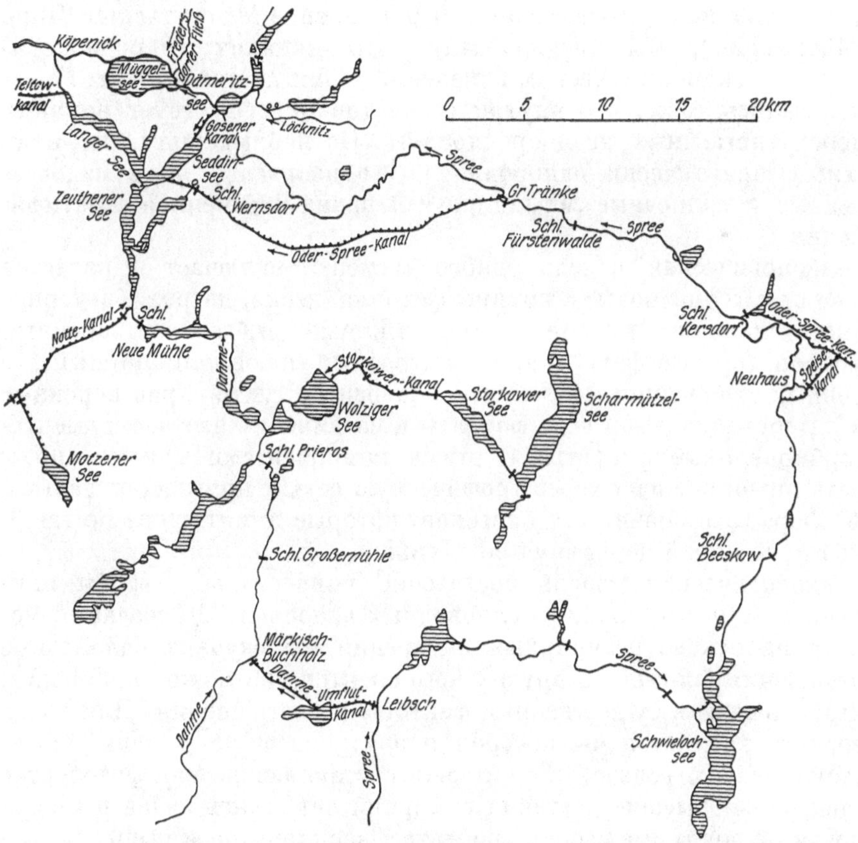

Рис. 1. Нижний бассейн озера Мюггельзе (изображены только важные водоемы и притоки); шлюзы охарактеризованы поперечными штрихами

в оз. Мюггельзе. Поэтому было целесообразно расширить пространственные предела моделирования а учесть и соседние водоемы: Демерицзе, Седдинзе, Цойтенер Зе (Zeuthener See), Лангер Зе (Langer See). Иными словами, наша модель состоит из 5 сегментов. Программа модели достаточно универсальна а может быть и использована для моделирования любой системы водоемов связанных любым образом. Конечно, гидрологическая подмодель в случае берлинских озер является частной процедурой, посредством которой вычисляются из заданных притоков протоки через отдельные рукава. Так как отношения объема водной массы в текучих бьефах к притоку (обратное значение показателя условного водообмена) очень малы, 0,12 дней в Гозенском канале (Gosener Kanal) и 0,35 дней в Мюггельском Шпре (Müggelspree), мы предполагали, что никаких гидробиологических и гидрохимических изменений в них не происходит. Предполагалось тоже, что внутри сегментов не существует никаких пространственных неоднородностей. (По наблюдениям, оз. Мюггельзе практически однородно по горизонтали, но в маловетренные и солнечные летние дни возможна переменная стратификация.)

Экологическая модель одного сегмента включает в качестве блоков в толще воды: 3 группы фитопланктона, детрит, бактерии, растительноядный зоопланктон, мирные рыбы, растворенный фосфор (ортофосфат) и азот (нитратный плюс аммонийный), в донных отложениях: фитобентос, зообентос, детрит, растворенные в интерстициальной воде фосфаты и соединения азота, седиментосорбированные фосфаты. С этими компонентами можно описывать поток энергии через трофическую сеть и круговорот азота и фосфора, это значит тех биогенов, которые лимитируют по крайней мере порой первичную продукцию.

Экологическая модель достаточно универсальна, чтобы применить ее и для других мелководных водоемов. До создания модели на основе регулярных измерений мы изучали балансовые отношения биогенов а других компонентов как можно подробнее, чтобы выявить существенные факторы и соотношения. Для нужд водного хозяйства мы построили и упрощенную модель экосистемы оз. Мюггельзе, не учитывая составляющие как фитобентос (подводные высшие растения отмирали лет десять назад и теперь почти не водятся в озере), зообентос, зоопланктон и рыбы.

Внешними воздействиями на экосистемы являются поток солнечной энергии, температура воды, расходы воды, поступление аллохтонных органических и биогенных веществ. Для просчета модели на ЭВМ мы задавали измеренные среднедекадные величины этих компонентов.

Хотя к настоящему времени уже построены многими авторами математические модели водных экосистем, уже накоплены обширные сведения о протекающих в озерах процессах, много процессов изучено слабо а их формулировка пока очень грубо. Из этого следует, что значение нескольких явлений мало- или неизвестно.

Цель математического моделирования состоит не только в том, составить хорошие прогнозы изменений качества воды например при возрастающей антропогенной нагрузке или при мероприятиях в водосборах (с целью уменьшить поступление биогенных веществ в водоемы), но и в том, подробнее понять взаимодействие и совокупность процессов в экосистемах. Конечно, невозможно повысить достоверность прогнозов без более подробных представлений о функционировании водных экосистем. Это значит, надо произвести целенаправленные исследования на местности и в лабораториях, следует улучшать совместную работу не только теоретиков и экспериментаторов, но и ученых разных профессий, например физиков, химиков, математиков, биологов, географов. Слишком многочислены ,,белые пятна" в наших познаниях, чтобы одна рабочая группа смогла исправить все недостатки, безусловно надо закрепить как национальное так и международное сотрудничество. Эти белые пятна проявляются при составлении наших сведений о важных явлениях в модельную структуру и при сопоставлении результатов модельных просчетов с действительностью. Поэтому метод моделирования является и мощным толчком к дальнейшим сосредоточенным экспериментальным исследованиям.

По сравнению с моделью, представленной мной на школе-семинаре в Институте биологии внутренних вод АН СССР в Борке в 1978 г., мы пытались заменить простые подходы более реалистическими (см. [3]). Прежде всего, мы усовершенствовали подмодель развития фитопланктона в зависимости от физических факторов и подмодель седимента при этом включая массообмен взвешенных и растворенных биогенов между водой и грунтом (см. [1], [2]).

Распределение протоков, в частности отношение протоков через Мюггельское Шпре и Гозенский канал, изменяется, если добыча питьевой воды повышается. Рис. 2 показывает, как относительный проток через Гозенский канал, $Q12/\Sigma R$, и сток из оз. Мюггель-

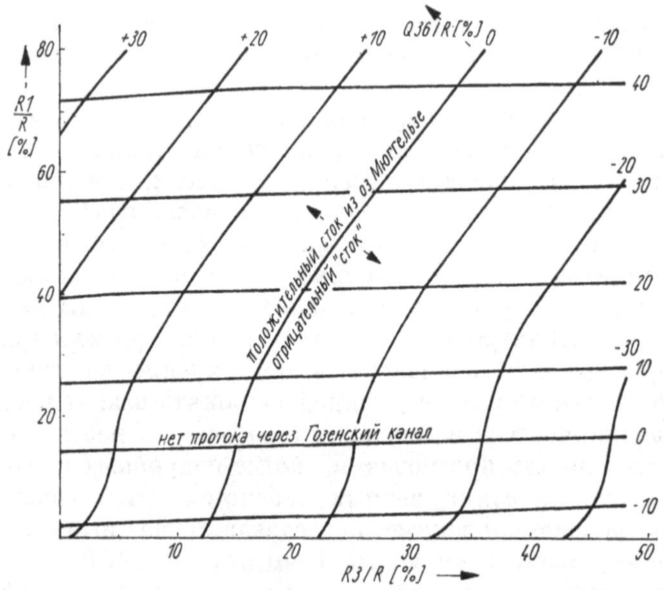

Рис. 2. Распределение протоков черсз систему берлинских озер в зависимости от притока и изъятия воды из оз. Мюггельзе (дальнейшее объяснение в тексте)

зе, $Q36/\Sigma R$, изменяются в зависимости от относительного притока р. Шпре, $R1/\Sigma R$, и степени изъятия воды в станции водоэнабжения, $R3/\Sigma R$ (ΣR — общий приток воды в систему берлинских озер). Справа нолевой кривой ($Q36/\Sigma R$) ,,сток" из оз. Мюггельзе отрицательный, это значит Нижнее мюггельское Шпре течет назад и при повышенной нагрузке качество воды в озере ухудшается. Это видно из рис. 3, где изображены результаты модельного просчета в случае, если бы добыча питьевой воды в последние годы достигла намеченных на будущее значений. Изображены ходы фитопланктона (синезеленых и диатомовых) при нынешнем и намеченном изъятиях.

Соответствие симуляций (модельных просчетов) и наблюдений вообще оказалось удовлетворительным, неоднократно отличным. При модельных просчетах мы задавали начальные значения на 1 января 1976 г., задавали граничные значения среднедекадных импортов по истечении срока симуляции и получили непрерывные ходы всех компонентов с начала 1976 г. по конец 1979 г. Надо добавить, что мы пытались определить значения параметров

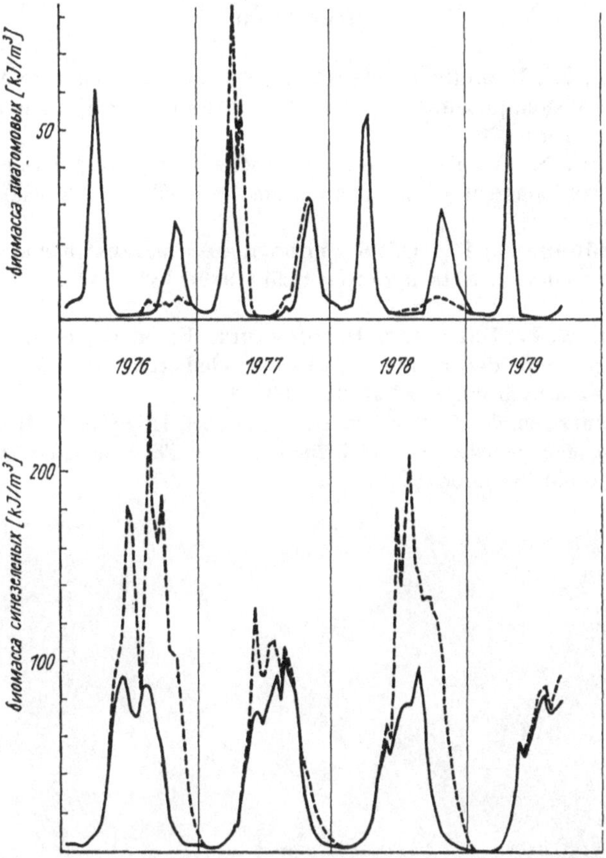

Рис. 3. Изменения развития фитопланктона в оз. Мюггельзе при повы шенном изъятии воды (модельная симуляция); ——— нынешная, - - - - намеченная добыча воды

независимо. Остальные коэффициенты мы определили из сравнений модельных просчетов с измерениями 1977/78 гг. Так как результаты сравнений обсуждаются подробнее в докладах [1], [2] и в работах [4], [5], не нужно изобразить повторно здесь эти итоги. Среднее отклонение высчитанных от измеренных ходов составило при разных компонентах от 10 до 20%. Таким образом построенные нами модели экосистем мелких озер оказались пригодными для прогноза качества воды эвтровных водоемов.

Литература

[1] Берендт, Х., Влияние физических факторов на развитие фитопланктона и его моделирование. Доклад на семинаре КАПГ в Бизентале под Берлином, 1981.

[2] Коцерски, Х.-П., Положение и проблемы моделирования массообмена между водой и седиментом. Acta hydrophys. **27** (1982), 357—370 (в этом выпуске).

[3] Шелленбергер, Г., Обзор нескольких математических моделей водных экосистем. Acta hydrophys. **25** (1980), 183–199.

[4] Kozerski, H.-P., Behrendt, H., Mohaupt, V., u. G., Schellenberger, Erfahrungen mit der mathematischen Modellierung des Müggelsee-Ökosystems. Acta hydrophys. **26** (1981), 303–315.

[5] Schellenberger, G., Behrendt, H., Kozerski, H.-P., u. V. Mohaupt, Ein mathematisches Ökosystemmodell für eutrophe Flachgewässer. Acta hydrophys. **28** (1983) (im Druck).

Acta Hydrophysica, Berlin	Bd. XXVII	H. 3/4	(1982)	S. 379–400

Die mathematische Modellierung als Teil der Ökosystemanalyse der Boddenkette West (südl. Ostsee)

Von U. VIETINGHOFF[1])

Zusammenfassung: Es wird ein Überblick über ein komplexes mathematisches Ökosystemmodell eines flachen, eutrophen Brackwasser-Boddens (Barther Bodden) gegeben. Der Hauptweg des Energie- und Stoffflusses erfolgt von den Primärproduzenten über den Detritus und dessen Abbau. Die Konsumenten haben modifizierenden Einfluß auf diesen Hauptweg. Anhand ausgewählter Kompartimente (Phytoplankton, Detritus, Mikroorganismen, Copepoda) werden Modellierungsstrategie und -ergebnisse dargelegt.

Summary: A complex mathematical model of the ecosystem of a shallow eutrophic brackish water body (Barther Bodden, southern Baltic Sea) is described. The ecosystem is a detritus-based food chain, the consumers have modifying influence only. Some compartments (phytoplankton, detritus, microorganisms, and copepods) are selected to show the modelling strategy and its results.

Резюме: В статье представлено обозрение о комплексной математической модели экосистемы мелководного, евтровного, солоноватоводного залива (Бартер Бодден). Главный путь потока энергии и веществ происходит от первичных продуцентов через детрит и его разложение. Влияние консументов на главный путь — видоизменяющее. На примере выбранных компартиментов (фитопланктон, детрит, микроорганизмы, Copepoda) излагаются стратегия и результаты моделирования.

1. Einleitung

Alle Länder der Welt mit hochentwickelter Industrie und Landwirtschaft werden mit dem Problem der Eutrophierung ihrer Gewässer konfrontiert, einem Prozeß, bei dem auf Grund eines höheren Angebotes an Pflanzennährstoffen (Abwässer, Düngung) in den Gewässern ein starkes Algenwachstum stattfindet und sich insbesondere die minderwertigen sog. Blaualgen

[1]) Dr. rer. nat. ULRICH VIETINGHOFF, Wilhelm-Pieck-Universität Rostock, Sektion Biologie, DDR-2500 Rostock, Universitätsplatz 2.

stark vermehren. Die Reinigung der Gewässer von ihren Inhaltsstoffen zur Gewinnung von Brauchwasser verursacht immer höhere Kosten.

Das Studium der Ursachen und Konsequenzen des Eutrophierungsprozesses sowie die Erarbeitung von Empfehlungen für eine optimale Nutzung der natürlichen Wasserressourcen stellen hochinteressante wissenschaftliche Arbeitsgebiete dar und sind gleichzeitig eine ökonomische Forderung unserer Zeit.

Viele bekannte ökologische Arbeitsgruppen der Welt benutzen aus mehreren Gründen die Methode der mathematischen Modellierung als ein wichtiges Hilfsmittel in der Ökosystemanalyse: Die Notwendigkeit, Formeln niederschreiben zu müssen, mit denen die zu modellierenden Prozesse quantitativ beschrieben werden können, und für die verschiedenen Koeffizienten (Raten) Zahlen angeben zu müssen, damit der Rechner mit den Rechnungen überhaupt beginnt, führt den mathematischen Ökologen sehr schnell zu den Schwach- bzw. Leerstellen in unserem ökologischen Wissen. So ist man auf Grund der Erfahrungen aus der Modellierung in der Lage, Prioritäten für die weitere Forschung zu setzen. Ferner ist das Experimentieren mit dem mathematischen Modell des Ökosystems vergleichsweise zeitgünstig, kostenarm und risikolos. Es liefert vielfältige Einsichten in das komplexe Ökosystemverhalten und eröffnet dem Experimentalprogramm neue Richtungen. Eine Reihe dynamischer ökologischer Parameter sind experimentell schwer zugänglich; ihre Größe kann mit dem Modell abgeschätzt werden. Weiterhin ist das Modell ein Mittel zur Ordnung und Reduktion der vielfältigen Daten. Mit Hilfe der Sensitivitätsanalyse können ferner Genauigkeitsanforderungen für das Experimentalprogramm abgeleitet werden.

Gegenwärtig besteht das vordringliche Anliegen der Modellierung der Rostocker Gruppe darin, die Energie- und Stoffströme zu und von den wichtigsten Biokomponenten darzustellen. Das Fernziel der Modellierung ist es jedoch, das Ergebnis verschiedener möglicher wasserwirtschaftlicher Maßnahmen und die Belastung der Gewässer durch die verschiedenen Nutzer (Industrie, Landwirtschaft, Intensivfischzucht, Erholungswesen) vorauszuberechnen, um den erfahrenen Wasserwirtschaftler bei der Optimierung der Gewässerbewirtschaftung und -ausnutzung zu unterstützen.

Nachdem jeder Liter Wasser des natürlichen Wasserdargebotes des Binnenlandes der DDR mehrfach gereinigt und genutzt wird, hat sich das Interesse von Industrie, Landwirtschaft und Fischerei auch unseren Küstengewässern zugewandt, insbesondere der sog. Boddenkette West (Abb. 1). Aus diesem Grunde hat die Sektion Biologie der Wilhelm-Pieck-Universität Rostock 1968 ein komplexes Programm zur Erforschung des Ökosystems dieser Boddenkette zwischen Ribnitz und dem Fahrwasser am Bock begonnen (s. Meeresbiologische Beiträge der Wilhelm-Pieck-Universität Rostock, bisher

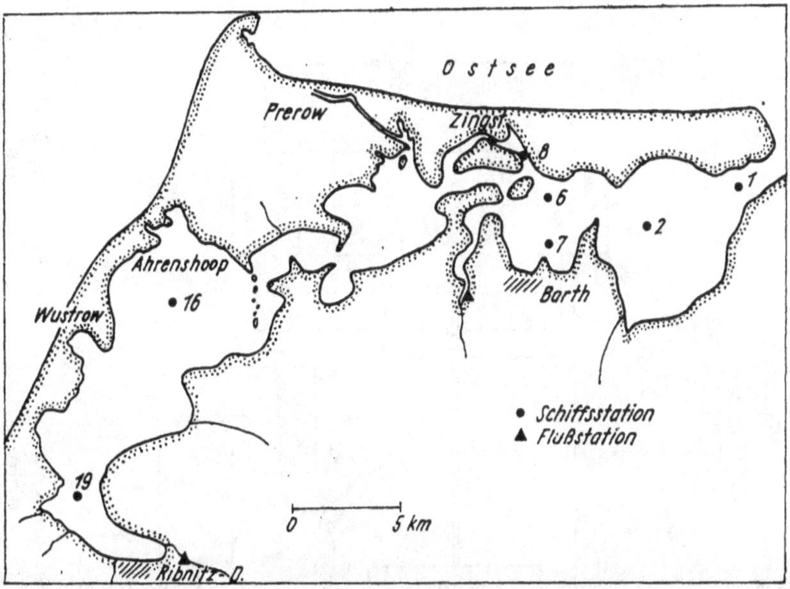

Abb. 1. Lageskizze der Boddenkette West

8 Bände); dieses Programm umfaßt Felduntersuchungen, Laborexperimente und die mathematische Modellierung.

Abb. 2 zeigt die wesentlichsten Komponenten und Wechselwirkungen im Ökosystem und mathematischen Modell des Barther Boddens, der unseren Forschungsschwerpunkt bildet. Die anorganischen Nährstoffe (Stickstoff-, Phosphor- und Kohlenstoffverbindungen) werden unter Ausnutzung der Lichtenergie von den Primärproduzenten in organische Substanz umgewandelt. Hauptträger der Primärproduktion sind im Barther Bodden das Phytoplankton mit den drei Algenhauptgruppen Kieselalgen, Grünalgen und Blaualgen sowie das Makrophytobenthos. Der Hauptteil der Primärproduzenten stirbt im Verlaufe des Jahres ab und bildet den Detritus, der zu gelösten organischen Substanzen abgebaut wird; diese wiederum werden von Mikroorganismen oder Destruenten (Bakterien, Pilzen) aufgenommen und remineralisiert. Nur ein kleinerer Teil der Primärproduzenten oder des Detritus dient den sog. primären, sekundären und tertiären Konsumenten als Nahrung. Unter den Konsumenten sind besonders erwähnenswert die Ruderfußkrebse (Copepoda), Rädertierchen (Rotatoria), Urtierchen (Protozoa) und am bzw. im Boden lebende wirbellose Tiere (Zoobenthos); von ihnen ernähren sich wiederum die Fische.

Diese Prozesse werden überlagert von hydrodynamischen Prozessen (nährstoffreiche Festlandsabflüsse, Austauschvorgänge mit der Ostsee,

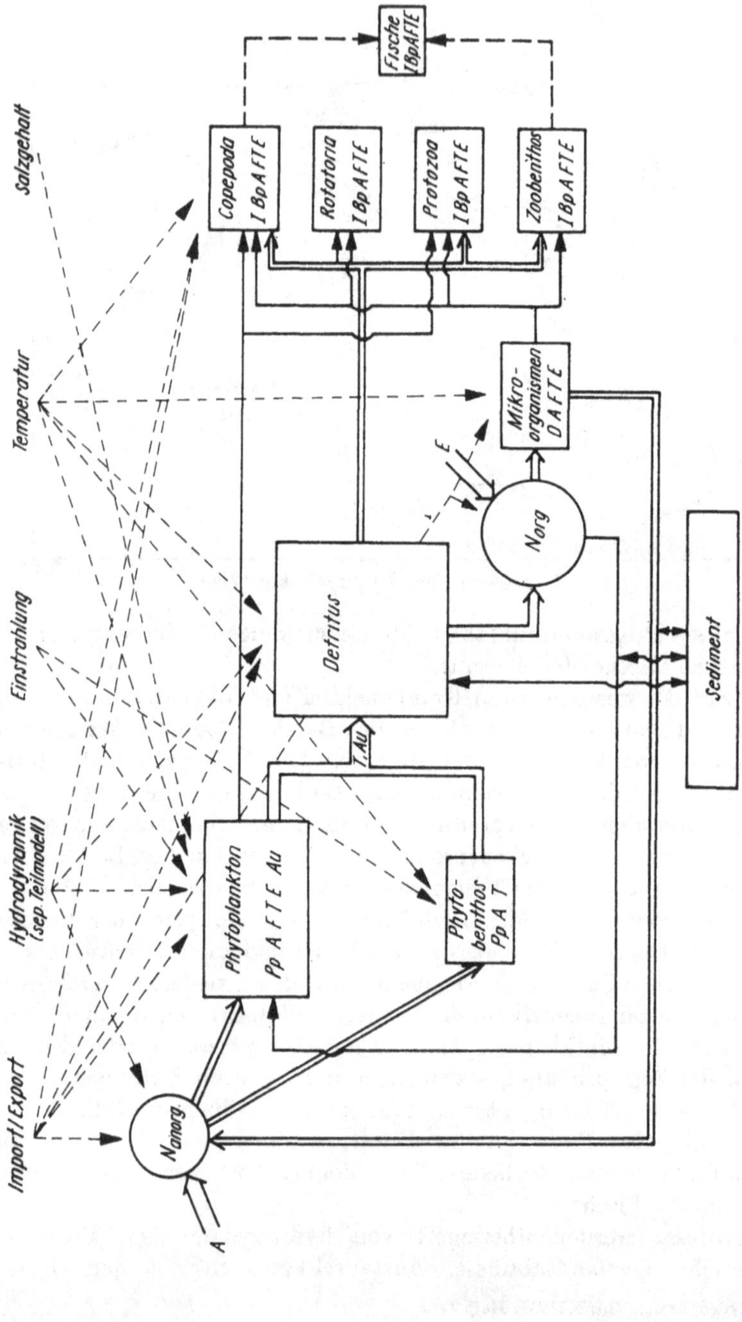

Abb. 2. Darstellung der wichtigsten Komponenten und Wechselbeziehungen im mathematischen Modell des Barther Boddens; Pp – Primärproduktion, I – Ingestion, Bp – Bruttoproduktion, A – Atmung, F – Fraß, T – Tod, E – Exkretion, Au – Aussinken, D — Destruktion

Wasserströmungsfeld), die zugleich zu einem variierenden Salzgradienten führen, der ebenfalls einen starken Einfluß auf die Ökosystem-Komponenten ausübt. Die Hydrodynamik hat auch einen starken Einfluß auf die Stoffaustauschprozesse zwischen dem Freiwasser und dem Sediment; diese Prozesse spielen bei der Flachheit der Gewässer eine wichtige, schwer quantifizierbare Rolle.

2. Methodik

2.1. Mathematische und rechentechnische Angaben

Für die in Abb. 2 angeführten Ökosystem-Komponenten oder Zustandsvariablen werden Bilanzgleichungen (gewöhnliche Differentialgleichungen 1. Ordnung) mit einem oder mehreren positiven (Zuwachs-)Termen und stets mehreren negativen (Verlust-)Termen formuliert und eine Dimensionsbetrachtung durchgeführt. Die Modellfindung erfolgt auf einer großen Analogrechneranlage (bis zu 15 gekoppelte Rechner Meda 41T, Aritma Prag); danach wird das Modell für den digitalen Rechner ES 1040 umprogrammiert (FORTRAN, EULER-CAUCHY-Verfahren, Eingabe von Meßwerten an ausgewählten Stützstellen, Spline-Interpolation). Die Analogrechneranlage wurde in mehrfacher Hinsicht (externer Repetiergenerator, elektronische Chopper in den Driftkorrekturverstärkern, elektronische Komparatoren, verschiedene Varianten von Funktionsgeneratoren) nachgerüstet (VIETINGHOFF u. a. [37]).

2.2. Die Modellierungsstrategie

Die mathematische Modellierung muß sich auf die quantitative Darstellung der produktionsbiologisch wichtigen Prozesse und Komponenten beschränken. So kommen in der Boddenkette über 300 verschiedene Algenarten vor; von produktionsbiologischer Bedeutung sind aber nur 8 bis 10 Arten. Auch durch die rechentechnische Seite werden Beschränkungen auferlegt. So stellt eine Analogrechneranlage mit 15 gekoppelten Rechnereinheiten (Meda 41T) nach unseren Erfahrungen ein Maximum an in der Praxis realisierbarer Analogrechenkapazität dar; die praktische Handhabung einer derart umfangreichen Anlage ist sehr schwierig. Ferner verlangen die Optimierungsrechnungen, daß das mathematische Modell einen gewissen Umfang nicht überschreitet, da die Optimierungsalgorithmen den Rechenaufwand noch einmal etwa verdoppeln.

Die Auswahl der produktionsbiologisch wichtigen Prozesse und Komponenten verlangt eine hohe biologische Sachkenntnis über das Ökosystem.

Ausgehend von dieser Sachkenntnis, werden die Bilanzgleichungen formuliert. Der Idealfall, daß von allen Koeffizienten (Raten) in den Bilanzgleichungen statistisch gesicherte experimentelle Werte vorliegen, dürfte kaum irgendwo in der Welt realisiert sein. Wir benutzen zur Koeffizientensuche durch Curve fitting am Analogrechner insbesondere Produktions- und Biomassewerte, die von allen wesentlichen Biokomponenten vorliegen. Daneben werden für viele Parameter (Temperaturabhängigkeiten etc.) Literaturwerte benutzt. Um eine zielgerichtete Koeffizientensuche am Analogrechner zu ermöglichen, werden für jedes Kompartiment Kontrollschaltungen entwickelt (vgl. Vietinghoff u. a. [34]–[36]). Durch diese Kontrollschaltungssysteme wird erreicht, daß für die Beurteilung der Übereinstimmung von Modell und Ökosystem nicht nur — wie vielfach üblich — die Biomassewerte, sondern im allgemeinen 6 bis 8 Gütekriterien (Biomasse, Produktion, Größe der differentiellen Anteile der Bilanzgleichung untereinander usw.) je Kompartiment (Zustandsvariable) angewendet werden können. Nach der Fertigstellung des Analogrechnermodells wird dieses für den Digitalrechner umprogrammiert (s. o.).

Die Koeffizientensuche auf dem Analogrechner unter Zuhilfenahme von umfangreichen Kontrollschaltungssystemen halten wir für ein entscheidendes Merkmal unserer Modellierungsstrategie. Nach unseren Erfahrungen aus der jahrelangen Verwendung von Analog- *und* Digitalrechnern können wir feststellen, daß der Analogrechner bei der Modellierung großer Ökosysteme noch immer ein sehr nützliches, effektives Hilfsmittel ist.

3. Ergebnisse

3.1. Die Modellierung des Energie- und Stoffflusses

In dem vorliegenden Ökosystemmodell des Barther Boddens werden der Energiefluß und der Stoffkreislauf der N-Verbindungen berücksichtigt. In den Modellvarianten von Schellenberger [28] werden die Phosphorverbindungen insbesondere im Hinblick auf wasserwirtschaftliche Sanierungsmaßnahmen (Ausfällung durch Ca^{++}) berücksichtigt. Wir haben uns bei unserer Modellierungskonzeption mehr von der Rolle des limitierenden Pflanzennährstoffs leiten lassen; während der Phosphatgehalt des Freiwassers im Jahresverlauf immer gleichbleibend relativ hohe Werte aufweist, ist die Konzentration der N-Verbindungen im Freiwasser deutlich mit der Bioproduktion korreliert, und nach Libbert u. Kallweit [22] ist der Stickstoff von April bis November der limitierende Nährstoff für die Bioproduktion. Über eine eventuelle zeitweise Kohlenstofflimitation liegen keine gesicherten Untersuchungen vor.

Parallel zum Energiefluß [kcal m^{-3} $Mon.^{-1}$] bzw. Energiegehalt [kcal m^{-3}] ist immer der N-Fluß [mg-at $kcal^{-1}$ $Mon.^{-1}$] bzw. der N-Gehalt [mg-at $kcal^{-1}$] modelliert worden; d. h., für jede Zustandsvariable werden zwei Bilanzgleichungen benötigt. Der Mehraufwand an zusätzlichen Daten und Rechentechnik ist begrenzt. Erfolgt ein Stofffluß z. B. von Komponente 1 zur Komponente 2 und ist der Energiefluß mit dem Modell quantitativ erfaßt, dann ist auch gleichzeitig der N-Fluß determiniert (wenn der N-Gehalt der Komponente 1 bekannt ist). Der einzige experimentelle Wert, der zur Berechnung des N-Gehaltes der Komponente 2 zusätzlich benötigt wird, ist die N-Ausscheidungsgrenze zur Aufrechterhaltung eines bestimmten C:N-Verhältnisses (bzw. ein Wert für dieses Verhältnis).

Die Modellierung des Energie-(C-)Gehaltes und des N-Gehaltes bringt drei wesentliche Ergebnisse:

— Durch die Abschätzung des N-Gehaltes der Primärproduzenten ist es möglich, die Abhängigkeit der Bruttoprimärproduktion vom internen Nährstoff-Pool zu formulieren.
— Durch die Abschätzung des N-Gehaltes von Destruenten und Konsumenten wird ein wesentlicher Parameter dieser Biokomponenten (C:N-Gehalt) berücksichtigt und ihre Remineralisierungsfunktion dargestellt.
— Durch die Abschätzung der N-Gehalte der Biokomponenten (einschließlich Detritus) wird eine wesentliche Voraussetzung zur Abschätzung der Stoffströme zwischen Sediment und Freiwasser geschaffen (s. Abschnitt Sediment).

3.2. Das Submodell Phytoplankton

Bei der mathematischen Formulierung der Primärproduktion wurde ihre Abhängigkeit von der Temperatur, dem Lichtangebot und -ausnutzungsvermögen sowie dem internen Gehalt an Nährstoffen (N-Verbindungen) berücksichtigt. Zur Berechnung der Lichtabhängigkeit der Primärproduktion wurde, wie von vielen Autoren, die Formel nach STEELE (DITORO u. a. [12]) benutzt. Die Nährstoffabhängigkeit der Primärproduktion wurde folgendermaßen formuliert (vgl. BIERMAN u. a. [2], [3]; KOZERSKI [19]; LEHMAN u. a. [21]; NYHOLM [23]): Die N-Verbindungen des Freiwassers werden in Abhängigkeit von ihrer Art und Konzentration sowie auch in Abhängigkeit von der Konzentration in den Algenzellen selbst (Füllungsgrad des internen Pools) in Form einer MICHAELIS-MENTEN-Kurve aufgenommen; die Photosynthese ist dann in bestimmter Weise vom internen N-Gehalt abhängig (vgl. VIETINGHOFF u. a. [36]). Kiesel-, Grün- und Blaualgen unterscheiden sich nun in den unteren und oberen Grenzen des internen N-Gehaltes entsprechend den Angaben in der Literatur.

Auch bezüglich der Temperaturabhängigkeit der Primärproduktion unterscheiden sich die drei Algenhauptgruppen deutlich voneinander: Der wärmeliebende Charakter nimmt in der Reihenfolge Kieselalgen, Grünalgen und Blaualgen zu.

Die Bilanzgleichung der drei Algenhauptgruppen wird nun aber nicht nur durch den positiven (Produktions-)Term, sondern auch durch die negativen

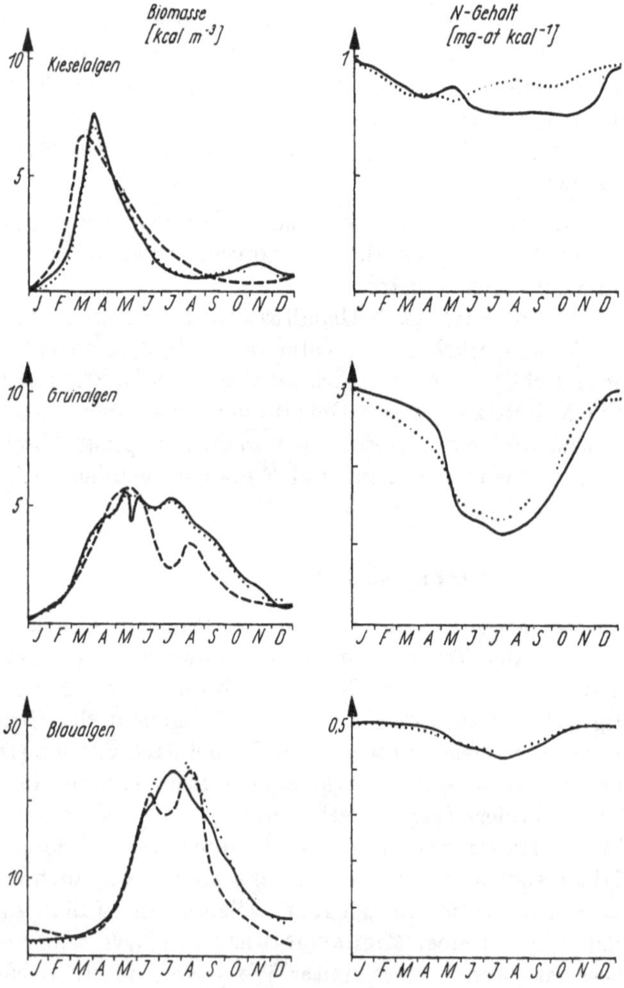

Abb. 3. Biomasse und N-Gehalt der drei Hauptgruppen der Primärproduzenten; - - - - - Meßwertkurven, ——— Analogrechnermodell, · · · · · · Digitalrechnermodell

(Verlust-)Terme bestimmt. Zu den negativen Termen soll hier vermerkt werden, daß sie im allgemeinen temperaturabhängig sind und von der Dichte der Biomasse abhängen.

Zur Beurteilung der Güte des Submodells Phytoplankton wurden folgende Parameter herangezogen:

- die Biomassewerte,
- die Primärproduktionswerte (^{14}C-Messungen),
- das Verhältnis der differentiellen Anteile zueinander,
- die relativen Anteile der drei Algengruppen an der Primärproduktion,
- die maximale Wachstumsrate μ_{max},
- die Summe der Biomassen der drei Phytoplankton-Hauptgruppen und ihre Korrelation mit der Chlorophyllkurve.

Einige ausgewählte Parameter der Phytoplankter im Jahresverlauf zeigt Abb. 3. Die Übereinstimmung zwischen den Meßwertkurven und den analogen Modellkurven darf als völlig ausreichend bezeichnet werden.

3.3. Detritus, DOM und Mikroorganismen

Tod und Aussinken (Kieselalgen!) der Biokomponenten führen zur Bildung des Detritus, der durch Autolyse gelöste organische Substanzen (DOM) liefert, die wiederum von Mikroorganismen unter Energiegewinn zu anorganischen Substanzen (H_2O, CO_2, NH_4^+) abgebaut werden. Dies ist der Hauptweg des Stoffflusses in der Boddenkette West.

Einige Kurven des Kompartiments Detritus zeigt Abb. 4. Auffallend ist beim Vergleich von Meßwert- und Modellkurve der Biomasse (Abb. 4a), daß die Modellkurve zwar im Größenbereich der Meßwertkurve verläuft, aber sehr viel ausgeglichener ist als letztere. Sehr wahrscheinlich wird die vergleichsweise größere Unregelmäßigkeit der gemessenen Detrituskurve durch den Einfluß von Wind (Aufwirbelung von Detritus) und Windstille (Absetzen des Detritus) verursacht. Die Zuströme zum Detritus-Pool (Energie- und N-Fluß) werden durch die Bilanzgleichungen der Primärproduzenten festgelegt; die wesentlichste Abnahme des Detritus erfolgt durch Abbau (Autolyse), charakterisiert durch die Autolyserate k_A^D, die im Modell entsprechend den sehr detaillierten Untersuchungen von ULÉN [33] zu $k_A^D = 0{,}41$ [Mon.$^{-1}$] festgelegt wurde (Abb. 4c).

Die große Mannigfaltigkeit der Mikroorganismen und der abbaubaren Substrate in einem Gewässer einerseits und die relativ geringen generalisierbaren Befunde über Aufnahme- und Verarbeitungsvorgänge natürlicher Populationen andererseits haben dazu geführt, daß in einer Reihe von Ökosystemmodellen die Modellierung der Mikroorganismen selbst umgangen

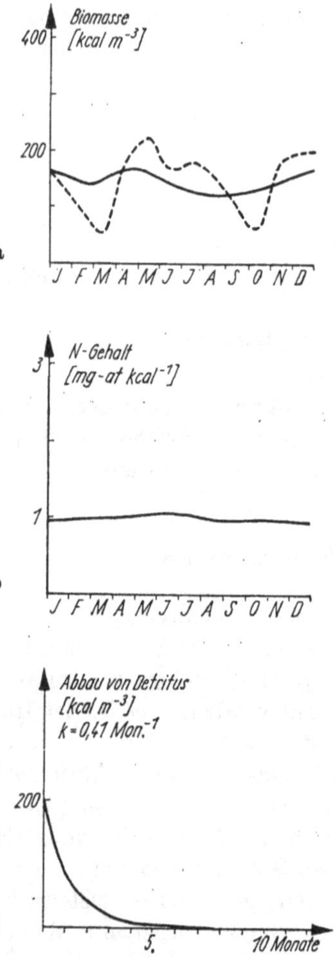

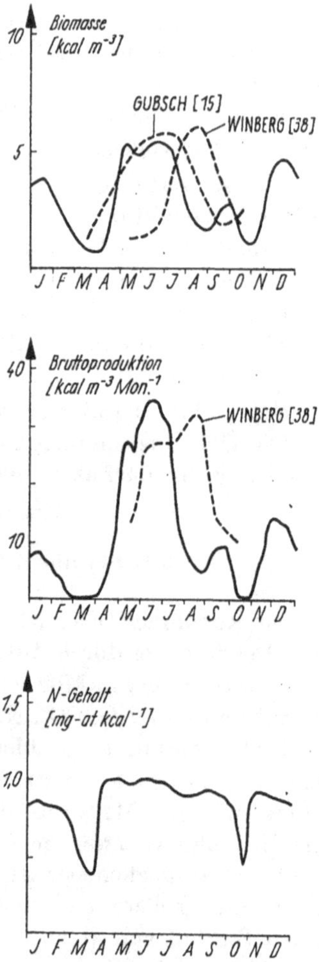

Abb. 4. Ausgewählte Parameter des Kompartiments Detritus

Abb. 5. Biomasse, Bruttoproduktion und N-Gehalt der Mikroorganismen

- - - - - Meßwertkurven, ——— Analogrechnermodell

wird, indem der Abbau des Detritus zu gelösten organischen Verbindungen bzw. deren Abbau zu anorganischen Nährstoffen als Reaktion 1. Ordnung formuliert wurde (DePinto [11]; Park u. a. [24]; Scavia [26]). Nur wenige Modelle sind uns bekannt, in denen die Mikroorganismen explizit als Ökosystemkomponente (Zustandsvariable) modelliert werden (Cordeiro u. a. [10]; Clesceri u. a. [9]; Christian u. Wetzel [8]).

Für die Boddenkette trifft die oft beschriebene Besiedlung von Algen (DePinto [11]) bzw. Detritus (Clesceri u. a. [9]) durch Mikroorganismen nicht zu; die tote organische Substanz wird durch Autolyse abgebaut, wobei die Bestandteile als organische Substanzen unterschiedlicher Größe frei werden. Ca. 90% aller Mikroorganismen leben frei im Wasser und ernähren sich von den gelösten organischen Verbindungen, wobei sie diese unter Energiegewinnung remineralisieren. Dies ist der im Teilmodell Mikroorganismen modellierte wichtigste Prozeß.

Abb. 5 zeigt die Kurven für Biomasse, Produktion und N-Gehalt. Da für die Durchführung der Modellierungsarbeiten zunächst keine eigenen Produktionswerte zur Verfügung standen, wurden die Meßwerte vom Batorin-See (Winberg [38]) zu Vergleichszwecken herangezogen. Folgende Gütekriterien kamen zur Anwendung:

1. die Biomassewerte,
2. die Produktionswerte (Aufnahme leicht abbaubarer Substanzen),
3. das Verhältnis der differentiellen Anteile in der Energieflußgleichung zueinander,
4. die Größe der maximalen Aufnahmegeschwindigkeit v_{max}^{Mi} der leicht abbaubaren gelösten organischen Verbindungen (DON, DOC bzw. DOM),
5. die N-Ausscheidungsgrenze bzw. das C:N-Verhältnis,
6. die Überprüfung des Modells an einem unabhängigen Datensatz.

Eine Überprüfung des Submodells Mikroorganismen entsprechend diesen Kriterien ergibt ein befriedigendes Resultat. Die Kurven der Biomassen des Ökosystems (Gubsch [15]) und seines Modells zeigen recht gute Übereinstimmung; die Meßwertkurve vom Batorin-See zeigt einen ähnlichen Verlauf und gleiche maximale Werte, nur ist sie um zwei Monate zeitlich verschoben, da sich auf Grund der nördlicheren Lage des Batorin-Sees seine Flora und Fauna generell später im Jahr entwickeln. Die gleiche Feststellung gilt auch für die Bruttoproduktionswerte. Das Verhältnis der differentiellen Anteile der Bilanzgleichung (Atmung 53%, Fraß 23,5%, Tod 23,5%) entspricht ebenso den aus der Literatur bekannten Werten wie der Wert für die maximale Aufnahmerate $v_{max}^{Mi} = 10{,}794$ mg-at kcal^{-1} Mon.$^{-1}$ (Literaturwerte für die Glukoseaufnahme liegen im Bereich von 1 bis 20 mg-at kcal^{-1} Mon.$^{-1}$).

Mit dem Energiefluß durch das Kompartiment ist — bis auf eine Größe — auch der N-Stofffluß determiniert; diese Größe ist die N-Ausscheidungsgrenze bzw. das C:N-Verhältnis. Die N-Ausscheidungsgrenze ist im Modell mit 0,855 mg-at kcal^{-1} angenommen worden; dieser Wert entspricht einem C:N-Verhältnis von 8 und ist damit offenbar zu niedrig angesetzt. In der Literatur werden kleinere Werte (C:N = 6 bzw. 5 für Mikroorganismen) angegeben, welche einer Ausscheidungsgrenze von $\geqq 1{,}25$ mg-at kcal^{-1} entsprechen würden. Prinzipielle Modelländerungen ergeben sich dadurch nicht.

Das letzte Kriterium konnte bisher nur qualitativ angewendet werden. Von BALLIN und JOST (1981, persönl. Mitt.) wurden Biomassebestimmungen und Glukoseaufnahmeversuche im Barther Bodden durchgeführt; obwohl die Versuchsauswertung z. Z. noch nicht abgeschlossen ist, geht aus den Meßwertkurven hervor, daß sie den gleichen charakteristischen Jahresverlauf haben wie die Modellkurven.

3.4. Konsumenten: Copepoda

Der überwiegende Anteil des Energie- und Stoffflusses im Ökosystem Barther Bodden erfolgt über die Kompartimente Phytoplankton, Detritus, gelöste organische Verbindungen (DOM), Mikroorganismen und gelöste anorganische Verbindungen. Nur ein kleiner Anteil der lebenden oder toten organischen Substanz wird von der Konsumenten-Nahrungskette aufgenommen.

Im Ökosystem Barther Bodden sind folgende funktionell unterschiedliche Konsumentengruppen mit produktionsbiologischer Bedeutung zu unterscheiden (vgl. Abb. 2):

1. die Copepoda mit den Hauptvertretern *Eurytemora affinis* und *Acartia tonsa*,
2. die Rotatoria mit ca. einem Dutzend produktionsbiologisch wichtiger Arten (SCHNESE [31]),
3. die Protozoa – Ciliata (SCHARF [27]),
4. das Zoobenthos (ARNDT [1]) und
5. die Fische (WINKLER [39]).

Die funktionellen Gruppen 1 bis 4 sind wichtige Ökosystemkomponenten, weil sie zur Mineralisierung der organischen Substanz beitragen, darüber hinaus sind die Gruppen 1 und 4 als Fischnährtiere von Bedeutung.

Als Beispiel der Modellierung der Konsumenten wird hier das Teilmodell der Copepoda beschrieben. Die absoluten Freßraten von *Eurytemora affinis* erreichen im Mai mit 50 kcal m^{-3} $Mon.^{-1}$ (HEERKLOSS, persönl. Mitt.) etwa 1/7 der Primärproduktion des Phytoplanktons im Barther Bodden; dieser Wert charakterisiert die Bedeutung der Copepoda. Schwerpunkte ihrer Modellierung bilden nahrungsbiologische, populationsdynamische und energetische Aspekte.

Die Ernährungsgrundlage bilden im Modell (vgl. BOSSELMANN [6]; FRYER [13]) die Kieselalgen und Grünalgen der Größe um 10 μm (vgl. Abb. 6a); entsprechend dem jahreszeitlichen Vorkommen dieser Algen und der zu berücksichtigenden Temperaturabhängigkeit der Grazing-Rate ist die Hauptentwicklungszeit der Copepoden Anfang April bis Ende Juni (*Eurytemora affinis*) bzw. August und September (*Acartia tonsa*).

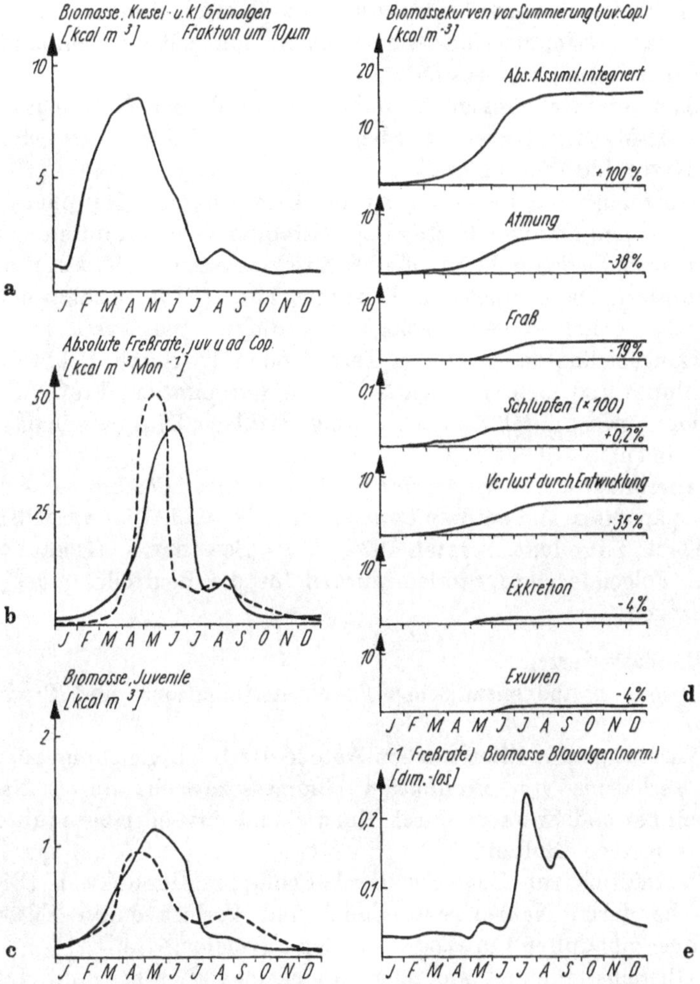

Abb. 6. Einige Ergebnisse des Kompartiments Zooplankton-Copepoda
- - - - Meßwertkurven, ——— Analogrechnermodell

Das Ende der maximalen Entwicklungsperiode von *Eurytemora affinis* wird durch einen Komplex verschiedener Faktoren bewirkt:

— Abnahme der Kiesel- und kleinen Grünalgen,
— Zunahme der Blaualgen (Verschlechterung der Nahrungsqualität; BOSSELMANN [6], HIRCHE [16]) und
— Fraßverluste.

Das Auftreten von *Acartia tonsa* wird durch seine Temperatur- und Salzabhängigkeit bestimmt: Nur bei ausreichend hohen Wassertemperaturen ist *Acartia* ausreichend salzresistent.

Die Temperaturabhängigkeit und die Kinetik der Nahrungsaufnahme (Michaelis-Menten-Kurve) wurden entsprechend Literaturwerten (Kremer u. Nixon [20]) formuliert.

Der Übergang vom Eistadium zu den Larvenstadien (Nauplius- und Copepodit-Stadien) und vom letzten Larvenstadium zu den Adulten wurde über temperaturabhängige Schlüpf- und Entwicklungszeiten (Kremer u. Nixon [20]) realisiert. Die energetische Bilanzgleichung (Differentialgleichung) berücksichtigt einen nahrungsbiologisch bedingten positiven Term, einen entwicklungsbedingten positiven Term (Zuwachs durch Schlüpfen bzw. Entwicklung) und mehrere negative Terme (Respiration, Fraß, Mortalität, Exkretion, Verlust durch Exuvienbildung, Eiablage, Übergang in das nächste Kompartiment).

Als experimentelle Daten wurden die Monatsmittel der Biomasse der Nauplien, Copepoditen und adulten Copepoden 1969—1979 (Schnese [31]) sowie die Freß- und Produktionsraten 1977—1980 (Schnese u. Heerkloss [32]) benutzt. Folgende Gütekriterien wurden für die Beurteilung des Modells herangezogen:

1. die Biomassewerte,
2. die absoluten und spezifischen Fraß-, Assimilations- und Produktionsraten,
3. das Verhältnis der differentiellen Anteile der Bilanzgleichung zueinander,
4. das Verhältnis von Produktion (Biomassezuwachs durch Nahrungsaufnahme) und Zuwachs durch Entwicklung juveniler zu adulten Copepoden bei den Adulten,
5. das Verhältnis von Zuwachs durch Schlüpfen, Produktion (Biomassezuwachs durch Nahrungsaufnahme) und Verlust durch Entwicklung juveniler zu adulten Copepoden bei den Juvenilen,
6. die Übereinstimmung wichtiger Modelleingangsgrößen mit Literaturwerten.

Bezüglich des 1. Kriteriums können wir feststellen, daß die Charakteristika der Meßwertkurven (maximale Werte, Steilheit des Anstiegs und des Abfalls der Freßraten) gut wiedergegeben werden; jedoch ist bei den Biomassen und Freßraten festzustellen, daß der Zeitraum für ihre Hauptentwicklung im Modell um 3—4 Wochen verlängert ist. Um diesen Fehler bei zukünftigen Modellvarianten auszuschließen, sind die Meßwertkurven insbesondere für Fraß durch Fische und Neomysis zu verbessern. Ebenfalls nicht völlige Übereinstimmung herrscht bezüglich des 4. Gütekriteriums: Das Verhältnis von „Biomassezuwachs durch Entwicklung" zu „Biomassezuwachs durch Nahrungsaufnahme" dürfte bei den Adulten etwa 2:1 betragen, im Modell ist es etwas kleiner. Bezüglich der Gütekriterien 3, 5 und 6 herrscht gute Übereinstimmung zwischen Original und Modell.

3.5. Das Teilmodell Hydrodynamik

Im Gegensatz zum Teilmodell der biologischen und chemischen Komponenten stellt das hydrodynamische Teilmodell ein System gekoppelter *partieller* Differentialgleichungen dar, das auf dem REYNOLDSschen Gleichungssystem basiert, welches nur auf dem Digitalrechner ES 1040 gerechnet wird. Es liefert uns das Strömungsfeld und die dazugehörigen Wasserstände in Abhängigkeit vom Windfeld und den Randbedingungen und soll uns in seiner weiterentwickelten Form die Berechnung von Wasserhaushalt und Salzgehaltsverteilung ermöglichen. Der neueste Stand unserer Forschung ist ausführlich publiziert worden (BRINCKMANN u. a. [7]). Leider müssen wir feststellen, daß für dieses Teilmodell relativ wenige experimentelle Daten vorliegen.

3.6. Sediment—Freiwasser-Austauschprozesse

Die Flachheit der Boddengewässer ist für das Ökosystem und seine Modellierung in mehrfacher Hinsicht von Bedeutung: Sie bedingt, daß die Sedimentoberfläche je Wasservolumeneinheit relativ groß ist und daher die Vorgänge in der Sediment—Wasser-Kontaktzone großen Einfluß auf die darüberliegende flache Wassersäule haben; sie bedingt ferner, daß auch bei geringen Windgeschwindigkeiten über der Boddenkette das Sediment aufgewirbelt und umgelagert wird (SCHLUNGBAUM [30]).

Aus dem Dargelegten ergibt sich, daß eine Reihe experimenteller Methoden und mathematischer Ansätze für geschichtete Sedimente nicht zur Anwendung kommen können; so wird es unmöglich gemacht, die Nährstoffabgaberaten aus dem Produkt von Porenwasserkonzentration und Diffusionskoeffizient zu bestimmen (z. B. PODAMO [25]; SCHINDLER u. a. [29]) (wobei gefunden wurde, daß die Mikroorganismen an der Sedimentoberfläche dieses Ergebnis sowieso oft grundlegend verfälschen) oder die Datumsbestimmung mit ^{226}Ra und die Methode von BLOESCH [4] zur Bestimmung der Freisetzungsraten bzw. das mathematische Modellierungskonzept für geschichtete Sedimente von KAMP-NIELSEN [18] anzuwenden. Weiterhin muß an dieser Stelle festgehalten werden, daß Ergebnisse von Laborexperimenten mit den

Ergebnissen von Nährstoff-Freisetzungsversuchen in situ sehr oft nicht übereinstimmten (Golterman [14]).

Auf Grund der Schwierigkeiten, die weltweit bei der Behandlung auch gut geschichteter Sedimente aufgetreten sind, wurde von mehreren, unabhängig voneinander arbeitenden Gruppen die gleiche Strategie zur Überwindung der Schwierigkeiten entwickelt (vgl. Report Internat. Symp. „Interactions between Sediments and Freshwater"; Golterman [14]): Die Austauschraten zwischen Sediment und Freiwasser werden bestimmt aus der Differenz von Import, Export und der Konzentrationsänderung ΔM des untersuchten Parameters (hier die verschiedenen Fraktionen des Stickstoffs) im Freiwasser entsprechend der Gleichung

$$S = I - E - \Delta M$$

unter Berücksichtigung von N_2-Bindung und Denitrifikation. Diese Strategie haben wir für die Modellierung übernommen.

Voraussetzung für die Durchführung dieser Modellierungsstrategie in bezug auf den N-Kreislauf ist die Messung (ca. alle 3 bis 7 Tage) bzw. Berechnung folgender Größen:

- Konzentration M der anorganischen, gelösten organischen und partikulären (s. u.) N-Menge und Berechnung ihrer Änderung ΔM im Vergleich zur vorhergehenden Messung;
- Bestimmung der Ein- und Ausstromquerschnitte q_1 und q_2 [m^2];
- Messung der Strömungsgeschwindigkeiten in den Querschnitten q_1 und q_2; Berechnung des importierten bzw. exportierten Wasservolumens;
- Messung der Konzentrationen M_i und M_e im importierten und exportierten Wasservolumen (alle 3 bis 7 Tage wie oben); Berechnung der importierten bzw. exportierten Stoffmengen (bzw. Stickstoffmengen);
- Messung von N_2-Bindung und der Denitrifikation.

Diese Voraussetzungen für die erfolgreiche Lösung der aufgezeigten schwierigen Problematik sind erfüllbar. Hierfür liegen wirksame experimentelle Methoden vor. Beispiele für das gute Funktionieren findet man bei Golterman [14].

Der gegenwärtige Stand der Modellierungsarbeiten zu dieser Problematik ist so weit fortgeschritten, daß zu den modellierten Kompartimenten Kieselalgen, Grünalgen, Blaualgen, Detritus, Zooplankton-Copepoda und Mikroorganismen die berechneten N-Gehalte im Jahresverlauf vorliegen; es fehlen jedoch exakte Meßwerte für den Import und Export, deshalb geben wir keine Modellkurve zu diesem Modellteil.

Die Konsequenz, die sich für das mathematische Modell aus dieser Strategie ergibt, ist die Notwendigkeit der Modellierung des N-Stoffkreislaufs

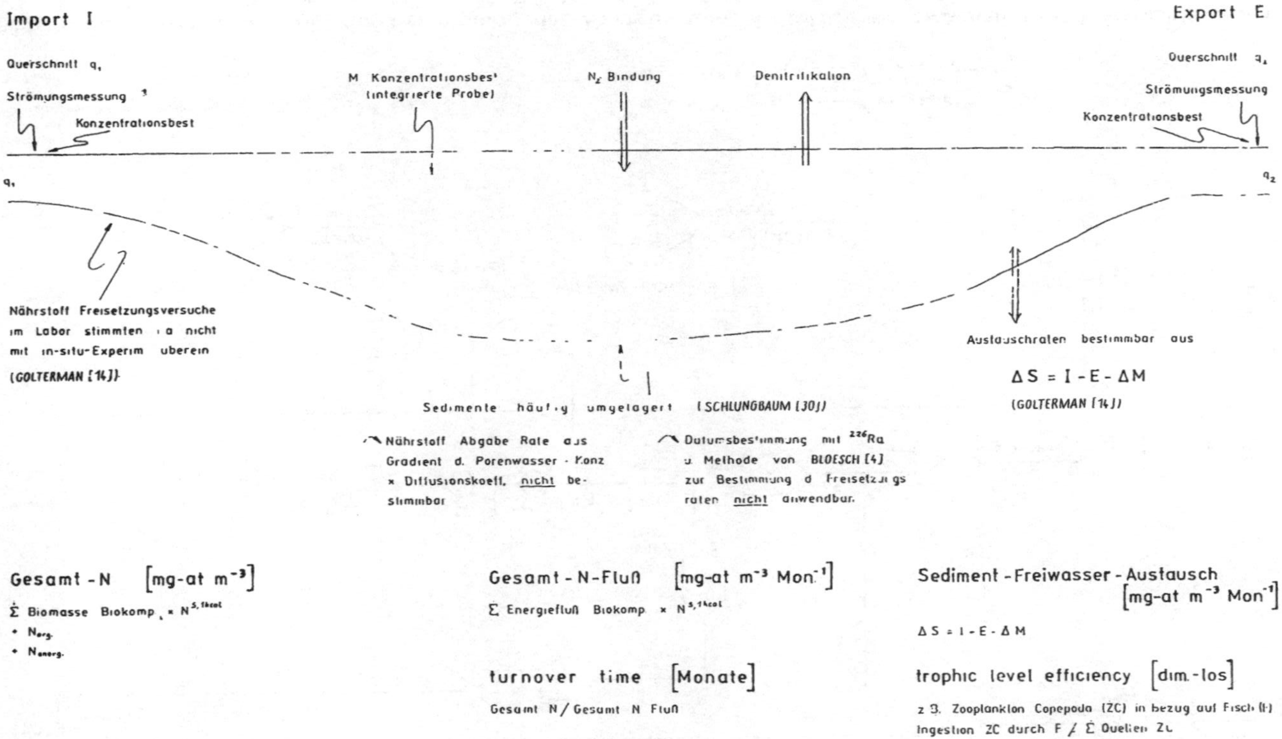

Abb. 7. Berechnungsweg der Sediment—Freiwasser-Austauschraten

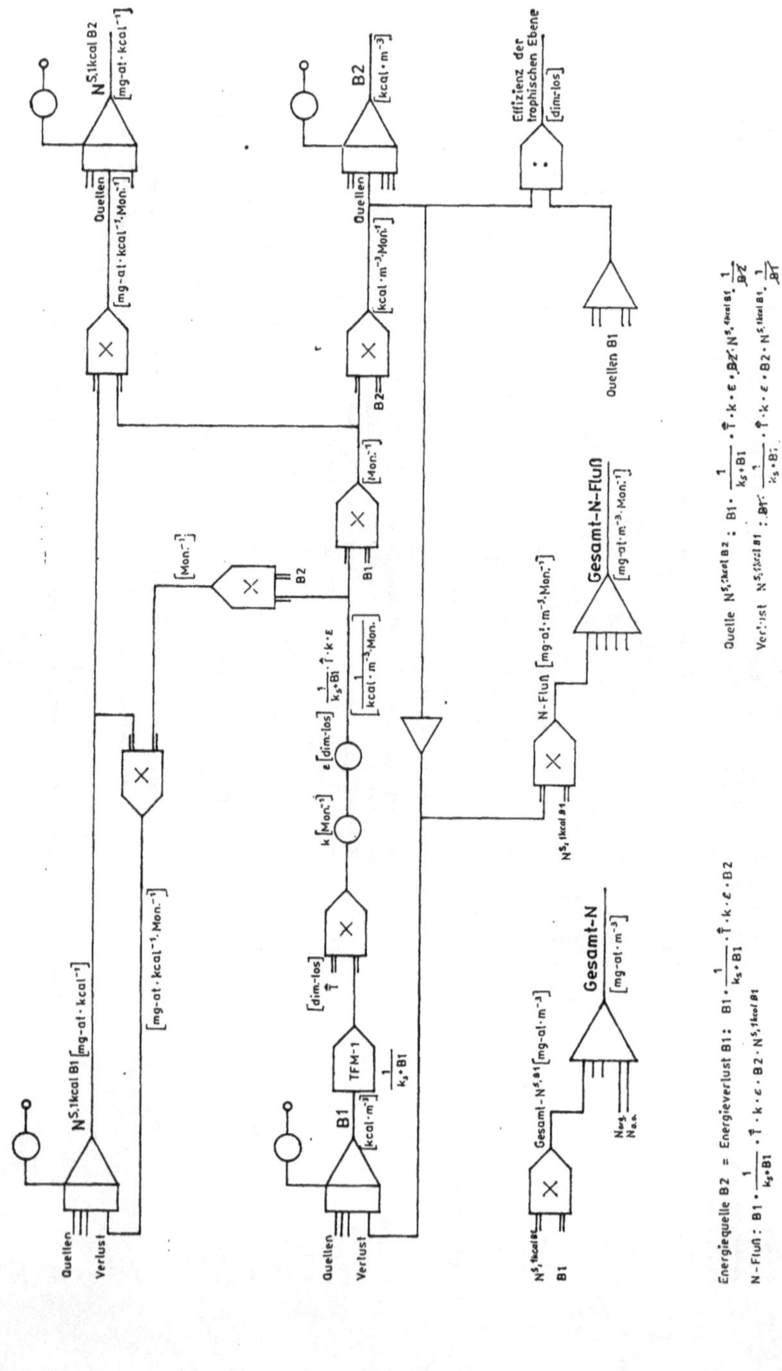

Abb. 8. Analogschaltplan für die Berechnung des Energie- und N-Stoffflusses zwischen zwei Kompartimenten; D^l — leicht abbaubarer Detritus, CA — Copepoda, $N^{S,1kcal}$ — N-Gehalt

parallel zum Energiefluß (s. o.), wodurch der Aufwand (s. Abb. 8) im Modell erheblich gesteigert werden mußte. Eine weitere Konsequenz, die wir oben bei den benötigten Messungen nicht ausgeführt haben, ist die, daß wir Daten über die N-Ausscheidungsgrenze produktionsbiologisch wichtiger Arten bzw. Mikrobestimmungen des N-Gehaltes dieser Arten zur Kontrolle des Modells benötigen. Der hohe Wert, den In-situ-Messungen von Freisetzungs- bzw. Bindungsraten von Nährstoffen (P, N) im Sediment haben, bleibt durch diese Modellierungsstrategie unberührt und voll erhalten.

4. Ausblick

Die wichtigsten Vorhaben in der gegenwärtigen Etappe sind die Darstellung der Energie- und N-Stoffflüsse zwischen den wichtigsten Kompartimenten des Ökosystems, die Berücksichtigung statistischer Erfordernisse, Sensitivitätsanalyse und der schrittweise Einbau stochastischer Elemente. Die wichtigste Voraussetzung dieser Vorhaben ist die Umsetzung des Analogmodells auf den Digitalrechner, die für mehrere Kompartimente abgeschlossen ist. Gleichzeitig haben die Vorbereitungen für Rechnungen zur Optimierung der Nutzeransprüche an diese Gewässer begonnen, wobei wir von unseren Partnerinstitutionen (TH Ilmenau, Prof. Reinisch, Dr. Puta, Kolln. Heineck; Institut für Wasserwirtschaft, Außenstelle Magdeburg, Dr. H. Klapper) wesentlich unterstützt werden.

Meine Kolleginnen Dr. M. L. Hubert und Dipl.-Math. B. Wiedemann haben mich bei diesen Arbeiten sehr unterstützt. Die Kollegen Dr. Möller (Sektion Chemie der Ernst-Moritz-Arndt-Univ. Greifswald), Dr. Pohl (Rechenzentrum der Ingenieurhochschule Wismar) und Dr. Krause (Sektion Technische Elektronik der Wilhelm-Pieck-Univ. Rostock) haben mir ihre Analogrechner Meda 81T zeitweise ausgeliehen. Die Ingenieure H. Löde und H. Ebert (Robotron-Vertrieb, Berlin) haben die technische Nachrüstung der Analogrechner durchgeführt. Bei der Modellierung der Kompartimente Copepoda und Mikroorganismen haben mich die Kollegen Dr. Heerkloss, H. Arndt bzw. Dr. Ballin und G. Jost (alle Sektion Biologie der Wilhelm-Pieck-Univ. Rostock) ständig beraten.

Literatur

[1] Arndt, E. A., Forsch.-Ber. Wilhelm-Pieck-Univ. Rostock, Sekt. Biol. 1980 (unveröff.).

[2] Bierman, V. J., Mathematical Model of the Selective Enhancement of Blue-green Algae by Nutrient Enrichment. In: R. P. Canale (Ed.), Modeling Biochemical Processes in Aquatic Ecosystems, Ann Arbor 1976, 1—31.

[3] BIERMAN, V. J., et al., Multi-Nutrient Dynamic Models of Algal Growth and Species Composition in Eutrophic Lakes. In: E. J. MIDDLEBROOKS et al. (Eds.), Modeling the Eutrophication Process, Logan (Utah) 1973, 89–109.

[4] BLOESCH, J., in: H. L. GOLTERMAN [14].

[5] BLOSS, S., Diplomarb. Wilhelm-Pieck-Univ. Rostock, Sekt. Biol. 1981 (unveröff.).

[6] BOSSELMANN, S., Production of *Eudiaptomus graciloides* in Lake Esrom, 1970. Arch. Hydrobiol. **76** (1975), 43–64.

[7] BRINCKMANN, M., VIETINGHOFF, U., u. W. SCHNESE, Ergebnisse der Modellierung der Hydrodynamik des Barther Boddens. Wiss. Z. Wilhelm-Pieck-Univ. Rostock, Math.-nat. R. **30** (1981), H. 4/5, 73–78.

[8] CHRISTIAN, R. R., u. R. L. WETZEL, Interactions between Substrate, Microbes, and Consumers of Spartina Detritus in Estuaries. In: M. WILEY (Ed.), Estuarine Interactions, Academic Press, London/New York/San Francisco 1978, 93–113.

[9] CLESCERI, L. S., PARK, R. A., u. J. A. BLOOMFIELD, A General Model of Microbial Growth and Decomposition in Aquatic Ecosystems. Rensselaer Polytechnic Inst., Troy (N.Y.), FWI Rep. 77-2 (1977).

[10] CORDEIRO, C. F., ECHELBERGER, W. F., u. F. H. VERHOFF, Rates of Carbon, Oxygen, Nitrogen, and Phosphorus Cycling through Microbial Populations in Stratified Lakes. In: E. J. MIDDLEBROOKS et al. (Eds.), Modeling the Eutrophication Process, Logan (Utah) 1973, 111–120.

[11] DEPINTO, J. V., Water Column Death and Decomposition of Phytoplankton: An Experimental and Modeling Review. In: D. SCAVIA, A. ROBERTSON (Eds.), Perspectives on Lake Ecosystem Modeling, Ann Arbor 1979, 25–52.

[12] DITORO, D. M., THOMANN, R. V., u. D. J. O'CONNOR, A Dynamic Model of Phytoplankton Populations in the Sacramento – San Joaquin Delta. In: Nonequilibrium Systems in Natural Water Chemistry (Advances in Chemistry Ser., Vol. 106), Washington 1971.

[13] FRYER, G., The Food of Some Freshwater Cyclopoid Copepods and Its Ecological Significance. J. Animal Ecol. **26** (1957), 263–286.

[14] GOLTERMAN, H. L., Interactions between Sediments and Freshwater, The Hague 1977.

[15] GUBSCH, G., Bestimmung der Gesamtbakterienzahl in Brackgewässern durch Direktzählung auf Membranfiltern. Acta hydrochim. et hydrobiol. **3** (1975), 87–90.

[16] HIRCHE, H. J., Die Copepoden *Eurytemora affinis* POPPE und *Acartia tonsa* DANA . . . Kieler Meeresforsch. **30** (1974), 43–64.

[17] HÜBEL, H., Forsch.-Ber. Wilhelm-Pieck-Univ. Rostock, Sekt. Biol. 1980 (unveröff.).

[18] KAMP-NIELSEN, L., Modelling the Vertical Gradients in Sedimentary Phosphorus Fractions. Verh. internat. Verein. Limnol. **20** (1978), 720–727.

[19] Kozerski, H.-P., Beitrag zur Anwendung der mathematischen Modellierung bei der Prognose der Wasserbeschaffenheit in Trinkwassertalsperren, Diss. TU Dresden 1973.

[20] Kremer, J. N., u. S. W. Nixon, A Coastal Marine Ecosystem. Simulation and Analysis (Ecological Studies 24), Berlin 1978.

[21] Lehman, J. T., Botkin, D. B., u. G. E. Likens, The Assumptions and Rationales of a Computer Model of Phytoplankton Population Dynamics. Limnol. and Oceanogr. **20** (1975), 343—364.

[22] Libbert, E., u. R. Kallweit, Forsch.-Ber. Wilhelm-Pieck-Univ. Rostock, Sekt. Biol. 1975 (unveröff.).

[23] Nyholm, N., A Simulation Model of Phytoplankton Growth and Nutrient Cycling in Eutrophic, Shallow Lakes. Ecol. Modelling **4** (1978), 279—310.

[24] Park, R. A., Groden, T. W., u. C. J. Desomeau, Modifications to the Model Cleaner Requiring Further Research. In: D. Scavia, A. Robertson (Eds.), Perspectives on Lake Ecosystem Modeling, Ann Arbor 1979, 87—108.

[25] Podamo, J., Ecometabolism of a Shallow Marine Lagoon at Ostend (Belgium). 10th Europ. Symp. Marine Biol., Vol. 2, 1975, 485—562.

[26] Scavia, D., The Use of Ecological Models of Lakes in Synthesizing Available Information and Identifying Research Needs. In: D. Scavia, A. Robertson (Eds.), Perspectives on Lake Ecosystem Modeling, Ann Arbor 1979, 109—168.

[27] Scharf, E., Diss. Wilhelm-Pieck-Univ. Rostock, Sekt. Biol. 1980 (unveröff.).

[28] Schellenberger, G., Forsch.-Ber. Wilhelm-Pieck-Univ. Rostock, Sekt. Biol. 1976 (unveröff.).

[29] Schindler, D. W., et al., in: Golterman [14].

[30] Schlungbaum, G., Promot. B Wilhelm-Pieck-Univ. Rostock, Sekt. Biol. 1979 (unveröff.).

[31] Schnese, W., Forsch.-Ber. Wilhelm-Pieck-Univ. Rostock, Sekt. Biol. 1975, 1980 (unveröff.).

[32] Schnese, W., u. R. Heerkloss, Forsch.-Ber. Wilhelm-Pieck-Univ. Rostock, Sekt. Biol. 1980 (unveröff.).

[33] Ulén, B., Seston and Sediment in Lake Norrviken. II: Aerobic Decomposition of Algae. Schweiz. Z. Hydrol. **40** (1978), 104—118.

[34] Vietinghoff, U., Heerkloss, R., Hubert, M. L., u. W. Schnese, Ein mathematisches Teilmodell für das Kompartiment Zooplankton Copepoda des Ökosystems Barther Bodden. Wiss. Z. Wilhelm-Pieck-Univ. Rostock, Math.-nat. R. **30** (1981), H. 4/5, 63—72.

[35] Vietinghoff, U., Holm, P., u. W. Schnese, Ein mathematisches Modell für den Zentralteil eines flachen, eutrophen Brackwasser-Boddens. Wiss. Z. Wilhelm-Pieck-Univ. Rostock, Math.-nat. R. **24** (1975), 759—765.

[36] Vietinghoff, U., Hubert, M. L., u. W. Schnese, Die mathematische Modellierung der Sukzession von Kiesel-, Grün- und Blaualgen in einem flachen, eutrophen Brackwasser-Bodden. Wiss. Z. Wilhelm-Pieck-Univ. Rostock, Math.-nat. R. **28** (1979), 477—485.

[37] VIETINGHOFF, U., LÖDE, H., u. H. EBERT, Neuerervorschläge Wilhelm-Pieck-Univ. Rostock 1976, 1981 (unveröff.).

[38] WINBERG, G. G., et al., Biological Productivity of Different Types of Lakes. In: Z. KAJAK, A. HILLBRICHT-ILKOWSKA (Eds.), Productivity Problems of Freshwaters, Warszawa 1972, 383—404.

[39] WINKLER, H., Forsch.-Ber. Wilhelm-Pieck-Univ. Rostock, Sekt. Biol. 1980 (unveröff.).

FSC
www.fsc.org
MIX
Papier | Fördert gute Waldnutzung
FSC® C083411

Zeitfracht Medien GmbH
Ferdinand-Jühlke-Straße 7
99095 Erfurt, Deutschland
produktsicherheit@kolibri360.de